电工电子
实验案例选编

DIANGONG DIANZI
SHIYAN ANLI XUANBIAN

主 编／胡仁杰

副主编／黄慧春 郑 磊

北京邮电大学出版社
www.buptpress.com

图书在版编目（CIP）数据

电工电子实验案例选编 / 胡仁杰主编. --北京：北京邮电大学出版社，2015.5
ISBN 978-7-5635-4317-5

Ⅰ. ①电…　Ⅱ. ①胡…　Ⅲ. ①电工技术－实验－高等学校－教材②电子技术－实验－高等学校－教材　Ⅳ. ①TM－33②TN－33

中国版本图书馆 CIP 数据核字（2015）第 070960 号

书　　名：电工电子实验案例选编
主　　编：胡仁杰
责任编辑：刘春棠
出版发行：北京邮电大学出版社
社　　址：北京市海淀区西土城路 10 号（邮编：100876）
发 行 部：电话：010-62282185　传真：010-62283578
E-mail：publish@bupt.edu.cn
经　　销：各地新华书店
印　　刷：北京源海印刷有限责任公司
开　　本：787 mm×1 092 mm　1/16
印　　张：19.75
字　　数：509 千字
版　　次：2015 年 5 月第 1 版　2015 年 5 月第 1 次印刷

ISBN 978-7-5635-4317-5　　　　　　　　　　　　　　定　价：45.00 元

· 如有印装质量问题，请与北京邮电大学出版社发行部联系 ·

2014 年第一届全国电工电子基础课程实验案例设计竞赛

组织委员会

主 任 委 员：王志功（东南大学教授，教育部电工电子基础课程教学指导委员会主任委员）

副主任委员：陈后金（北京交通大学教授，教育部电工电子基础课程教学指导委员会副主任委员）

王兴邦（北京大学教授，国家级实验教学示范中心联席会秘书长）

韩　力（北京理工大学教授，教育部电工电子基础课程教学指导委员会委员，国家级实验教学示范中心联席会电子学科组组长）

胡仁杰（东南大学教授，国家级实验教学示范中心联席会电子组副组长）

秘　书　长：侯建军（北京交通大学教授）

委　　　员：孟　桥（东南大学教授，教育部电工电子基础课程教学指导委员会秘书长）

郭宝龙（西安电子科技大学教授，教育部电工电子基础课程教学指导委员会委员）

殷瑞祥（华南理工大学教授，教育部电工电子基础课程教学指导委员会委员）

李　晨（华中科技大学教授，教育部实验教学指导委员会委员）

张　峰（上海交通大学教授，教育部电工电子基础课程教学指导委员会委员）

郭　庆（桂林电子科技大学教授，教育部电工电子基础课程教学指导委员会委员）

杨　勇（长春理工大学教授，教育部实验教学指导委员会委员）

刘开华（天津大学教授）

王立欣（哈尔滨工业大学教授）

金明录（大连理工大学教授）

2014 年第一届全国电工电子基础课程实验案例设计竞赛

评审专家组

组　　　长：胡仁杰教授（东南大学电工电子实验中心主任）

专家组成员：陈后金教授（北京交通大学电工电子实验中心）

陈小桥教授（武汉大学电工电子实验中心副主任）

堵国樑教授（东南大学电工电子实验中心副主任）

韩　力教授（北京理工大学电工电子教学实验中心）

金明录教授（大连理工大学电工电子实验中心主任）

刘开华教授（天津大学电气电子实验中心主任）

李邓化教授（北京信息科技大学电子信息与控制实验教学中心主任）

孟　桥教授（东南大学电子信息实验中心副主任）

王香婷教授（中国矿业大学电工电子教学实验中心主任）

汪庆年教授（南昌大学电工电子实验教学中心主任）

习友宝教授（电子科技大学电子实验中心主任）

徐淑华教授（青岛大学电工电子实验教学示范中心主任）

姚缨英教授（浙江大学电工电子实验中心主任）

于　京教授（北京电子科技职业学院电信工程学院副院长）

张　峰教授（上海交通大学电工电子实验教学中心主任）

赵洪亮教授（山东科技大学电工电子实验教学中心主任）

序

英国哲学家培根说过:"没有实验,便没有科学。"实践出真知,实践长才干,实践对人才培养的作用具有不可替代性。科学实验是人们根据明确的目的要求,运用一定的技术条件,突破客观条件限制,在人为控制干预、模拟仿真条件下,观察探究客观事物本质与规律的科技方法与过程。科学实验是探究自然界奥秘与客观规律的必由之路,也是培育科技人才的摇篮。实验教学是一个教育概念,它有别于狭义的科学实验。高等教育意义上的实践教学主要包括科学实验、实习实训、课设毕设、课外科技、社会调查、创新创业、学科竞赛等主要培养环节。实践教学把科学实验方法引进教学过程,该过程应具备实验学和教育学的内涵,教育者应按照精心设计的教学计划和培养目标,引导组织学生运用一定的条件手段去观察研究客观事物的本质和规律,切实将知识、能力、素质的塑造贯穿于教学全过程。恩格斯说过:"科学是研究未知的东西,科学教育的任务是教育学生去探索、去创新。"教学必须顺应时代发展的需求,必须注重通过实践来激发学生的创新意识、培养基本创新能力。当前高校实践教学环节仍然薄弱,育人实效不尽如人意。只有坚持人才培养模式改革创新、坚持扎实谋事,才有可能真正提高教育教学质量。

高等学校国家级实验教学示范中心联席会于 2008 年成立,联席会电子学科组成员单位一直自觉开展制度化交流,在国内电工电子本科实验教学领域发挥了示范推动作用。提高我国电工电子电气信息类学科专业的实验教学水平的关键之一在教师,学科组多年来始终坚持实验教师的交流培训工作,发起组织开展实验教学案例竞赛是这项工作的重要一环。

2014 年,教育部电工电子基础课程教学指导委员会与国家级实验教学示范中心联席会联合主办了"第一届全国高校电工电子基础课程实验教学案例设计竞赛(鼎阳杯)",竞赛由电子学科组成员单位——东南大学电工电子实验中心承办,成为迄今首次面向国内高校电工电子信息类本科实验教师举办的竞赛活动,得到了各地高校实验教师的积极响应,竞赛成为高校实验教师展示成果、互动交流、同步提高的平台。

千里之行始于足下。尽管脚下路面是粗糙的,但沿着这条路执着前行,或许能够到达我们期盼的目标。只要走,就有希望。

高等学校国家级实验教学示范中心联席会电子学科组
韩力
2015 年 3 月 31 日于北京

前　　言

为实现高校电气电子信息类专业电工电子基础课程实验教学体系与内容建设,推进探究创新性实验教学改革,在教学中推广电子信息先进技术,培育大学生创新意识和工程实践能力,提升高校教师实验教学水平,促进高校优秀教学改革成果的应用与共享。2013 年夏,在北京交通大学侯建军教授、北京理工大学韩力教授及东南大学胡仁杰教授共同倡议下,由教育部电工电子基础课程教学指导委员会、国家级实验教学示范中心联席会共同组织策划了全国电工电子基础课程实验教学案例设计竞赛,成立了由教育部电工电子基础课程教学指导委员会主任委员、东南大学王志功教授为主任委员的 2014 年第一届全国电工电子基础课程实验案例设计竞赛组织委员会。

竞赛旨在通过实验任务要求、教学方法和教学模式的设计,引导学生自主学习、研究探索,掌握实验知识方法与技能,接触工程实际,综合运用知识。通过评选优秀实验案例,展示实验教学先进理念、内容、技术和方法,推广以学生为主体、探究性教学为重点的实验教学改革,提升高校教师实验教学水平。

2014 年第一届全国高校电工电子基础课程实验教学案例设计竞赛由东南大学电工电子实验中心承办,深圳市鼎阳科技有限公司支持协办。竞赛得到高校积极支持及广大教师热情参与,共收到 270 多件参赛作品。从 3 月初开始,经历初赛及复赛两个阶段历时两个半月,于 2014 年 5 月 25 日圆满结束。

竞赛组委会聘请了部分国家级实验教学示范中心电子学科组成员单位负责人组成评审专家组,从“工程应用背景、知识综合融合、探究性及自主发挥、层次化任务要求、实现方法多样性、技术方法先进性、考核激励引导、推广的可操作性”八个方面综合考评,共评选出一等奖 21 项、二等奖 34 项、三等奖 51 项,并评选出特等奖(鼎阳杯)1 项、最佳创意奖 2 项。

为了充分发挥实验案例竞赛成果的示范辐射作用,进一步推动实验教学研究探索、工程实践、自主创新的改革,推广各高校实验教学优秀教学资源的共享,激发广大教师开展实验教学建设与改革热情,高等学校国家级实验教学示范中心联席会电子学科组精选了第一届竞赛中的获奖案例编纂成书出版,将这一实验教学优质资源奉献给社会。

因篇幅所限,并考虑参赛作品构思精巧、内容新颖、推广方便等因素,共遴选了 56 篇获奖作品,其中包括电路实验 9 篇、模拟电子电路实验 12 篇、数字逻辑电路实验 10 篇、电子电路综合实验 12 篇、单片机及微机系统实验 13 篇。本着尊重作品原创的原则,编辑时除了删除部分清晰度欠佳的图片之外,尽量保持了作品的原貌。

本书由东南大学电工电子实验中心胡仁杰老师负责书稿统筹安排及第 5 部分的编辑整理,黄慧春老师负责第 1、第 2 部分,郑磊老师负责第 3、第 4 部分的编辑整理工作。

编者

2015 年 4 月 5 日于南京

目 录

第1部分 电路实验

1-1 基于问题情境意识的戴维南定理实验拓展研究

1. 实验内容与任务

以直流电路的戴维南等效和诺顿等效验证为主线,基于问题情境意识,进行电工测量基本技能进阶式训练。

（1）基本实验内容

1）测量每个电阻的阻值,测量直流电压源、直流电流源的大小。

2）测试有源一端口的戴维南等效电路参数及端口的输出特性,验证戴维南定理。

3）测试有源一端口的诺顿等效电路参数及端口的输出特性,验证诺顿定理。

4）将非线性元件引入有源一端口,再测试其端口的输出特性,强调戴维南定理的适用条件。

5）找出实验过程中直流电源异动原因及其解决方法。

（2）提高选做内容

1）测试非线性元件的伏安特性,说明非线性元件的工作状态。

2）拓展实验内容,充分利用已有测量数据,适当增加若干测量数据,顺势验证叠加定理、特勒根定理、替代定理,使整个直流电路实验一气呵成。

此实验作为直流电路测量实验,基本涵盖了电工测量中与直流相关的所有实验内容。此外,该实验虽然是验证性实验,却设置了实验结果与理论知识相违背的表象,提醒学生以事实为准绳,培养学生严肃认真的实验态度和严谨工作的科学作风。

2. 实验过程及要求

1）学习实验原理:学习戴维南定理、诺顿定理、叠加定理、特勒根定理、替代定理的内容及其适用条件,学习元件伏安特性的测量方法。

2）测量方案设计:拟定测量方案步骤及数据记录表格。

3）利用 Multisim 仿真:课外完成,相应结果写进实验报告。

4）实验过程:特别关注电源异动的理论分析值和实验测量值,关注非线性元件的工作状态,采取恰当措施,消除电源异动对实验测量的影响。

5）数据测量:按照拟定步骤测量完整的实验数据(特别关注电源异动消除前后的数据)。

6）定理验证:适当增加测量数据,顺势验证叠加定理、特勒根定理、替代定理。

7）实验总结:对实验结果进行分析解释,得出戴维南定理适用条件的实验结论,得出拓展实验的相关结论。

3．相关知识及背景

从表象来看,实验内容仅仅涉及戴维南定理和诺顿定理,但因遇到电源异动、非线性有源一端口是否满足戴维南定理的问题,则需关联有源一端口的等效变换和叠加定理;为探究非线性有源一端口是否满足戴维南定理,还需用到非线性元件伏安特性的测量,并且可以拓展实验内容,顺势验证叠加定理、特勒根定理、替代定理。

4．教学目的

将诸多实验内容围绕戴维南定理实验一条主线渐次展开,通过实验现象,凸显问题情境,激发学生思考;将直流电路实验集成在一个主线关联性实验项目中,进行基本实验技能的进阶式训练,提高学生的实验探究能力。

5．实验教学与指导

课程分成原理解析(教师讲课)和实际测试(学生实验)两个阶段进行,每个阶段教师提出任务和要求,由学生自行拓展实验方案(课前准备),对关键测量电路进行方案的理论分析、仿真分析,然后进行实验测量,学生应根据整个实验过程写出总结报告。

(1)教师讲课引导

1)解释电路的各个元件的标称值与实际值可能不同的问题。

2)本实验尤其要关注两个直流电源的工作状态,在外界负载变化过程中,电源将出现异动,教师应提示异动的原因,引导学生思考对策,采用至少两种措施解决问题。

3)当将非线性元件引入电路后,应该关注非线性元件的工作状态,测量结果分析应该全面而深入。

(2)实验前的仿真研究

1)根据实验原理图,用 Multisim 进行仿真分析,结合实际设备的允许使用参数和条件,找出直流电源异动的临界点,指导实际实验操作。

2)在外界负载变化过程中,跟踪非线性元件的工作状态,用 Multisim 进行仿真测量非线性元件的伏安特性。

(3)实验过程

学生一人一组,测量相关数据。

(4)实验后的数据处理

对测量数据进行分析和处理,推算一端口的戴维南电路的等效参数,画出完整(电源异动以及消除异动两种情况下)的输出特性曲线。有序安排实验步骤,拓展实验测量数据,顺势验证叠加定理、特勒根定理、替代定理,得出尽可能多的实验结论。

6．实验原理及方案

(1)实验基本原理

任何一个线性网络,如果只研究其中一条支路的电压和电流,则可将电路的其余部分看作是一个含源的一端口网络。这时可用一个等效电压源来代替其对外部电路的作用,其电压源的电动势等于该含源一端口网络的开路电压,其等效内阻等于该含源一端口网络中各独立电源均为零时的无源一端口网络的入端电阻,这就是戴维南定理。如果这个含源一端口网络用等效电流源来代替,其等效电流就等于该含源一端口网络的短路电流,其等效电导等于该含源一端口网络各独立电源均为零时的无源一端口网络的入端电导,这就是诺顿定理。

针对一个特定实验电路,通过将负载电阻 R 阻值从 0 到 ∞ 变化,完整测试有源一端口的电压电流,验证直流电路的戴维南等效和诺顿等效;将非线性元件接入有源一端口后,再次进行端口特性的测量,对测量数据进行思考和分析,得出戴维南定理的使用条件等相关结论。

(2) 参考实验方案

本实验项目以直流电路的戴维南等效和诺顿等效(实验电路如图 1-1-1 所示)为载体,以实验电路图 1-1-1(a)(实验电路图 1-1-1(b)为接线图)为研究对象,按照下述步骤进行。

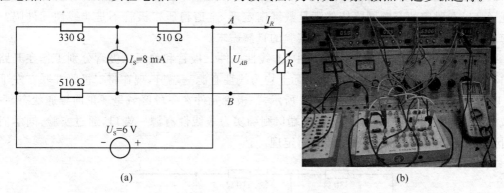

(a)   (b)

图 1-1-1 直流电路原理图与接线图

1) 测量每个电阻的阻值,测量电压源、电流源的大小。

2) 测量 AB 端口的输出特性,验证戴维南定理。

3) 在步骤 2 的测量过程中,发现当电阻 R 小于 130 Ω(理论估算值)时,电流源发生了异动,特殊的实验现象激发学生思考,什么原因导致电流源发生异动?通过测量发现电流源的端电压呈现负值,说明电流源的工作状态已经偏离了其允许条件,从而导致异动。

4) 发现了问题,找到了缘由,那么如何解决问题呢?如何采取措施,测量 AB 以左有源网络的短路电流呢?措施1:直接在电流源所在直流串接一个恰当电阻,通过串接电阻,抬高电流源两端的电压,使电流源两端电压维持为正值,纠正电流源的异动现象,同时又不影响原网络的 AB 端口的输出特性。措施2:采用叠加定理,测量电压源单独作用和电流源单独作用情况下 AB 支路的短路电流,有效避免电流源的异动现象。措施2则自然引入叠加定理的验证。

5) 在步骤 2 的测量过程中,将一个二极管替代原电路中 330 Ω 的电阻(如实验电路图 1-1-2 所示),再次测量 AB 端口的输出特性,发现当电阻 R 大于 750 Ω 时,电压源发生了异动,实验现象再次激发学生思考,什么原因导致电压源发生异动?通过测量发现电压源的输出电流呈现负值,说明电压源的工作状态已经偏离了其允许条件,从而导致异动。那么如何解决问题呢?如何采取措施,测量原 AB 以左有源网络的开路电压呢?措施1:直接在电压源两端并接一个恰当电阻,通过并接电阻,增加电压源输出电流,使电压源输出电流维持为正值,纠正电压源的异动现象,同时又不影响原网络的 AB 端口的输出特性。措施2:同样可以采用叠加定理测试。

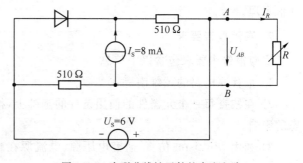

图 1-1-2 串联非线性元件的直流电路

一次电流源异动,一次电压源异动,两次电源异动及其应对措施,加深了学生对于对偶电路的理解与应用。

6）步骤 5 中的测试结果表明：将一个二极管替代原电路中 330 Ω 的电阻后，AB 以左对应的有源网络依然满足戴维南定理，这个结果与理论课程讲授的结论矛盾，矛盾的实验测试结果挑战学生的传统思维，迫使学生不得不进一步探究，到底是实验本身出现了错误还是理论课程给出了错误的结论？因此，自然而然引出二极管——非线性元件伏安特性的测量。

7）在步骤 2 的测量过程中，将一个稳压二极管替代原电路中 330 Ω 的电阻，再次测量 AB 端口的输出特性，发现当电阻 R 小于 56 Ω 时，电流源发生了异动，采取相应措施消除异动后，发现 AB 以左对应的有源网络依然满足戴维南定理，难道稳压二极管不是非线性元件吗？测试稳压二极管的伏安特性再次成为此实验的自然需求。

8）在步骤 5 和步骤 7 的实验过程中，非线性元件二极管和稳压二极管分别工作在开路和反向稳压的状态，导致 AB 以左端口实际上均为线性有源一端口，现在将二极管并联在左下方的 510 Ω 电阻两端，实验电路如图 1-1-3 所示，二极管元件在一段区域呈现正向导通状态，一段区域呈现反向截止状态，这样，AB 以左端口则确实为非线性有源一端口，通过实验，同学们清晰看到非线性有源一端口不满足戴维南定理。

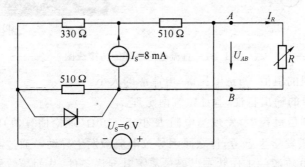

图 1-1-3　并联非线性元件的直流电路

9）通过测试稳压二极管的伏安特性，发现在测量 AB 端口的伏安特性的过程中，稳压二极管实际上处于反向稳压状态，该支路相当于一个电压大小为 5 V 的电压源，接着，将原稳压二极管所在支路用 5 V 的电压源替代后，测试 AB 以左对应的有源网络的端口特性，发现测试结果与替代前端口特性一致，这样就顺势验证了替代定理。

10）在步骤 4 的实验过程中，采用措施 2 即叠加定理测量原网络的短路电流，在测量短路支路电流的同时，将每条支路的电流电压均测量并记录下来，利用这些数据，可以顺势验证特勒根定理。

7. 实验报告要求

实验报告中要求包含以下信息。

1）推算原电路的戴维南等效参数。

2）在核查每一个元器件的使用条件的基础上，推算外接电阻 R 对电压源、电流源工作状态的影响。

3）利用 Multisim 仿真，研究电压源、电流源在整个外接电阻变化过程中，输出功率的情况；研究二极管和稳压二极管的伏安特性。

4）记录实验测试的实际数据并绘制输出特性曲线。

5）采取措施消除电源的异动现象。

6）记录电源异动回归后的测试数据并绘制输出特性曲线。

7）记录引入二极管、稳压二极管后的测试数据并绘制输出特性曲线。

8）测试二极管、稳压二极管的伏安特性并解释7）的测试结果。

9）拓展试验，设计非线性电路，说明戴维南定理的适用条件。

10）拓展实验，顺势验证叠加定理、特勒根定理、替代定理。

11）实验结果与实验收获总结。

8．考核要求与方法

1）预习情况，采用提问方式，检验预习效果。

2）实验过程，让学生遇到问题，面对问题，现场操作解决问题。

3）基本实验内容，要求人人完成，检查关键测量数据。

4）提高选做内容，根据教学时间和学生学业能力，选择安排。

5）当实验人数较多时，采用提问、现场观测和批阅实验报告的形式，考核实验效果，发现创新点，奖励五角星，折算加入实验成绩。

6）当实验人数较少时，采用分组答辩、学生互评和教师点评的形式，考核实验效果，通过交流沟通，拓展思维，共同提高。

9．项目特色或创新

本实验以直流电路的戴维南和诺顿等效为切入点，精心设置实验参数，通过实验现象，凸显问题，激发学生积极思考，展示出进阶式实验训练的魅力。整个实验内容丰富，实验过程跌宕起伏，以戴维南定理为主线，涵盖诸多电路定理的研究，与以往针对某一原理的单一实验项目相比，具有形式新颖、内容生动、主线关联、层层递进的鲜明特色。

实验案例信息表

案例提供单位		浙江大学电气工程学院		相关专业	电气、电子、信息、自动化、测控、生物医学、机械电子	
设计者姓名		孙盾	电子邮箱	sundun01@163.com		
设计者姓名		范承志	电子邮箱	fanchengzhi@zju.edu.cn		
设计者姓名		聂曼	电子邮箱	mannie10@zju.edu.cn		
相关课程名称		电路原理实验	学生年级	2	学时	4＋3
支撑条件	仪器设备	万用表、直流电源和仪表、示波器、可调电阻				
	软件工具	Multisim 仿真软件				
	主要器件	DG07 实验模块（电阻、二极管、稳压二极管）				

1-2 电容器及 RC 电路分析

1. 实验内容与任务

（1）实验任务一：观察电容器存储电荷的现象并进行相关参数计算。

将 $200\,\mu\text{F}/16\,\text{V}$ 电解电容器连接到 $10\,\text{V}$ 电压源上，在电容器两端并接电压表。当电容被充电到 $10\,\text{V}$ 电压之后，断开电源连线，用万用表观察电容缓慢放电现象，并记录下放电时间。在电容器上再并接一个 $1\,\text{M}\Omega$ 的电阻，重复上述实验，记录下电压从 $10\,\text{V}$ 下降到 $5\,\text{V}$ 时所用时间 t_2。根据 $u_C(t_1)=10\mathrm{e}^{-t_1/\tau_1}=u_C(t_2)=10\mathrm{e}^{-t_2/\tau_2}=5\,\text{V}$ 的关系，通过测量两次放电时间计算电容 C 及电压表内阻。

（2）实验任务二：观察电容器上电压与电流相位关系。熟练掌握示波器的使用，并掌握坐标系的标注和绘制波形图。

（3）实验任务三：RC 电路特性观测。

1）高通滤波器实验。搭建电路，用示波器测量输出，观察电路的高通滤波功能。

2）超前移相功能实验。搭建电路，用示波器测量输出，观察移相角的超前现象及移相角大小与激励源频率的关系。

3）微分功能实验。选择恰当的激励源参数，使波形输出完整清晰，绘制波形。

4）低通滤波器实验。搭建电路，用示波器测量输出，观察电路的低通滤波功能。

5）滞后移相功能实验。搭建电路，用示波器测量输出，观察移相角的滞后现象及移相角大小与激励源频率的关系。

6）积分功能实验。选择恰当的激励源参数，使波形输出完整清晰，绘制波形。

7）时间常数 τ 的测试。掌握绘图法求时间常数 τ。

8）耦合功能实验。设计一个激励源的参数（注意信号的周期和耦合电路时间常数的关系），观察该电路作为耦合电路具有的"通交流、隔直流"的功能。解释为什么相同的 RC 电路，对某些信号其功能为耦合作用，对另外一些信号其功能则为微分作用，并通过实验予以观察。

2. 实验过程及要求

（1）课前预习阶段

1）完成预习思考题，对电容器及 RC 电路有初步的了解，了解实验内容的设置。

2）根据本次实验内容，明确本次实验课所需测量的数据参数类型，以及所使用到的实验器材和测量仪器。

3）结合本次实验目的、实验原理与实验内容，做出实验数据记录表格。

（2）课上讲解阶段

1）首先用 5 分钟进行预习小测验，检查学生预习情况。

2）接着用 10 分钟，随机抽取一名至两名同学到黑板上简单默写本次实验课的实验目的和所涉及的原理、公式等相关基础理论。教师利用这 10 分钟快速翻看小测验情况。这两个环节,不仅可督促学生预习积极性,而且可以初步了解学生对本节实验内容的掌握情况。

3) 再用 15 分钟,对学生所暴露出来的问题进行简单讲解,帮助学生梳理实验思路。

（3）实验操作,课上指导阶段

1) 强调实验设备的使用应安全准确,实验操作严谨规范。电路搭建布局合理,仪器仪表连接正确,量程选择恰当。

2) 实行有限指导,每名学生指导次数有限,超过指导次数将适当扣除分数,改正学生在应试教育的情况下养成的过度依赖教师的学习习惯。

（4）数据记录阶段

要求正确使用仪器仪表,观察实验现象细致准确,数据记录表格设计科学合理。学会根据理论基础初步判断实验结果是否正确,如结果不正确,学习判断并分析故障原因。

（5）实验结束阶段

如有未完成实验任务,及时做好标记,留待去开放实验室继续完成。然后正确拆解电路及仪器设备,整理实验台、仪器设备,导线、元件等材料正确归位,摆放好椅子,离开实验室。

3. 相关知识及背景

这是一个了解电容器以及 *RC* 电路功能的基本电路实验。电容器是电路中的储能元件,在电子电路中用途广泛。*RC* 电路即电阻和电容的组合电路,可以构成移相、积分、微分、滤波和耦合等各种功能电路,是构成各种功能电路的基本要素,在各类电子产品中均有非常重要的应用。

此外,对于第一次接触专业实验的大一学生来说,需要培养良好的实验习惯,通过充分的预习,并通过实验掌握合理搭建电路、使用仪器设备、正确观察实验现象、分析记录实验数据、撰写实验总结报告等技能。

4. 教学目的

要准确把握住电路实验作为基础实验课的课程定位,以培养学生良好的实验习惯为主要目的。注意把实验课中零散而分散的知识点串联,强调理论知识的体系性,完整性,形成条理清晰的知识脉络,加深学生对专业知识的理解与掌握。

一些工程实验相关知识点在理论教学环节容易忽略而一带而过。通过实验让学生操作、体验,通过尝试性的操作和对测量结果的分析,来体会一些基本知识点在实验现象中是如何表现出来的。让学生体会到通过探索尝试自己也可以分析实验过程中遇到的问题,并获得需要的答案,从而促进学生实验意识的养成,让学生知其然,更知其所以然。

5. 实验教学与指导

本实验作为大学一年级的专业基础实验课,主要包括课前预习,课上预习检查,有针对性讲解,实验过程评价,课程结束时考核,开放实验室补充,提交实验报告七个部分。

首先明确电路实验课的功能定位为"掌握实验方法和知识理解＋良好实验习惯的养成和专业素质的培养",教学与指导主要从以下几个环节做起。

（1）强化实验预习环节,指导教师根据实验教材预习思考题中的各种问题,随机确定两道题,按学生座位单双号分配题目(相邻座不重题),以笔答形式检查学生的预习情况并给出预习成绩。用严格的考试制度形成压力,来督促学生预习。

（2）在学生完成了良好的预习基础上,取消了实验课前老师介绍实验原理、方法的环节,改为把实验中会遇到的共性问题列出来,对预习小考不理想的同学,进行有针对性的抽查,以此介绍本次实验的核心问题。此外,采取"激励式"实验指导形式,即老师指导学生实验的次数是有一定额度限制的(该额度是依据在通常情况下,每一个学生需要被指导次数的平均值),若在本门实验课中老师指导某个学生实验的累计次数超过该额度,则视超过次数的多少在平时成绩中给予相应的扣分。

(3) 注重实验过程监控环节,每一个实验项目所对应的实验数据表格下面都配有针对该组数据的总结分析性问题,通过回答该问题,可以考查学生对实验任务的掌握程度。学生做完实验项目得出实验数据后,需立刻回答问题,老师通过及时检查这些问题,可以直接掌握学生的学习状态。改变实验就是单纯的操作与数据的获得的惯性思维,使学生实验质量始终处于被监控状态。

(4) 针对大一学生,合理利用开放实验室。对于实验课上由于预习不好,对实验理解不充分而完成不好的学生,要求他们必须进入开放实验室,完成相应学时的实验来增加对实验的掌握,并由开放实验室值班教师给予开放课成绩评定,作为补充。对于实验中学有余力的学生,也要有拓展性的实验内容,并提供开放实验室,使其能够继续完成。

6. 实验原理及方案

(1) 关于电容器

电容器是由两个相距很近的电极板(金属材料)之间充填绝缘材料后,在极板上引出连线所构成。它具有在极板上存储电荷的作用,存储电荷能力的大小用电容量来衡量,基本单位是法拉(F)。

从电容器的外部特性来看,电容量的大小和它两端的电压及存储的电荷之间的关系是 $C=\dfrac{q}{u}$。

有极性电容适用电路中的电压波形如图 1-2-1(a)所示,即电压波形始终是在一个极性上波动(图 1-2-1(a)为电压始终为正),而不是像图 1-2-1(b)那样电压在两种极性上来回变化(极性不固定)。

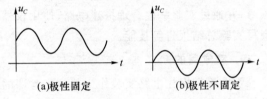

图 1-2-1　极性固定和不固定的电压波形

在选用电容时还一定要注意电容耐压值(能够承受电压)的大小,若电路上的电压高于电容的耐压值,将会造成电容绝缘层的击穿,进而会造成电路的损坏。

(2) 关于 RC 电路

RC 电路就是电阻和电容组合的电路,RC 电路可以构成移相、积分、微分、滤波和耦合等各种功能电路,它是构成各种功能电路的基本要素,在各类电子产品中均有非常重要的应用,了解它们的特性是本次实验的核心问题。

1) 关于电容上电压和电流相位关系的测量

在某参考方向下,电容上电流 i_C 与电压 u_C 的关系为 $i_C = C\dfrac{\mathrm{d}u_C}{\mathrm{d}t}$,这个表达式适用于任意情况下电容上电压与电流的关系(包括瞬态的变化)。若给电容施加频率稳定的正弦波电压时,电容对该电压表现为一个阻值确定的阻抗,其阻抗大小 $Z_C = \dfrac{1}{\mathrm{j}\omega C}$,电压和电流的表达式为 $\dot{U}_C = Z_C \cdot \dot{I}_C = \dfrac{1}{\mathrm{j}\omega C}\dot{I}_C$,其中 j 是相位因子,表示 $\dot{U}_C$ 滞后 $\dot{I}_C$ 90°相角。

2) 关于 RC 移相电路

由于移相电路只是 u_s 和 u_1 之间的相位产生移动,而频率不发生变化,因此可以采取用示波器观测两个电压的波形的方法,来观察移相角的大小。假设观测的波形如图 1-2-2 所示,则移相角 φ 的大小可按以下方法计算 $\varphi = \dfrac{t_1}{T}360°$。其中 T 为这两个同频信号的周期,t_1 为两个信号到达零位线的时间差。移相角的大小取决于容抗 Z_c 和 R 的比值,比值越大则移相角就越大。

3）关于 RC 积分电路

RC 积分电路与滞后移相电路完全相同,两者的主要区别在于对激励信号的波形要求不同。移相电路的激励信号 u_s 一般为正弦量,电路的功能就是要获得一个相对输入信号 u_s 有某个固定相移的输出信号。而对积分电路而言,u_s 的电压波形一般都是如图 1-2-3 所示的方波,由于积分电路的输出电压 u_o 是电容上的电流对时间积分的值（$u_C = \dfrac{1}{C}\displaystyle\int_0^t i_C \mathrm{d}t + u_C(0)$）,它是时间的函数,所以积分电路多用在时间控制电路中,当时间 t 达到某个时刻时,对应的输出电压达到相应的幅度,当检测到输出电压达到该预期电压值时,便开始执行某项工作。

4）关于微分电路

RC 微分电路与超前移相电路在形式上完全相同。RC 微分电路的作用是提取输入信号中的变化量,尽可能将随时间有明显变化的信号传输出去,而将不随时间变化的信号隔离掉,信号随时间变化越快,则输出幅度就越大。一般情况下,RC 微分电路的时间常数远小于信号的周期,这是微分电路参数的主要特点,如图 1-2-4 所示。

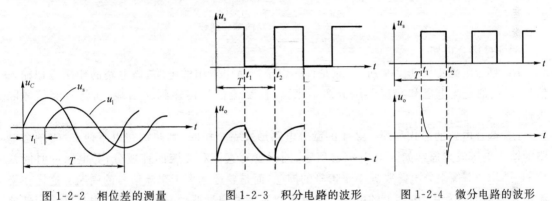

图 1-2-2　相位差的测量　　　　图 1-2-3　积分电路的波形　　　图 1-2-4　微分电路的波形

5）RC 滤波电路

滤波器电路有许多形式,RC 滤波电路仅是其中一种电路较为简单、功能较为初级的电路,但它却是构成复杂滤波电路的核心。RC 滤波电路如图 1-2-5 的(a)、(b)、(c)、(d)所示,它们分别为低通滤波器、高通滤波器、带通滤波器和带阻滤波器。

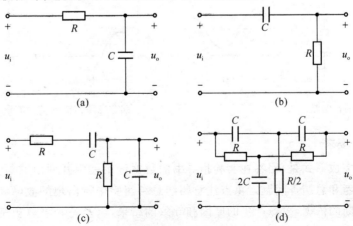

图 1-2-5　RC 滤波电路

所谓滤波器就是实现对输入端不同频率的信号进行选择的电路。滤波电路的幅频曲线如图 1-2-6 所示。

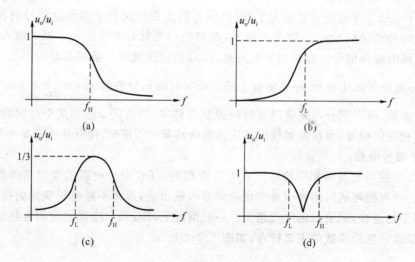

图 1-2-6　滤波电路的幅频曲线

6）RC 耦合电路

RC 耦合电路如图 1-2-7 所示，它是许多电子产品中常用的电路，该电路的作用是把输入信号 u_S 中的直流电压和交流电压分离出来，仅使交流信号传递到输出端，而将直流信号隔离掉。

RC 耦合电路的形式与图 1-2-4 的微分电路形式完全相同，其差别在以下两点：①耦合电路的输入电压波形通常如图 1-2-8(a) 所示，同时含有直流和交流两种成分；②电路的时间常数 $\tau(\tau=RC)$ 不像微分电路要远小于信号的周期，而是要远远大于交流信号的周期。这样在交流信号波动的过程中，电容上的电压几乎就可以不随着信号波动，信号的波动电压几乎全部分担在电阻 R 上，使在输出端得到几乎全部的波动电压（如图 1-2-8(b) 所示波形）；而由于电容具有隔断直流的作用，信号中的直流成分被电容所分担，由此完成了将输入信号的交流和直流分量进行分离的作用（如图 1-2-8(c) 所示波形）。

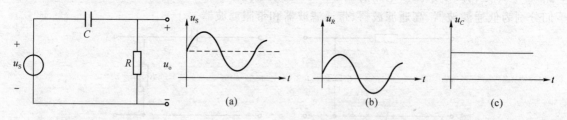

图 1-2-7　RC 耦合电路　　　　图 1-2-8　耦合电路传输的信号波形

7. 实验报告要求

总结报告的完成形式是，回答在实验指导书的数据记录表中开列出的与实验记录数据相关的应回答的思考和总结等问题。重点注意归纳总结实验中所出现的故障和问题，写出对故障和问题分析判断的依据，故障产生的原因和导致的结果，以及是否可以规避（我们认为应尽量避免像以往写实验报告那种形式繁杂、重复性高的的工作。学生的文字撰写能力训练，安排在课程设计环节中较好）。

8. 考核要求与方法

1) 实验课的课程成绩由平时成绩和期末考试成绩两部分构成,其权重各占 50%。

2) 平时成绩的 100 分,由预习小测验分、预习抽查分、实验过程检查分、过度被指导分和总结报告分五个部分构成。

3) 预习小测验占平时成绩的 45 分(含每次预习抽查加减 5 分)。

4) 过程检查项是对部分学生在实验进行过程中,阶段性实验结果的抽查。通过该项检查环节的设定,可以对学生在实验室的状况进行动态掌握。该检查项是过程管理中非常重要的环节之一,占平时成绩的 45 分,被过程检查的学生,根据每次被检查的结果加减 10 分。

5) 过度被指导学生,每增加一次被指导记录,从平时成绩中扣除 2 分。

6) 总结报告分占平时成绩的 10%。

9. 项目特色或创新

本科实验课程可以分为专业基础实验,综合应用实验和设计创新实验三个阶段。对于本科生的实验教学目标应该包含实验习惯的培养和实验能力的提高两个方面。只有在专业基础实验环节养成良好的实验习惯(良好的实验习惯是实验能力提高的前提和保障),才可以为以后的综合实验、创新实验的开展打下坚实的基础。

本项目的创新之处在于彻底颠覆了旧的"预习报告＋指导操作＋总结报告"三段实验模式,强化实验预习质量,强化实验过程考核。希望通过这种改革,训练学生的独立实验意识,养成良好的实验习惯,为更好的开展后续的实验课程奠定良好的基础。

实验案例信息表

案例提供单位	大连理工大学城市学院工程实践中心		相关专业	电子信息工程
设计者姓名	王颖	电子邮箱		wangy@dlut.edu.cn
设计者姓名	于海霞	电子邮箱		yhx_dl@163.com
设计者姓名	何英昊	电子邮箱		yinghaoh@163.com
相关课程名称	电路实验	学生年级	1	学时　　3＋3
支撑条件	仪器设备	示波器、万用表、信号发生器、直流稳压电源、交流毫伏表		
	主要器件	电阻、电容		

1-3 一阶"黑箱"电路模块的辨别和时域测量

1．实验内容与任务

"黑箱"是由一个电阻和一个动态元件用串/并联方式构成的二端子模块，隐藏了连接方式和元件参数。本实验中，模块为被测量和识别的对象。各黑箱的动态元件性质、元件参数和连接方式都有所不同。

每个学生随机领取一个"黑箱"模块，与外接电阻构成被测电路。通过观测电路的阶跃响应，确定一阶动态过程的三个要素。通过对比输入与输出波形和测量时间常数，确定黑箱内部动态元件性质（电容或电感）、元件参数和连接方式（串联或并联）。最终画出模块内部电路图，给出分析方法和原始测量数据。

学生需要自行确定合适的外接串联电阻，确定输出电压并进行测量。实验之前需要预先进行理论分析或软件仿真。

2．实验过程及要求

1）测量时，必须将外接电阻与模块串联后接入信号发生器，信号源采用幅度为 1 V 的周期方波，用示波器测量电路的阶跃响应波形，通过初始值、稳态值和时间常数的测量来计算和辨别"黑箱"模块内部两个元件的参数值和连接方式。实验中不允许用万用表等其他仪器或采用频域阻抗测量等方法。

2）做好预习，推导四种模块组合与电阻串联时其端电压阶跃响应表达式。也可用仿真方法预先得到波形。设计好实验时的测量方案，准备好计算公式。

3）预习并熟悉一种时间常数的测量方法。

4）用两种不同的接地方式测量输出电压波形，选择一种最佳方案确定"黑箱"内部电路。注意使用适当阻值的外接串联电阻，可以使波形参数的测量更容易。

5）调整信号发生器的方波输出周期，以便清楚观测电压波形中完整过渡过程。

3．相关知识及背景

本实验在理论知识方面需要理解一阶动态电路特性并能熟练进行分析。在实验室技能方面涉及对基本仪器的使用，对于波形时间参数的测量，针对不同的测量对象（未知的黑箱）设计不同测量方案以得到较为准确的结果的能力。也要求用软件仿真工具分析动态过程。

4．教学目的

掌握基本仪器的使用，熟练掌握动态电路波形参数的测量。综合运用一阶动态电路分析理论知识和仿真工具，深入理解动态元件特性和一阶动态电路特有的阶跃响应波形。

5．实验教学与指导

1）先修知识：理论课程讲解一阶电路性质和分析方法。实验课程讲解信号源和示波器的使及操作,掌握波形参数的测量方法。

2)提前解释实验内容和要求。预先提示学生充分做好预习,包括理论分析、仿真和测量方案拟定,熟悉一种时间常数测量方法。

3)实验中提示学生选择合适的外接串联电阻。提示学生采用10倍衰减挡探头测量跳变波形以减小示波器输入端电容的影响。

6. 实验原理及方案

在限定了黑箱内部为一个动态元件和一个电阻的条件下,对于不同的内部动态元件、不同的内部连接方式,采用如下两种测量电路之一(如图1-3-1所示),通过测量输出电压的阶跃响应波形,可以唯一确定黑箱内部的具体电路和元件参数。通过理论分析和仿真可加以验证。

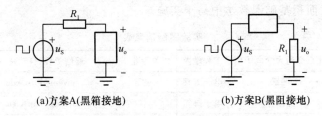

(a)方案A(黑箱接地)　　　　　(b)方案B(黑阻接地)

图1-3-1　"黑箱"模块测量方案

通过观察输出电压的初始值、稳态值以及过渡方式,结合对可能的内部电路特性的分析,可以确定动态元件性质(电容或电感)及其与内部电阻的连接方式(串联或并联)。然后调整测量方案和外接电阻 R_1 的阻值,可以提高时间常数等波形测量的精度。

学生需要通过观察波形自行确定合适的方案和外接电阻值。实验器材除了定制的黑箱模块外,电路搭接利用通用实验板完成,以方便测量和电路连接变动。为了体现差异化,防止抄袭,黑箱设计了20多种元件参数和连接种类,利用加密的二维码或 NFC 标签快速识别。

7. 实验报告要求

(1)用三要素法计算出四种可能的黑箱与电阻串联时,黑箱端电压的阶跃响应表达式。给出表达式和波形或仿真结果,确定测试方案。

(2)记录实际测试电路连接,测试步骤,测试数据和波形结果。

1)给出实验电路连接图和外接电阻阻值。

2)给出黑箱内部元件性质和连接方式的判定依据,给出包含黑箱内两个元件在内的完整电路图。

3)记录原始输出波形(含两种接地方式),指出关键点参数(初始值,稳态值,信号源周期等)。

4)说明采用的时间常数测量方法,给出测量所用波形,给出动态元件参数计算结果。

(3)讨论如何确定外接串联电阻阻值和测量方案,给出简要分析。

8. 考核要求与方法

考核分为实验室检查验收和实验报告评判两部分。

1)检查预习,在实验过程中检查。假定外加方波峰峰值为1V,半周期等于6倍时间常数,用理论分析或仿真方法得出4种可能黑箱模块外接串联电阻的测量方案,画出波形草图及关键计算公式。

2)实验室测量原始数据、波形和测量电路以及辨识结论。在学生完成实验后立即检查验收。需要确认实际电路连接和测量方案是否正确合理,测量数据是否齐全有效,结果是否正确(根据二维码确认)。

3)实验报告内容。对课后提交实验报告按照要求要点进行评判。

9. 项目特色或创新

1)实验内容紧密结合课程基本知识点,突出最基本的仪器使用和时域测量方法。

2)不预先知道结果,学生需要真正完成预习、独立完成测量才能辨别黑箱,可以防止实验流于形式或相互抄袭。

3)辨别黑箱需要不同的思考方式,可以激发学生的兴趣。

4)实验结论是唯一确定的,实验的考核要点明确,教师通过黑箱上的二维码快速确认实验结果,本实验在大面积基础课教学中易于实施。

实验案例信息表

案例提供单位	北京交通大学电子信息工程学院		相关专业	通信工程、自动化、电子科学与技术	
设计者姓名	闻跃	电子邮箱	ywen@bjtu.edu.cn		
设计者姓名	养雪琴	电子邮箱	xqyang@bjtu.edu.cn		
设计者姓名	高岩	电子邮箱	ygao@bjtu.edu.cn		
相关课程名称	电路分析实验	学生年级	2	学时	2+2
支撑条件	仪器设备	信号发生器、示波器			
	软件工具	Multisim电路仿真软件			
	主要器件	自制黑箱模块			

1-4 线性有源二阶电路的设计

1. 实验内容与任务

1）利用运算放大器、电阻、电容设计实现一个网络函数为 $H(s)=\dfrac{K}{Ts+1}$ 的一阶电路（要求 $K<4$, $T<0.1$）。

2）结合运算放大器、电阻、电容等元器件设计实现一个单位负反馈二阶电路,其网络函数为 $H(s)=\dfrac{\omega_n^2}{s^2+2\zeta\omega_n s+\omega_n^2}$（要求 $0.2<\zeta<0.3$, $\omega_n>100$）。

3）对该二阶电路中 R 和 C 的参数进行调节,观察该电路的响应由欠阻尼向临界阻尼和过阻尼过程的转换。

4）在不改变电路结构及参数的前提下,另外设计电路模块对二阶电路进行调节,实现响应的过阻尼动态过程。

2. 实验过程及要求

1）查找资料,学习完成设计任务所需的各典型环节基本原理,并掌握各环节的物理实现。

2）针对各典型环节,计算选择满足设计要求的各元器件参数(注意各类元件的标称值)。

3）利用电路仿真软件对设计电路进行仿真测试。

4）实际测试所设计的二阶电路,并自行设计表格,记录观测实验结果(要求记录振荡角频率 ω_d 及衰减因子 δ,及它们随各典型模块的变化规律)。

5）撰写实验报告,讨论给定网络函数中 ζ、ω_n 与二阶电路欠阻尼动态过程中振荡角频率 ω_d 和衰减因子 δ 的关系,并分组讨论各设计方案的优缺点。

6）拓展内容:研究学习自动控制原理中二阶系统各动态性能指标(延迟时间 t_d、上升时间 t_r、峰值时间 t_p、超调量 $\sigma\%$、调节时间 t_s)与所设计二阶电路中各模块及参数之间的关系。

3. 相关知识及背景

此设计是一个应用运算放大器和电阻、电容元件实现二阶欠阻尼动态电路的典型案例。涉及的相关知识有动态电路的时域分析,复频域分析,运算放大器的应用及系统反馈调节的概念等。

4. 教学目的

1）掌握动态电路复频域分析法与时域分析法的关联性。

2）引导学生理解动态电路时域特征各参数指标的物理含义。

3）加强运算放大器的使用。

4）初步引入反馈控制调节的概念,加强与后续课程的衔接性。

5. 实验教学与指导

在实验教学中,应从以下几个方面加强对学生的引导。

1）引导学生学习各典型模块(如积分环节、惯性环节、比例环节、微分环节)的设计实现。

2）介绍反馈的概念，并使学生掌握利用反馈实现二阶电路的方法。

3）初步引入 PID 控制的基本方法。

6. 实验原理及方案

线性有源二阶电路实验原理框图如图 1-4-1 所示。

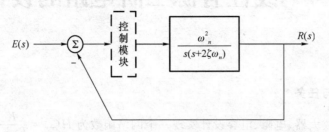

图 1-4-1　线性有源二阶电路实验原理框图

在未加控制模块之前，该二阶电路的网络函数为：$H(s) = \dfrac{\omega_n^2}{s^2 + 2\zeta\omega_n s + \omega_n^2}$。

7. 实验报告要求

实验报告需要反映以下工作。

1）实验需求分析。

2）理论推导计算。

3）实验电路设计与参数选择。

4）电路测试与数据记录。

5）数据处理分析。

6）实验结果总结。

8. 考核要求与方法

1）实物验收：设计目标的实现，完成时间。

2）自主创新：各模块设计的合理性，自主思考与独立实践能力。

3）数据分析：测试数据的误差分析是否合理。

4）实验报告：实验报告是否规范、完整。

9. 项目特色或创新

本项目的特色在于：模块化思想完成设计任务；考虑学生的专业背景，加强了与后续课程的衔接性，可作为电路课程研究性学习的有效案例。

实验案例信息表

案例提供单位	内蒙古工业大学电力学院		相关专业		自动化
设计者姓名	刘利强	电子邮箱	llqiang@imut.edu.cn		
设计者姓名	李永亭	电子邮箱	liyt@imut.edu.cn		
设计者姓名	刘月文	电子邮箱			
相关课程名称	电路	学生年级	2	学时	3+8
支撑条件	仪器设备	函数信号发生器、示波器			
	软件工具	Multisim			
	主要器件	运算放大器(LM324,LM358)、电阻若干、电容若干			

1-5 有源元件应用系统综合设计

1. 实验内容与任务

通过实验设计手段,加深同学对应用有源元件实现负阻器、回转器、变压器的原理及特性的理解,设计任务采用开放式菜单配置,引导学生对每个功能模块、模块连接电路进行综合分析设计研究。

（1）基本实验内容

1）设计一个基于有源元件的负阻器。

2）在直流工作条件下,说明负阻器的负阻特性。

3）在交流工作状态下,说明负阻器的负阻特性。

4）全面研究负阻电路正常工作的条件。

5）设计一个基于有源元件的回转器。

6）利用回转器制作有源模拟电感。

7）将有源模拟电感运用于串联谐振电路。

8）将有源模拟电感运用于二阶电路的过渡过程研究。

（2）提高选做内容

1）将负阻器与回转器组合为一个系统,同时观察负阻器的负阻特性与回转器的回转特性。

2）将两个回转器组合为一个系统,实现有源变压器特性。

3）进行有源变压器带载情况研究。

4）利用负阻并联,观察混沌现象。

5）对设计电路进行理论分析、仿真研究,实际搭建电路,特别关注实验数据、波形与预期结果、仿真结果是否一致,时刻关注运算放大器的实际运行状态;按照实验设计思路,抓住功能电路的特征量,按拟定步骤测量完整的实验数据,记录完整的实验波形。

6）同一功能电路可以有不同实现电路,实验任务呈开放性,集思广益,鼓励创新。

2. 实验过程及要求

1）学习实验原理:学习负阻器、回转器、变压器工作原理,熟悉运算放大器的线性与非线性工作条件、电路谐振特性、电路动态特性等,综合完成电路功能设计、仿真、功能测试等任务。

2）实验过程:在实际搭建电路中,应特别关注实验数据、实验波形与设计预期结果是否一致,时刻关注运算放大器的实际运行状态;出现问题,采取措施,积极应对。

3）数据测量:按照实验设计思路,抓住功能电路的特征量,按照拟定的步骤测量完整的实验数据,记录完整的实验数据与波形。

4）实验要求:通过设计研究,感受查阅文献、线路选择、参数配置、仿真分析、搭建电路、实际测试的整个实践过程,把学到的知识与特定功能的对象对接,培养学生的探究能力与创新意识。

3. 相关知识及背景

实验内容涉及负阻器、回转器、变压器功能模块,因要用实验手段说明所设计电路的对应功能,所以可以联系广泛的实验内容:直流负阻端口特性测量、交流负阻端口特性测量、负阻在谐振电路中的表现、负阻在二阶电路中的瞬态表现等。回转电路的回转特性、有源变压器的传输特性、混沌电路研究等,内容可以尽情拓展,实验内涵丰富。

4. 教学目的

以有源元件应用系统综合设计为主线,实现负阻器、回转器在 LC 谐振电路、动态电路过渡过程、混沌产生电路中的应用,让同学经历模块化、研究型实验整个过程,有助于拓宽学生学术视野,增强学习兴趣,启迪创新意识。

5. 实验教学与指导

实验设计要求提前两周公布,鼓励学生广泛查阅资料,提出与众不同的实验思路,鼓励学生自行拓展实验方案(课前准备),对功能电路模块进行方案的理论分析、仿真分析,然后进行实验测量,最后将设计、仿真、实验、遇到问题、解决问题、拓展研究的整个实验过程写出总结报告。

(1)教师讲课引导

1)解释电路的拓扑结构与参数选择都是有客观要求的,运算放大器在线性工作区运行时是有严格限定条件的。

2)本实验过程中,尤其要注意运算放大器的实际工作状态,如果设计中要求运算放大器工作在线性状态,而实际电路却工作在非线性状态,那么设计的预期与实际测量结果一定大相径庭。出现错误的实验结果,如何查找原因,如何采取措施改善电路的运行情况,是值得思考的。

3)在多个功能电路的连接过程中,为保证信号能稳定地输入输出,应特别强调有源元件、信号源、示波器的共地问题。

(2)实验前的仿真研究

1)根据实验原理图,用 Multisim 进行仿真分析,根据既定的设计思路,用虚拟测量数据或者虚拟示波器观察得到的波形,说明对应电路的确具备端口负阻特性、回转特性。

2)将负阻器功能模块、回转器功能模块应用于各种电路情境中,采用对照比较手段,用 Multisim 进行仿真,测量相关特征数据或者特征波形。

3)同时将负阻器、回转器功能模块组成一个系统,用 Multisim 进行仿真,观察谐振现象、二阶电路瞬态过程的过阻尼、临界阻尼及其欠阻尼现象。

4)将回转器级联,用 Multisim 进行仿真,观察传输特性。

5)将负阻器拓展于混沌电路,观察系统的运行状态。

(3)实验过程

学生 2~3 人自由组合,形成研究团队,搭建电路,测量实验数据,记录实验波形。实验线路相对复杂,需确保线路正确无误,接地可靠;关注实验参数设置是否合理,实验路径是否正确;查找遇到问题的原因,提出解决方案。

(4)实验后的数据处理

根据实验策划思路的不同,可以有不同的测量数据。根据各自的实验线路,测量对应的实验数据或者实验波形,说明各自实现的电路功能,展示各自达到的实验菜单深度,得出各自实验结论,总结各自的实验收获。

6．实验原理及方案

（1）实验基本原理

负阻器可以由运算放大器等构成。图 1-5-1 所示电路是一种由运算放大器和电阻构成的负阻器电路，其中入端阻抗 $Z = -\dfrac{R_1}{R_2} \times R_5$；图 1-5-2（a）、(b)所示电路是两种回转器电路，通过恰当配置阻抗值，可以实现回转功能。将回转器视为一个二端口网络，两个回转器级联就可以构成一个有源变压器。

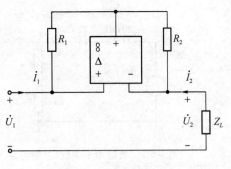

图 1-5-1　负阻器电路

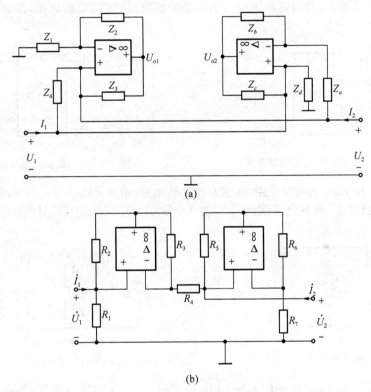

(a)

(b)

图 1-5-2　回转器的两种实现电路

（2）参考的实验方案

根据设计要求，按照以下子项目逐项进行。

1）如图 1-5-1 所示，端口接直流稳压电源，取 $R_1 = R_2 = 300\ \Omega$，当 Z_L 分别为 $1\ \text{k}\Omega$ 和 $2\ \text{k}\Omega$ 时，测出端口的直流负阻值。

2）在图 1-5-1 所示电路中，端口接正弦交流电压源，利用示波器，观察端口电压电流的相位关系。

3）研究负阻电路正常工作的条件。

4）图 1-5-3、图 1-5-4 为对照电路，信号源选择方波输出，调节 R_{10} 分别为 $1\ \text{k}\Omega$、$1.2\ \text{k}\Omega$、$1.4\ \text{k}\Omega$、$1.6\ \text{k}\Omega$、$1.8\ \text{k}\Omega$、$2\ \text{k}\Omega$，调节 R_{11} 分别为 $0\ \Omega$、$200\ \Omega$、$400\ \Omega$、$600\ \Omega$、$800\ \Omega$、$1\ \text{k}\Omega$，利用示波器观察电感电压波形。

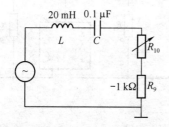

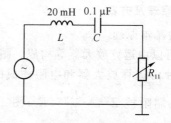

图 1-5-3　负阻用于 RLC 二阶电路　　　　图 1-5-4　RLC 二阶电路暂态响应对比电路

5) 如图 1-5-5 所示,当回转器($r_1 = 1$ kΩ)输出端口接电容时,观察输入端口是否呈现电感特性,测出回转电感大小。

6) 如图 1-5-6 所示,将回转电感应用于串联谐振电路,观察谐振现象,测量谐振频率及回转电感大小。

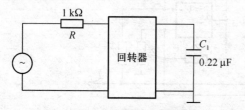

图 1-5-5　电容回转电感测试电路　　　　图 1-5-6　谐振法测量有源电感

7) 图 1-5-7、图 1-5-8 为对照电路,电感 L 是回转电感,信号源选择方波输出,调节 R_{12} 分别为 300 Ω、700 Ω、2 kΩ、6 kΩ,调节 R_{13} 分别为 1.3 kΩ、1.7 kΩ、3 kΩ、7 kΩ,记录信号源和电感电压波形。

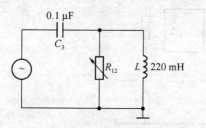

图 1-5-7　回转电感用于二阶电路　　　　图 1-5-8　负阻回转电感同时用于二阶电路

8) 将两个回转器电路(第一级 $r_1 = 1$ kΩ,第二级 $r_1 = 2$ kΩ)实施级联,测试输入输出端口的电压电流传输特性。

9) 研究分析有源变压器带载情况对电压电流传输特性的影响。

10) 如图 1-5-9 所示,将两个负阻器并联,得到非线性电阻 N_R,用示波器双踪观察图 1-5-10 电路中 u_{C_4} 和 u_{C_5} 组成的相轨迹,观察混沌现象。

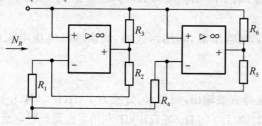

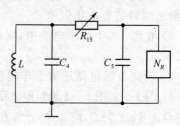

图 1-5-9　有源非线性电阻 N_R　　　　图 1-5-10　混沌发生电路

7. 实验报告要求

实验报告中要求包含以下信息。

1）负阻器设计原理，参数选择的依据。

2）通过实验测量数据计算负阻大小，通过示波器波形说明负阻器的作用。

3）回转器设计原理，参数选择的依据。

4）根据实验数据，计算回转器的回转电导、输入阻抗；用示波器观察有源模拟电感并记录 $U-I$ 波形，解释相位超前滞后关系。

5）记录应用有源电感实现的谐振电路的相关波形图。

6）记录由负阻器和回转器组合的二阶电路中所产生的过阻尼、欠阻尼现象，验证负阻、回转特性。

7）观察负阻自激振荡现象，等幅、增幅振荡现象。

8）将回转器级联，观察有源理想变压器的传输特性及其带载情况。

9）将两个负阻器并联，采用蔡氏混沌电路，观察混沌现象。

10）总结实验感想与体会。

本实验中采用的负阻器电路、回转器电路首先需要理论推导，利用负阻器的端口特性、回转器的双口网络的描述方程，说明负阻器大小、回转器的回转电阻（电导）与电路中元件参数的解析关系，选择实验中每个参数的取值，在实验过程中，遇到什么异常现象、如何调整参数、如何采取措施，最后测量实验数据，记录实验波形，借此数据和波形，得出实验结论，感悟实验收获。

8. 考核要求与方法

实验提前两周布置任务，询问学生的实验意向，了解掌握有多少同学将另辟蹊径，采用不同于实验指导书的实验方案，有多少同学将按照实验指导方案进行操作。整个实验占用 8 学时实验时间。

1）预习情况，采用提问方式，检验预习效果。

2）实验过程，让同学遇到问题，面对问题，现场操作解决问题。

3）基本实验内容，要求人人完成，每组测试验收。

4）提高选做内容，根据教学时间和学生学业能力，选择安排。

5）当实验人数较多时，采用提问、现场观测和批阅实验报告的形式，考核实验效果，发现创新点，奖励五角星，折算加入实验成绩。

6）当实验人数较少时，组织学生以项目演讲、答辩、点评的形式进行交流，了解不同研究小组解决方案及其特点，拓宽知识面，共同提高。

9. 项目特色或创新

本项目以有源元件应用为切入点，选择负阻器、回转器、变压器、混沌电路等功能模块，设计要求采用菜单式配置，引导学生以研究型思路进行实验，经历功能设计、理论分析、仿真分析、搭建电路、调试测试、报告总结等过程，实现方法具有多样性、知识应用具有综合性，整个实验内容呈现模块化、开放性、探索性的综合实验特色。

案例提供单位		浙江大学电气工程学院		相关专业	电气工程及其自动化、电子信息技术、自动化、测控技术与仪器、生物医学工程
设计者姓名		孙盾	电子邮箱		sundun01@163.com
设计者姓名		姜国均	电子邮箱		jgj1964@hotmail.com
设计者姓名		王姤	电子邮箱		wzahz0410@sina.com
相关课程名称		电路原理实验	学生年级	2	学时	8＋10
支撑条件	仪器设备	信号发生器、示波器			
	软件工具	Multisim 仿真软件			
	主要器件	运算放大器、电阻、电容全部集中在专用实验模板上；电感在 DG08 实验板上			

1-6 非线性电路实验

1. 实验内容与任务

本实验以一个非线性蔡氏电路系统为对象,改进设计成一个创新型、分层次要求的综合实验,结合了电路、模拟电子技术和信号与系统等课程的相关内容,采用了软件编程和硬件调试相验证的方法。具体如下。

1) 根据蔡氏系统的电路模型,构造非线性电阻环节,利用 Multisim 软件模拟电路,搭建硬件电路,完成实验测试,并比较硬件测试图与软件仿真结果。

2) 为便于从示波器中观测电路中电感元件流过的电流,应改造蔡氏电路,设计由积分器和反相环节组成的附加电路,调节阻值的大小,从示波器可观测到电容两端电压、流过电感的电流,保存时序图、李萨如图形、功率谱,熟悉系统由平衡点到周期进入混沌的演变规律,分析线性电路与非线性电路系统的区别。

3) 由于硬件电路中调节电感较难,应设计等效的无感蔡氏电路图;根据电路数学模型,设计模块化的电路,完成含有限幅电路的无感等效蔡氏电路的软件仿真和硬件实验,将测试图形与1)和2)中的实验结果比较,分析系统成像,让学生更加感性地认识到非线性电路的特征及其设计理念。

4) 设计同步反馈控制器,实现两个运动行为不同的蔡氏电路的投影同步控制,可以将其深入应用于混沌保密通信,提高科研创新能力。

2. 实验过程及要求

(1) 实验预习

1) 分析蔡氏电路系统,设计积分环节和反相环节,完成 Multisim 软件下的电路模拟,保存各种时序图和相位图,分析元器件值变化时系统运动的不同。

2) 设计无感的等效蔡氏电路图,完成电路软件模拟和基于 MATLAB 软件的数值仿真。

3) 设计反馈控制器,构建同步控制电路原理图,完成电路软件模拟。

(2) 硬件实验

1) 先完成经典的蔡氏电路,再搭建附加电路图,调节电阻、电容、电感,保存从示波器观察系统的时序图、相平面图和功率谱。

2) 搭建模块化的无感蔡氏电路,观测内容同上,并比较该电路与经典蔡氏电路的不同。

3) 搭建蔡氏电路投影同步电路硬件图,观察同步效果。

(3) 实验要求

提交实验设计总结报告一份;完成硬件实验电路,设计制作 PPT 汇报演讲稿。

3. 相关知识及背景

非线性电路系统具有复杂的运动,可以产生周期和混沌行为,在保密通信等领域具有广泛的应用。在电路课程中,选用蔡氏电路作为一种典型的非线性电路实验教学,其结构简单,易于电路实验和改建,通过调节阻容元件,可观察到周期运动、单涡卷和双涡卷混沌吸引子的非线性物理现象,进而提高了学生综合运用知识的能力。

4. 教学目的

实验教学环节是贯彻创新能力培养的有效切入点,通过对蔡氏电路进行改建、软件仿真、硬件电路实验,提高学生电路设计和动手操作的实践能力;通过观测实验结果,让学生建立起空间观察概念,分析非线性电路周期和混沌运动,培养了学生的创新思维能力。

5. 实验教学与指导

本实验是一个具有实践性的创新性电路系统实验,需要经历学习研究、电路方案设计、软件模拟仿真、硬件调试、总结报告、答辩交流等环节。在实验教学中,教师应主要从以下几点加强对学生的引导。

1) 重点学习非线性蔡氏电路图,讲解电路模型的推导,分析非线性电阻的作用。

2) 自学 Multisim 电路软件,完成电路模拟图;学习 MATLAB 软件,利用龙格库塔算法,完成数值仿真。

3) 掌握电路实验仪器、示波器、万用表、直流稳压电源等的使用。

4) 简介电路设计的要点,了解硬件电路图调试的注意事项。

5) 学习非线性动力学的基础知识,比如混沌的特征和判别方法,周期运动与混沌运动的区别。

6) 实验完成后,指导报告的写法,并组织学生以 PPT 演讲,进行答辩交流。

非线性蔡氏电路是由美国加州大学蔡少棠教授于 1983 年研究发现的,它是由两个线性电容、一个线性电感、一个线性电阻和一个非线性电阻构成的三阶自治动态电路,实验电路制作简单,如图 1-6-1 所示。电路中存在的非线性环节 N_R,是运动轨迹发生振荡的主要原因,也是电路设计的难点。该环节实现方案有多种,本实验采用六个电阻和两个运算放大器来实现,如图 1-6-2 所示。双运算放大器中的 2 个对称放大器各自的配置电阻要相差 100 倍,才能使得两个放大器输出的电流总和在不同的工作电压段,输出电流与电压呈现非线性伏安特性,该非线性负阻元件的作用是使电路出现振荡,并产生不同的周期和混沌运动等非线性现象。

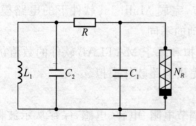

图 1-6-1 经典三阶蔡氏电路

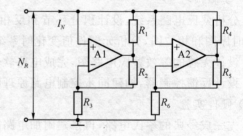

图 1-6-2 有源非线性器件 N_R

有源非线性负阻元件的实现可从以下几方面进行分析。

(1) 先从运算放大器 A1 分析

由图 1-6-3(a)电路的连接方式可知电路处于负反馈工作状态,工作于线性放大区域。取运算放大器的工作电压 $\pm V_{CC}$,则饱和电压近似看成 $\pm V_{CC}$。利用运算放大器自身的电压输出特性,如图 1-6-3(b)所示,可以求得它的饱和截止转折电压为 $E_{1+} = \dfrac{R_3 V_{CC}}{R_3 + R_2}$,$E_{1-} = -\dfrac{R_3 V_{CC}}{R_3 + R_2}$。

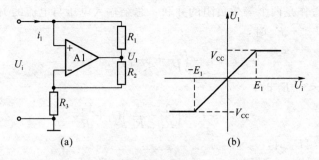

图 1-6-3　运算放大器及其电压输出特性

1）当工作于线性放大区时（$-E_1 \leqslant U_i \leqslant E_1$），根据"虚短"有 $V_+ = V_-$，则 $V_+ = U_i$，根据"虚地"，流过 R_2 的电流等于流过 R_3 中的电流，那么应用 KVL 得到运算放大器输出电压和电阻关系式如下：

$$\begin{cases} U_1 = \dfrac{R_3 + R_2}{R_3} U_i \\ i_1 = \dfrac{U_i - U_1}{R_1} = -\dfrac{R_2}{R_1 R_3} U_i \end{cases} \tag{1-6-1}$$

由于 $R_1 = R_2$，则有

$$i_1 = -\frac{U_i}{R_3} \tag{1-6-2}$$

根据上式推导，可以知道当运算放大器工作在线性放大区域时，可把运算放大器 A1 工作电路等效为一个阻值为 R_3 的负电阻。

2）当运算放大器达到饱和区时（$U_i > E_1$ 或 $U_i < -E_1$），运算放大器 A1 达到饱和电压，输出电压 $U_i = \pm V_{CC}$，据此得知：

$$i_1 = \frac{U_i \pm V_{CC}}{R_1} \tag{1-6-3}$$

综合如上分析，可以绘制出运算放大器 A1 的伏安关系如图 1-6-4 所示。

（2）对运算放大器 A2 进行分析

采用相同的分析方法，可得到类似结果。当 A2 工作于线性放大区域时，等效负阻为：$-\dfrac{1}{R_6}$，此时 $i_2 = -\dfrac{1}{R_6} U_i$；当 A2 工作于饱和区域时：$i_2 = \dfrac{U_i \pm V_{CC}}{R_4}$。饱和截止电压为 $E_{2+} = \dfrac{R_6}{R_6 + R_5} V_{CC}$，$E_{2-} = -\dfrac{R_6}{R_6 + R_5} V_{CC}$。绘制出伏安关系如图 1-6-5 所示（其中 $E_2 > E_1$）。

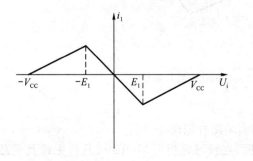

图 1-6-4　运算放大器 A1 的伏安关系

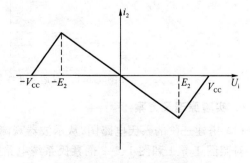

图 1-6-5　运算放大器 A2 的伏安关系

25

将蔡氏二极管看作是两个等效负阻的并联。总结输入电压与电流的关系分析如下：

1) 当 $-V_{CC} \leqslant U_i < -E_2$ 时，

$$i = i_1 + i_2 = \left(\frac{1}{R_1} + \frac{1}{R_6}\right)(U_i + V_{CC}) \tag{1-6-4}$$

2) 当 $-E_2 \leqslant U_i < -E_1$ 时，

$$i = i_1 + i_2 = \left(\frac{1}{R_1} + \frac{1}{R_6}\right)U_i + \frac{V_{CC}}{R_1} \tag{1-6-5}$$

3) 当 $-E_1 \leqslant U_i \leqslant E_1$ 时，

$$i = i_1 + i_2 = \left(-\frac{1}{R_1} - \frac{1}{R_6}\right)U_i \tag{1-6-6}$$

4) 当 $E_1 < U_i \leqslant E_2$ 时，

$$i = i_1 + i_2 = \left(\frac{1}{R_1} - \frac{1}{R_6}\right)U_i - \frac{V_{CC}}{R_1} \tag{1-6-7}$$

5) 当 $E_2 < U_i \leqslant V_{CC}$ 时，

$$i = i_1 + i_2 = \left(\frac{1}{R_1} + \frac{1}{R_4}\right)(U_i - V_{CC}) \tag{1-6-8}$$

令 $G_0 = -\frac{1}{R_1} - \frac{1}{R_6}$，$G_1 = \frac{1}{R_1} - \frac{1}{R_6}$，$G_2 = \frac{1}{R_1} + \frac{1}{R_4}$，综合式(1-6-4)、式(1-6-5)、式(1-6-6)、式(1-6-7)、式(1-6-8)可得

$$i = \begin{cases} G_2(U_i + V_{CC}), & -V_{CC} \leqslant U_i < -E_2 \\ G_1 U_i + \dfrac{V_{CC}}{R_1}, & -E_2 \leqslant U_i < -E_1 \\ G_0 U_i, & -E_1 \leqslant U_i \leqslant E_1 \\ G_1 U_i + \dfrac{V_{CC}}{R_1}, & E_1 < U_i \leqslant E_2 \\ G_2(U_i - V_{CC}), & E_2 < U_i \leqslant V_{CC} \end{cases} \tag{1-6-9}$$

绘制成伏安特性曲线如图 1-6-6 所示。

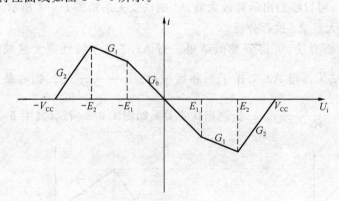

图 1-6-6　双运放非线性元件的伏安特性曲线

6. 实验原理及方案

（1）搭建三阶的蔡氏电路图，从示波器观测实验图并记录。

对照图 1-6-1 和图 1-6-2 的蔡氏系统电路图，在预习时利用 Multisim 软件完成其电路模拟仿真，保存电容 C_1、C_2 的端电压 U_{C_1}、U_{C_2} 的运行轨迹，观看时序图、相位图。关于硬件电路

的搭建,首先在 FD-NCE-II 非线性电路混沌实验仪上连接电路图,分别从电容 C_1、C_2 两端引出两根导线接入示波器XY端,并共地,如图1-6-7所示。从零开始逐渐增大可调电阻 R 的阻值,观察示波器的 XY 端的相平面图(即李萨如图形)的变化情况,检验电路是否正常运行,检验仿真结果是否与实验结果一致。分析 LC 谐振电路与 RC 移相电路的作用。其次,利用实验室的电阻、电容、电感和运放等元器件,在面包板上搭建实物图,观测以上同样结果,并比较。

图 1-6-7　非线性电路混沌实验仪接线图

(2) 设计附加电路,引出流过电感的电流变量,完成电路软件仿真与搭建硬件电路图,分别观测三个运动变量的时序图、相位图和功率谱,并保存各种波形。

由于从图 1-6-1 电路中无法直接观测到电感流过的电流波形 i_{L_1},则学生们可以利用模拟电子的知识考虑如何设计电路进行变量的引出。以下设计的附加电路作为参考,学生可以自行设计不同的电路。

根据蔡氏系统电路图 1-6-1,可见电感流过的电流与电容 C_2 两端的电压满足关系:

$$L_1 \frac{\mathrm{d}i_{L_1}}{\mathrm{d}t} = -U_{C_2} \tag{1-6-10}$$

设计附加电路如图 1-6-8 所示。电容 C_2 两端并联一个电压跟随器 A3 和一个积分电路 A4(由虚框部分表示)。电容 C_2 两端电压量成为整个附加电路的输入,经过电压跟随器 A3 后与积分电路 A4 相连,得到输出电压 V_{U4},其输入与输出关系如下:

$$\frac{\mathrm{d}V_{U4}}{\mathrm{d}t} = -\frac{1}{R_7 C_3} U_{C_2} \tag{1-6-11}$$

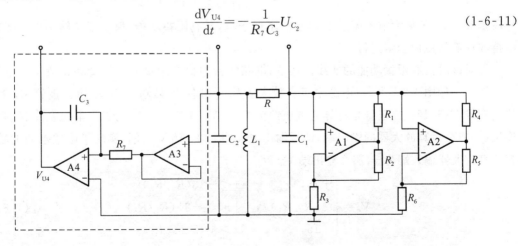

图 1-6-8　系统状态变量引出图

比较表达式(1-6-10)和方程组(1-6-11)的第三式,可知:通过选择合适的参数 R_7、C_3,可以用积分电路的输出电压 V_{U4} 的运动轨迹等效表示蔡氏电路系统中电感流过的电流波形 i_{L_1}。

在预习时,利用 Multisim 软件完成图 1-6-8 电路仿真;在实验室,利用元器件,根据图 1-6-8 搭建实际硬件电路。电路中运算放大器均选用型号为 TL082CD 的芯片,工作电压选用 $V_{CC}=+15\ \text{V}$,$V_{EE}=-15\ \text{V}$。选取电路参数 $R_1=R_2=22\ \text{k}\Omega$,$R_3=3.3\ \text{k}\Omega$,$R_4=R_5=220\ \Omega$,$R_6=2.2\ \text{k}\Omega$,$R_7=667\ \Omega$,$R=1.5\ \text{k}\Omega$,$C_1=10\ \text{nF}$,$C_2=100\ \text{nF}$,$C_3=100\ \mu\text{F}$,调节电感的大小,在 10 mH～20 mH 范围内,系统将依次出现单倍周期→二倍周期→单涡卷→三倍周期→单涡卷→双涡卷→周期→大的单叶周期,依次测量出系统 $x-y$,$y-z$,$x-z$ 的相平面图和时序图,并可以观测到不同运动的功率谱。

(3) 设计模块化的无感等效蔡氏电路,并搭建实际硬件电路图,同样观测实验结果,并与图 1-6-1 中实验图比较。

在实际硬件电路的调试过程中,蔡氏电路对电感元件的取值非常敏感,对电感精度要求较高,电感值极小的变化,电路运动轨迹将大相径庭,因而图 1-6-1 的硬件电路稳定性不好。在实际市场中,购买的独立电感元件可选感值较少,无法满足电路对电感光滑调节的要求。

为了增强学生动手实验的能力,考虑从典型蔡氏系统的数学模型入手,反推设计一个等效无感蔡氏电路。同学们可以设计不同的等效无感电路。下面的设计图作为参考,由于系统的数学模型为非光滑系统,这里考虑利用运算放大器的限幅特性,实现非线性的不连续特性。设计过程如下。

1) 限幅电路设计

典型蔡氏电路的数学模型为:

$$\begin{cases} \dot{x}=\alpha y-\alpha m_1 x+\alpha(m_0-m_1)f(x) \\ \dot{y}=x-y+z \\ \dot{z}=-\beta y \end{cases} \tag{1-6-12}$$

其中非线性环节为 $f(x)=0.5(|x+1|-|x-1|)$,即:

$$f(x)=\begin{cases} +1, & x>1 \\ x, & |x|\leqslant 1 \\ -1, & x<-1 \end{cases} \tag{1-6-13}$$

分段函数 $f(x)$ 的最大值不超过 1,最小值不低于-1,具有限幅功能,保证了电路中混沌吸引子维持在局部区域内稳定运行。

针对该段具有限幅功能的非线性环节,电路实验中拟采用单向二极管和正负工作电源来设计实现。如图 1-6-9 所示,电路中运算放大器均选用芯片 TL082CD,单向二极管 D1 和 D2 选用型号 1N5712。二极管自身导通电压约为 0.65 V,与±14.35 V 的工作电压及 1 Ω 的电阻连接后,加在运算放大器的输出端,使得输出电压钳制在±15 V 之间,实现了限幅电路的功能。若运算放大器输入端为 x,那么输出端 V_o 为:

$$V_o=\begin{cases} +15, & x<-15(R_1/R_2) \\ -(R_2/R_1)x, & |x|\leqslant+15(R_1/R_2) \\ -15, & x>+15(R_1/R_2) \end{cases} \tag{1-6-14}$$

选取电阻 $R_1=10\ \text{k}\Omega$,$R_2=150\ \text{k}\Omega$,上式简化为:

$$V_o = -15f(x) = \begin{cases} +15, & x < -1 \\ -15x, & |x| \leqslant 1 \\ -15, & x > 1 \end{cases} \qquad (1\text{-}6\text{-}15)$$

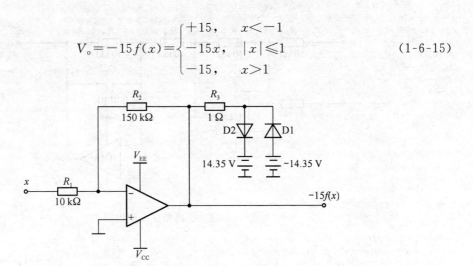

图 1-6-9　实现限幅函数功能的电路设计

2）整体等效蔡氏电路的设计实现

根据方程（1-6-12），利用反相比例积分电路、加法电路和反相放大电路等常见的模拟电子电路，对蔡氏电路中三个状态变量之间的代数运算关系进行反推设计。如图 1-6-10 所示，运算放大器 U2A 和电阻 R_6、R_7 构成了反相电路，实现了状态变量 y 的反相。该输出与限幅电路的输出结果 $-15f(x)$，一起作为运算放大器 U3A 的输入，与电阻 R_4、R_5、R_8 及电容 C_1 构成含加法运算的反相比例积分电路，最终输出结果即为状态变量 x。

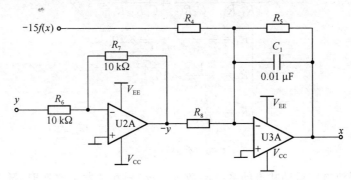

图 1-6-10　系统变量 x 引出图

状态变量 y 的引出图如图 1-6-11 所示。运算放大器 U4A 和电阻 $R_9 \sim R_{11}$ 构成了反相加法电路，其输出作为运算放大器 U5A 的输入，与电阻 R_{12}、R_{13}，电容 C_2 构成了含加法运算的反相比例积分电路，最终输出结果即为系统状态变量 y。

系统状态变量 z 与 y 具有反相比例积分关系，以图 1-6-11 中运算放大器 U5A 的输出量 y 作为输入，经过由运算放大器 U6A、电阻 R_{14} 和电容 C_3 构成的反相比例积分电路之后，输出电压即系统状态变量 z，电路结构如图 1-6-12 所示。

将图 1-6-10、图 1-6-11 和图 1-6-12 中对应变量的端口连接，可以得到与蔡氏电路等效的三阶自治混沌电路，如图 1-6-13 所示。

为了方便电路参数取值，可将系统整体成比例缩放 10^{-4} 倍，缩放后系统的频率加快，运动状态不发生改变。电路中各元器件参数与系统状态变量的关系推导如下：

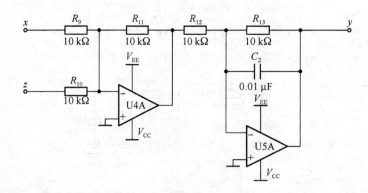

图 1-6-11 系统变量 y 引出图

$$\begin{cases} \dot{x} = \dfrac{R_7 y}{C_1 R_6 R_8} - \dfrac{x}{C_1 R_5} - \dfrac{15}{C_1 R_4} f(x) \\[3mm] \dot{y} = -\dfrac{R_{11}}{C_2 R_{12} R_9} x - \dfrac{1}{C_2 R_{13}} y + \dfrac{R_{11}}{C_2 R_{12} R_{10}} z \\[3mm] \dot{z} = -\dfrac{1}{C_3 R_{14}} y \end{cases}$$

$$(1\text{-}6\text{-}16)$$

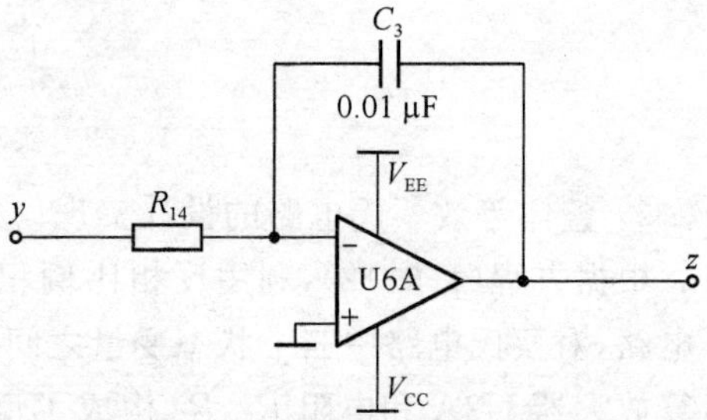

结合方程组(1-6-12)、(1-6-16),可得电路中主要元器件的取值依据:

图 1-6-12 系统变量 z 引出图

$$\frac{R_{11}}{C_2 R_{12} R_9} = \frac{1}{C_2 R_{13}} = \frac{R_{11}}{C_2 R_{12} R_{10}} = 1 \qquad (1\text{-}6\text{-}17)$$

$$\begin{cases} R_4 = \dfrac{15}{\alpha(m_1 - m_0) C_1} \times 10^{-4} \\[3mm] R_5 = \dfrac{1}{\alpha m_1 C_1} \times 10^{-4} \\[3mm] R_8 = \dfrac{R_7}{\alpha R_6 C_1} \times 10^{-4} \\[3mm] R_{14} = \dfrac{1}{\beta C_3} \times 10^{-4} \end{cases} \qquad (1\text{-}6\text{-}18)$$

可见,决定混沌电路运动状态的系统参数 m_0、m_1、α 和 β 发生改变时,随之而发生改变的只有电阻 R_4、R_5、R_8 和 R_{14}。换句话说,这四个电阻参数值大小直接决定了系统的运动轨迹。

在预习时,利用 Multisim 软件完成图 1-6-13 的电路模拟仿真;在实验室,根据图 1-6-13 搭建等效的蔡氏硬件电路。选择误差范围为±1%的精密电阻元件:$R_6 = R_7 = R_9 = R_{10} = R_{11} = R_{12} = R_{13} = 10 \text{ k}\Omega$,$R_{14} = 666.67 \ \Omega$;利用 3 只阻值可调的精密电位器实现电阻 R_4、R_5 和 R_8;电容 C_1、C_2 和 C_3 由 3 只精度较高的瓷片电容来实现,电容值均为 $0.01 \ \mu\text{F}$。固定电阻 $R_4 = 35 \text{ k}\Omega$,$R_8 = 1 \text{ k}\Omega$,在 $0 \sim 10 \text{ k}\Omega$ 范围内,调节电阻 R_5 的大小,利用型号为 UTD4062C 的示波器观察系统运动的变化情况。

(4) 设计合适的反馈控制器,实现运动行为不同的两个蔡氏电路同步,完成数值仿真和电路软件模拟,并搭建实际硬件电路,观测同步效果,保存波形。

蔡氏电路是结构最简单且运动行为丰富的系统,被视为混沌理论和实验研究的典范。由于混沌运动的初始敏感性,使其特别适合于混沌保密通信中,因而混沌同步成为研究热点。

下面以蔡氏电路为研究对象,设计合适的反馈控制器,实现两个运动行为不同的蔡氏电路同

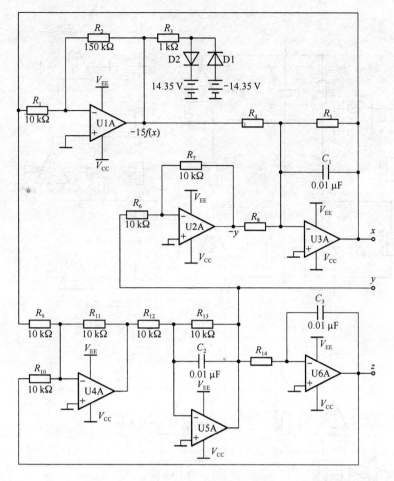

图 1-6-13　等效无感蔡氏电路图

步。分析如何设计反馈控制器并考虑控制增益对同步性能的影响。以下设计过程作为参考。

以方程组(1-6-12)为驱动系统,在模块化的等效蔡氏电路基础上添加控制环节构成响应系统如下:

$$
\begin{cases}
\dot{x}_2 = \alpha_2 y_2 - \alpha_2 m'_1 x_2 + \alpha_2 (m'_0 - m'_1) f(x_2) - U_1 \\
\dot{y}_2 = x_2 - y_2 + z_2 - U_2 \\
\dot{z}_2 = -\beta_2 y_2
\end{cases}
\tag{1-6-19}
$$

其中,$U_1 = k_1 (x_2 - p_1 x_1)$,$U_2 = k_2 (y_2 - p_1 y_1)$,$k_1$、$k_2$ 为控制增益。由于蔡氏电路的系统状态变量 z 由 y 直接控制,因此控制了变量 y 以后无需对 z 再进行同步控制。

该控制器是由运算放大器和电阻构成的减法电路,搭建电路如图 1-6-14 所示,虚框中即为同步控制器。根据"反推设计模块化的等效蔡氏电路"中变换的方法,对添加控制器后的响应电路进行推导,并将系统整体成比例缩放 10^{-4} 倍:

$$
\begin{cases}
\dot{x}_2 = \dfrac{R_{21} y_2}{C_4 R_{20} R_{22}} - \dfrac{x_2}{C_4 R_{19}} - \dfrac{15}{C_4 R_{18}} f(x_2) + \dfrac{V_1}{C_4 R_{a5}} \\[2mm]
\dot{y}_2 = -\dfrac{R_{25}}{C_5 R_{26} R_{23}} x_2 - \dfrac{1}{C_5 R_{27}} y_2 + \dfrac{R_{25}}{C_5 R_{26} R_{24}} z_2 + \dfrac{V_2}{C_5 R_{b5}} \\[2mm]
\dot{z}_2 = -\dfrac{1}{C_6 R_{28}} y_2
\end{cases}
\tag{1-6-20}
$$

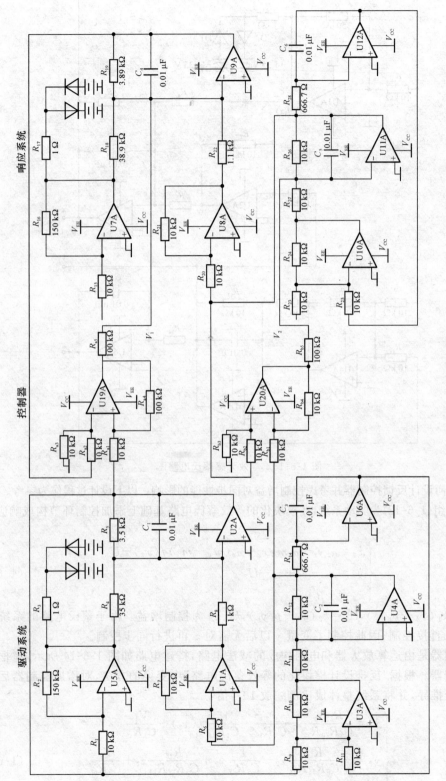

图 1-6-14 同步控制系统电路图

电路中主要元器件的取值依据分别如下：$\dfrac{R_{25}}{C_5 R_{26} R_{23}}=\dfrac{1}{C_5 R_{27}}=\dfrac{R_{25}}{C_5 R_{26} R_{24}}=1$，$R_{18}=$
$\dfrac{15\times10^{-4}}{\alpha_2(m_1'-m_0')C_4}$，$R_{19}=\dfrac{10^{-4}}{\alpha_2 m_1' C_4}$，$R_{22}=\dfrac{R_{21}\times10^{-4}}{\alpha_2 R_{20} C_4}$，$R_{28}=\dfrac{10^{-4}}{\beta_2 C_6}$。将方程中电阻关系用系统参数表示，方程(1-6-20)亦可写成如下格式：

$$
\begin{cases}
\dot{x}_2 = \alpha_2 y_2 - \alpha_2 m_1' x_2 + \alpha_2(m_0'-m_1')f(x_2) + \dfrac{V_1\times10^{-4}}{C_4 R_{a5}} \\[2mm]
\dot{y}_2 = x_2 - y_2 + z_2 + \dfrac{V_2\times10^{-4}}{C_6 R_{b5}} \\[2mm]
\dot{z}_2 = -\beta_2 y_2
\end{cases}
\tag{1-6-21}
$$

其中，$V_1=\left(1+\dfrac{R_{a4}}{R_{a1}}\right)\left(\dfrac{R_{a3}/R_{a2}}{1+R_{a3}/R_{a2}}\right)x_2-\dfrac{R_{a4}}{R_{a1}}x_1$，$V_2=\left(1+\dfrac{R_{b4}}{R_{b1}}\right)\left(\dfrac{R_{b3}/R_{b2}}{1+R_{b3}/R_{b2}}\right)y_2-\dfrac{R_{b4}}{R_{b1}}y_1$。

取电阻 $R_{a1}=R_{a2}=R_{a3}=R_{a4}=10\text{ k}\Omega$，$R_{b1}=R_{b2}=R_{b3}=R_{b4}=10\text{ k}\Omega$ 时，比较方程组(1-6-19)、(1-6-21)，可知：

$$
k_1=\dfrac{10^{-4}}{C_1 R_{a5}},\ k_2=\dfrac{10^{-4}}{C_1 R_{b5}},\ p_1=\dfrac{R_{a4}}{R_{a1}}=1,\ p_2=\dfrac{R_{b4}}{R_{b1}}=1
\tag{1-6-22}
$$

由上式可知，已知 C_4 的大小固定，只要调节电阻 R_{a5}、R_{b5}，就可以进行同步控制器增益的调节，使得驱动系统与响应系统达到同步。

在预习时，利用 Multisim 软件完成图 1-6-14 的电路模拟仿真，如图 1-6-15 所示；在实验室，根据图 1-6-14 搭建蔡氏同步的硬件电路。当 $R_{a5}=R_{b5}=100\ \Omega$，即 $k_1=k_2=100$ 时，驱动系统（原运动状态为双涡卷）与响应系统（原运动状态为单涡卷）达到同步。

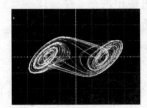  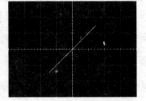

(a)驱动系统运动　　　　(b)添加控制器之前响应系统运动　　　(a)驱动系统x1-响应系统x2

图 1-6-15　驱动系统与响应系统达到比例投影同步

7. 实验报告要求

（1）在实验报告中应反映的工作

1）根据 KVL 和 KCL 原理，推导出蔡氏电路图的数学模型，给出附加电路图的推导方程。

2）根据蔡氏电路系统，给出 Multisim 软件的电路原理图以及各种仿真图。

3）将蔡氏电路硬件图的实验波形，包括时序图、相位图、功率谱图，放到实验报告里，并用实验图与仿真图比较验证；列数据表，记录对应系统的不同运动的电阻值的大小。

4）推导出无感等效电路图的完整设计过程；绘出此时 Multisim 软件的电路原理图以及仿真波形；分析无感等效电路硬件实验的波形图。

5）绘出蔡氏电路投影同步控制电路原理图，给出数值仿真和电路软件仿真波形图；根据搭建硬件电路验证同步效果，分析控制参数对同步性能指标的影响。

6）说明实验中遇到的问题以及解决办法，并总结实验的心得体会与收获。

（2）应完成的思考题

1）本实验中,非线性负阻元件的作用是什么?LC 谐振电路以及 RC 移相器的作用各是什么?

2）根据实验结果,讨论蔡氏电路中电阻值对系统运动的影响?

3）比较经典蔡氏电路与等效无感蔡氏电路,说明各有什么优点和缺点?

4）在设计无感蔡氏电路的过程中,分段函数的处理主要利用了什么方法?还可以采用哪些方法?

5）阐述限幅电路的原理。

6）说明在周期和混沌运动状态下功率谱线的区别。

7）分析反馈控制器对蔡氏系统同步的影响,给出控制参数的稳定域,说明混沌电路同步有哪些应用领域。

（3）报告要求

1）实验报告的内容:实验报告应包括实验名称、目的、原理、步骤、现象与结果(包括实验结果分析、实验过程遇到的问题及体会)、讨论等内容。

2）实验报告的要求:认真填写实验报告,文字精练,画图准确,讨论认真,实验步骤完整。在实验前要做好预习报告,完成电路模拟仿真过程。鼓励创新型的实验电路设计和内容的呈现。

8. 考核要求与方法

1）评分标准:预习报告 20%,实验操作 50%,实验报告 30%。

2）电路图形的设计合理性监测,是否有自主设计的创新型电路图。

3）利用硬件电路实验面包板或者其焊接板,正常调试出输出波形。

4）硬件实验波形与电路模拟仿真图形是否一致,并分析参数影响。

5）实验报告是否规范与完整。

9. 项目特色或创新

1）电路实验中,运用了电路学、电子学及非线性动力学等多门学科的知识,综合性强。

2）通过预习自学的形式完成软件实验,以解决学时不足的问题,提高了编程的能力;对于硬件实验,增强了实践动手操作的能力,从而实现了软硬件的结合。电路成本低,灵活性强。

3）设计模块化电路及同步控制电路,实验方式灵活多样,鼓励创新。

实验案例信息表

案例提供单位		南京师范大学电气与自动化工程学院		相关专业	电气工程及其自动化	
设计者姓名		闵富红	电子邮箱	minfuhong@njnu.edu.cn		
设计者姓名		张华	电子邮箱	61080@njnu.edu.cn		
设计者姓名		马美玲	电子邮箱	xhmml@126.com		
相关课程名称		电路原理	学生年级	2	学时	2+2
支撑条件	仪器设备	直流稳压电源,双踪示波器,FD-NCE-II 非线性电路混沌实验仪				
	软件工具	MATLAB 软件,Multisim 软件				
	主要器件	若干电阻、电容、电感;30 个运算放大器 TL082CD;10 个二极管 1N5712				

1-7 RFID 信号传送原理研究

1. 实验内容与任务

本项目研究低频 RFID 或 NFC 近距离互感耦合信号传递中的负载调制原理。学生需要针对 125 kHz 读卡器和应答器模型的线圈回路进行测量和调试,具体应完成如下内容。

1) 预先结合理论课程和研究性教学,了解 RFID 的原理和应用背景,推导负载调制电路中反映阻抗变化定量公式,完成原理性仿真。

2) 利用阻抗测量方法测量 ID 卡 LC 回路的电感和电容参数,测量其谐振频率。

3) 调谐读写器 RLC 回路使其谐振在 ID 卡回路的谐振频率上。

4) 观察 ID 卡接近读卡器时读卡器电容电压变化,是否与理论分析和仿真相符。

5) 自行拟订方案,测量两线圈最近距离时互感耦合系数。

6) 通过按键短路 ID 卡电容来模拟负载调制工作原理,驱动读卡器接收解码电路的 LED 闪烁。

7) 扩展要求 1:利用测量数据对 RFID 电路工作原理进行定量分析和仿真。

8) 扩展要求 2:分析研究 RLC 谐振电路 Q 值对信号传送的影响,以及如何测量 Q 值。

9) 扩展要求 3:尝试设计简单解码电路并仿真实现。

2. 实验过程及要求

1) 本实验要求充分预习,内容包括互感电路、谐振电路分析。

2) 事先拟定好测量方案。

3) 记录要求的原始测量数据和波形。

4) 软件仿真作为重要的预习内容和实验后的分析验证工具。

5) 实验的预习和实验后报告的撰写可以结合研究型教学,分组完成扩展内容研讨,进行演讲交流。

3. 相关知识及背景

本实验涉及电路分析理论和实验方面的基本知识和技能。理论知识包括互感电路分析、谐振电路分析。实验技能要求包括用信号源和示波器测量阻抗,测量谐振频率和频率响应曲线,测量耦合系数。

本实验还要求仿真工具的应用。实验内容结合研究型教学环节,扩展了工程应用背景知识。

4. 教学目的

熟练掌握使用基本仪器进行频率特性测量的方法,学会综合运用多个理论知识点研究简化的工程应用实例电路,培养结合理论分析、实验测量和仿真工具进行分析和验证的能力,扩展工程背景知识。

5. 实验教学与指导

1) 本实验安排在理论课正弦稳态分析和互感耦合电路单元之后,实验前要对 RFID 基本工作原理进行解释,明确预习的内容和要求,要做的测量方案准备和仿真准备。

2) 实验中提示记录实验步骤和测量结果,记录测量方案和电路。

3) 实验中提示学生注意信号源内阻的影响,监测信号源输出电压幅度变化并进行调整。同时注意测量电容谐振电压需要 10 倍衰减高阻抗示波器探头。

6. 实验原理及方案

（1）RFID 信号传送原理

用非接触方法进行身份识别的技术称为射频识别技术（Radio Frequency Identification, RFID）,RFID 系统由计算机、读写器、应答器以及耦合器组成。应答器存放被识别物体的有关信息,放置在要识别的移动物体上。耦合器可以是天线或线圈。近距离的射频识别系统采用耦合线圈,利用磁场耦合来传递能量和信息。读写器和应答器的耦合电路可以用如图 1-7-1 所示简化的互感电路作为模型。

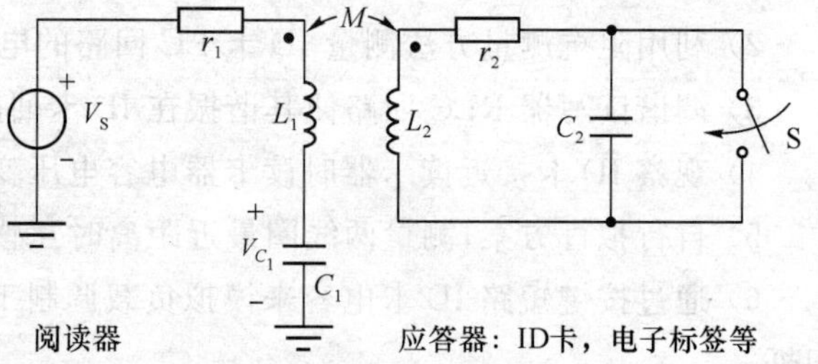

两个回路被设计成的各自单独对正弦信号源 V_S 的频率谐振,当应答器（ID

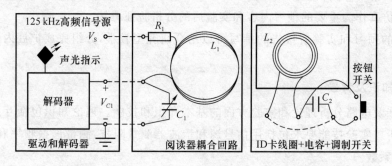

图 1-7-1　简化的互感电路图

卡）靠近阅读器回路时,两个电感线圈产生互感,次级回路阻抗反映到初级回路,使得初级电容电压 V_{C_1} 下降。应答器通过互感获得能量开始工作,用其存储的数据来控制开关 S 的动作,改变反映到初级的阻抗,从而改变初级电容电压 V_{C_1} 的幅度。阅读器将 V_{C_1} 幅度变化进行解码即可得到应答器传送的数据。

（2）原理实验装置

实验室中的 RFID 原理实验装置如图 1-7-2 所示。

图 1-7-2　RFID 信号传送原理图

图 1-7-2 中,L_1 是阅读器线圈,可等效为理想电感与一个损耗电阻 r_{L_1} 的串联,R_1 为 51 Ω外接电阻。L_2 是 ID 卡内部的线圈,也相当于一个理想电感与损耗电阻 r_{L_2} 的串联。

实验时,学生领取阅读器耦合回路和 ID 卡耦合回路,研究其特性,进行测量和调整,然后与实验室的解码器装置连接,验证其信号传递功能。

7. 实验报告要求

1)记录预习内容要点,计算公式,耦合系数的测量方案。

2)给出实验步骤每一步的原始数据记录(波形、表格)。

3)实验后的理论分析计算和仿真验证。

4)实验结果与计算结果的误差分析。

5)回答思考题。

6)选做:完成扩展内容。

8. 考核要求与方法

本实验考核分为实验室检查验收和实验报告评分两部分。

1)实验室考核:预习内容检查;测量方案和电路连接是否合理;原始测量数据是否真实有效;调试好的电路能否驱动解码器,最远的通信距离如何?是否进行了扩展内容测量?

2)报告撰写评分:预习内容;基本测量内容数据以及分析结果;思考题和扩展内容。

3)如果结合研究型教学,可以根据专题研讨和演讲交流的表现给予评分。

9. 项目特色或创新

1)强调基础知识和基本实验技能,又结合了仿真工具的使用。

2)介绍工程实际中前沿应用技术,结合理论课案例教学和研究型教学。

3)采用实际 ID 卡作为测量对象,实验装置模仿实际系统工作,演示性强,可激发学生兴趣。

4)各套装置参数有差异,结果不易抄袭。

5)内容充实,器材简单,基本内容的结果检查简便有趣,便于教师检查和验收。

实验案例信息表

案例提供单位		北京交通大学电子信息工程学院		相关专业		通信工程、自动化、电子科学与技术	
设计者姓名		闻跃		电子邮箱		ywen@bjtu.edu.cn	
设计者姓名		养雪琴		电子邮箱		xqyang@bjtu.edu.cn	
设计者姓名		赵翔		电子邮箱		xiangzh@bjtu.edu.cn	
相关课程名称		电路分析实验		学生年级	2	学时	2+4
支撑条件	仪器设备	信号发生器、示波器					
	软件工具	Multisim 电路仿真软件					
	主要器件	自制实验装置,包括 ID 卡电路、接收器电路和解码器电路;电阻、电容和电感					

1-8　阶梯波发生器的设计与仿真

1. 实验内容与任务

（1）基础部分

设计一个能产生周期性阶梯波的电路，要求如下。

1）阶梯波周期要求 20 ms 左右。

2）输出电压范围为 10 V。

3）阶梯个数为 5 个。

4）采用模拟、真实器件搭建，数字器件及虚拟器件不可用。

（2）提高部分

1）周期可调、电压范围可调、阶梯数量可调。

2）在阶梯波发生器的基础上，设计一个三极管输出特性测试电路；在示波器上可观察到基级电流不同时三极管的输出特性曲线。

2. 实验过程及要求

1）了解阶梯波发生器的特点，要求学生掌握相关电路的构建，并能选择合理的元器件。

2）对元器件参数的选择，要求会计算阶梯波的周期、幅值及电路中相关电阻电容的参数。

3）在电路仿真软件中进行仿真，对电路进行分段测试和调节，直至输出合适的阶梯波。

4）撰写开题、结题设计报告，分组演讲讨论方案，学习交流不同解决方案的特点。

3. 相关知识及背景

需要学生对电路理论、模拟电路及运算放大器有相关的了解，具有一定的自学能力，对信号的调理方法有所了解，熟练使用电路仿真软件。

4. 教学目的

通过实验培养学生电路设计、器件选型、方案论证选取、电路仿真搭建、调试改进等能力，进一步提高学生的设计能力，拓展学生的动手实践能力。

5. 实验教学与指导

本实验是较为完整的实践工程，需要学生和老师从如下几方面配合完成。

（1）学生方面

1）拿到课题后积极进行学习，对运算放大器的选型、外围电路参数的计算等方面做好前期准备。

2）尽可能多的提出解决方案，分组讨论后，选择最佳方案。

（2）教师方面

1）运算放大器特性的介绍。

2）不同型号运算放大器的供电形式、驱动能力、频率范围、线性度都存在很大的差异，要根据信号的特征来选择；学习使用所选运算放大器中给出的参考电路。

3）不同型号二极管及场效应管参数的选定。

4）在实验完成后，组织学生以项目汇报、答辩、评讲的形式进行交流，了解不同解决方案及其特点，拓宽知识面。

5）在设计中，要强调学生注意画图的规范性，如元件位置的摆放、仪器的位置等。

6．实验原理及方案

（1）系统结构

阶梯波发生器系统框图如图 1-8-1 所示。

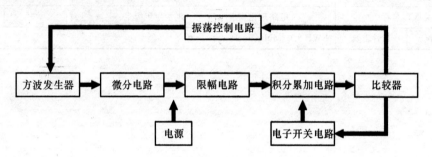

图 1-8-1　阶梯波发生器系统框图

（2）实现方案

1）运算放大器型号的选取。

2）二极管、场效应管的选取。

3）方波电路的实现。

4）分段信号的测试。

7．实验报告要求

实验报告需要反映以下工作。

1）设计要求。

2）方案论证。

3）电路设计与参数选择。

4）电路测试方法。

5）实验波形记录。

6）数据处理分析。

7）实验结果总结。

8．考核要求与方法

1）实验质量：电路方案的合理性，仿真波形图的平滑度。

2）自主创新：功能构思、电路设计的创新性，自主思考与独立实践能力。

3）实验数据：波形的绘制。

4）实验报告：实验报告的规范性与完整性。

9. 项目特色或创新

实验从实际问题出发,激发学生的学习兴趣,提高学生学科综合能力、动手能力、团队协作能力。项目成果可以做成实物,为接下来的课程打好基础。

实验案例信息表

案例提供单位		中国矿业大学徐海学院信电系		相关专业	电子科学与技术、信息工程、自动化、电器及其自动化
设计者姓名		刘 勇	电子邮箱	liuy_cumt@163.com	
设计者姓名		程国栋	电子邮箱	guodongcheng1206@163.com	
设计者姓名		李富强	电子邮箱	lifuqiang@cumt.edu.cn	
相关课程名称		电路理论实验	学生年级	2	学时	3
支撑条件	软件工具	EWB 6.0/Multisim 12.0			

1-9 "电力系统铁磁谐振现象观测和研究"研究型实验

1. 实验内容与任务

在电力系统运行中,有时遇到电压互感器高压熔断器突然熔断或互感器本身放炮烧毁而查不出原因的情况;在实际操作中有时也出现母线电压指示不正常或发出接地信号又看不出事故迹象。上述事件对电力生产造成了严重影响,究其原因是由非线性电感元件的铁磁谐振造成过电压、过电流所引起的。本实验案例即来源于这一实际工程问题,引导学生运用已学电路知识,探究铁磁谐振原理。

(1) 实验内容

1) 通过实验室环境模拟铁磁谐振发生的条件。

2) 运用电路知识,分析非线性电感的谐振现象,通过实验加深对非线性电路的理解。

3) 拓展学习消除电力生产中铁磁谐振的方法。

(2) 实验任务

1) 基于实验室提供器材,设计完整电路,还原含铁芯的电感线圈发生铁磁谐振过程。

2) 设计正确的测试方案,实现非线性电感 $U-I$ 特性曲线的完整测量和绘制,根据特性曲线分析铁磁谐振特点以及发生条件;实验过程中为测量伏安曲线中电流突变区段,需要设计交流恒流电路。

(3) 拓展任务

1) 研究对偶的电压铁磁谐振和电流铁磁谐振异同点。

2) 研究铁磁谐振过程的混沌现象及产生条件。

2. 实验过程及要求

此实验为研究性实验,实验过程及要求如下。

1) 教师首先介绍在电力生产和运行中铁磁谐振造成的事故案例和危害,引导学生初步认识铁磁谐振现象;教师给出实验任务和备选设备器件。

2) 学生在预习阶段,查阅资料,自主学习铁磁谐振形成原因、种类及与 RLC 谐振的异同点;运用电路知识,分析此类非线性电路,深刻理解铁磁谐振的本质。

3) 设计完整实验电路,提出测试方案,实现对非线性负载 $U-I$ 特性曲线的全程测量;采用 Multisim 或 EDA 仿真电路,验证设计电路和测试方案的可行性。

4) 进入实验室,搭建实验电路,测量非线性电感各工作点。

5) 实验后整理数据,绘制非线性电路 $U-I$ 特性曲线,分析铁磁谐振特点以及产生条件。

6) 完成实验的拓展任务讨论。

3. 相关知识及背景

由于电网中含有非线性电感元件(如变压器、电磁式电压互感器等),当电感工作状态跳变到饱和区时,其上电压或通过电流会突然异常上升,造成高压熔断器熔断或互感器放炮烧毁等严重事故。究其原因是电路中含有非线性铁芯线圈所构成的非线性电路工作特性引起的,工程上称之为铁磁谐振。本实验即对其形成条件、本质进行研究。

4. 教学目的

通过实验,模拟铁磁谐振的产生;运用电路知识,分析铁磁谐振的本质,掌握非线性元件的伏安特性;实验过程中需要灵活运用相量分析法设计出交流恒流电路。通过研究型实验培养学生从工程实践中发现问题、解决问题的良好习惯,提升学生科研和创新能力。

5. 实验教学与指导

(1) 介绍实验的工程背景

电网含有大量的非线性电感元件,如变压器、电磁式电压互感器等。在正常状态下,其工作在励磁特性的非饱和区。但在暂态过程中(例如由于接地故障或断路器操作引起),电感工作状态会跃变到饱和区,电感上电压或其中通过的电流会突然异常上升,造成高压熔断器突然熔断或互感器本身放炮烧毁等事故。这种对电力生产造成严重影响的现象的本质原因是由铁磁谐振造成的。

(2) 引导学生用电路理论分析一个具体工程案例

变电站母线上,常连接有电磁式电压互感器(Potential Transformer,PT),如图 1-9-1 所示。当系统出现故障或有小扰动致使断路器或刀闸动作时,将导致母线通过断路器的均压电容供电。这时,电磁式电压互感器和母线上电压急剧增加,PT 中电流大幅上升,常发生互感器烧毁、外绝缘闪落或避雷器爆炸等事故。

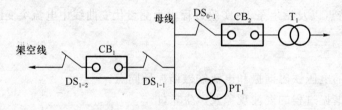

图 1-9-1 变电站典型接线图

这是铁磁谐振现象的一个典型的工程实例。电磁式电压互感器的铁芯多是由矽钢片叠加而成,是一种非线性电感元件。运用电路知识,我们可以将上述变电站母线接线图建模成为电路拓扑图,如图 1-9-2 所示。其中 U_S 为电源电势,电容 C 为断路器断口电容和回路对地电容的等效电容,L 为 PT 的非线性电感,在此忽略线圈内阻 R。

由电路拓扑图 1-9-2 可知,该电路为 LC 串联电路,区别是此时电感 L 为非线性电感。

画出该电路的相量图,如图 1-9-3 所示,则有 $\dot{U}=\dot{U}_C+\dot{U}_L$,数值上 $U=|U_L-U_C|$。由于电容是线性的,故 $U_C=f_C(I)$ 呈线性。又因含铁芯线圈的电感为非线性,故电感电压与电流 $U_L=f_L(I)$ 是一条渐成饱和的曲线(相应于基本磁化曲线),如图 1-9-4 所示。由此可得出电路的 $U-I$ 曲线如图 1-9-5 所示。

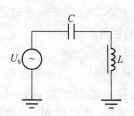
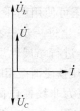
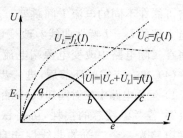

图 1-9-2　电路拓扑图　　　　图 1-9-3　回路相量图　　　　图 1-9-4　电压谐振回路伏安特性

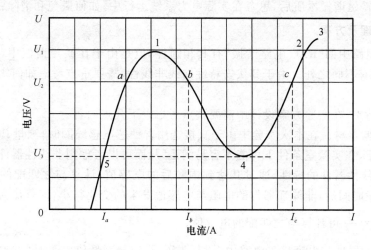

图 1-9-5　负载端 $U-I$ 特性曲线

由图 1-9-5 可知,当电感工作在饱和区,电路 $U-I$ 曲线呈非线性。

1)在电感电压由 0 增加到 U_1 时,其变化曲线沿特性曲线的 0—1 部分进行,此时由于 $U_L > U_C$,电流 I 的相位始终落后于电压 U。

2)若在点 1 处电压 U_1 发生微小的扰动并增加,电流将由 I_1 突变到 2 点处的电流 I_2,即出现电流的瞬间突变现象,这种电流的瞬间跃增就是导致互感器烧毁或避雷器爆炸等事故的根本原因;此时由于 $U_L < U_C$,电压 U 的相位已滞后于电流 I_2(相位反转,继续增加电压只引起电流的单调增加)。

3)若调压变压器逐渐减小,则 $U-I$ 沿着 3—4 部分曲线变化,4 点又对应一个不稳定的工作点,同样会引起一个电流的突变,当电压 U_3 发生微小的下降时,则电流相应由点 4 跳变降低到点 5。

由此引导学生综合运用已学习的电路理论知识(相量分析法、非线性电路分析等),清楚地分析电力系统中铁磁谐振的本质。

(3)指导学生进入实验室搭建实验电路,待学生发现 $U-I$ 特性曲线测量中的实际问题时,引导学生探寻问题本质并找到解决思路。

理论分析可知,在 $U-I$ 特性曲线上的三个电流数值 I_a、I_b、I_c 与电源电压的同一值 U_2 相对应,但在实验过程中如何获得这三个测量点则需要学生思考。

I_a 可通过由低到高调节电源电压而测量串联电路电流得出。I_c 可通过由高到低调节电源电压而测量串联电路电流得出。而 I_b 位于电流突变的两点 1 和 4 之间,无论如何调节调压变压器也无法测量出。当学生在实验中发现该问题后,老师介入,引导学生重新回到 $U-I$ 特性曲线上分析,启发他们意识到该测量难点是由于曲线的非线性造成在某一电压 U 处电路电流将可能在不同的电流 I 间跳变。若变化思路,调节电流 I 而分段测量电压 U,是否就能够绘制出完整的 $U-I$ 特性曲线?改变电源端电压可使用调压变压器,这是实验常规测量仪器,而如何在实际电路中改变电源端电流,则需要学生进一步思考,具有拓展性。

(4)在完成实验环节后,进一步引导学生进行拓展性思考。

1)运用电路中的对偶知识,是否存在与电压铁磁谐振相应的电流铁磁谐振?如何实验实现?

2)若考虑铁芯的损耗,可将铁芯线圈视为非线性电阻和非线性电感的串联,则 RLC 串并联电路为一个二阶的非线性非自治微分方程,在某一特定的条件下,是否可能产生"混沌现象"?

3)当把握铁磁谐振本质后,思考在实际电力系统运行中,如何避免和消除铁磁谐振。

6. 实验原理及方案

此实验与电路中的"RLC 电路谐振"有其相通性,但是由于在铁磁谐振中,电感元件为非线性的,因而也有不同之处。由于其伏安特性曲线非线性,需要重点考虑如何实现对特性曲线各段的测量。

针对这一特点,在实验方案设计中需要重点考虑以下几点内容。

1)选择实验器材。在本次实验中由于直接选用含铁芯电感线圈时,测量其饱和值可能需要比较大的电压,在实验室条件下可能不容易满足,从而可以考虑用非线性器件镇流器代替。

2)研究非线性器件的特性,通过其达到饱和后的电感值,计算与之匹配的电容值。经计算可知在某一段时间后,非线性器件的电阻与电感值发生的变化很小,即可认为此时已经达到饱和。通过 $\omega L = \dfrac{1}{\omega C}$ 可计算与之匹配的电容值。

3)将非线性器件与电容接入电路中,调节调压器,记录测量值。图 1-9-5 中,0—1 段可通过由低到高调节电源电压而测量串联电路电流得出;3—4 段可通过由高到低调节电源电压而测量串联电路电流得出。而电流突变的两点 1 和 4 之间的电流,无论如何调节调压变压器也无法测量出,需进行步骤4)。

4)设计交流恒流源电路,通过改变电源端电流的值来分段测量电压 U。交流恒流源原理图如图 1-9-6(a)所示,可实现无论负载 Z 如何调节,其上通过的电流 $\dot{I}_3$ 保持不变。分析电路:绘制该电路的相量图,如图 1-9-6(b)所示,由于 $\dot{U}_C \perp \dot{I}_C$,$\dot{U}_L \perp \dot{I}_L$,所以图中 $\angle$CAB=$\angle$ADE。因为电压 U 为给定恒定值,所以当 $\triangle$ABC 与 $\triangle$DEA 相似,且电容 C 和电感 L 不变时,流过负载电流 $\dot{I}_3$ 保持恒定不变。满足 $\triangle$ABC$\backsim\triangle$DEA 条件为对应边成比例,即 $\dfrac{U_C}{I_C}=\dfrac{U_L}{I}$,从而可得 $X_C=X_L$。因此,当选择满足上述条件的 LC 构成交流恒流源电路后,通过调节调压变压器,可获得各个恒定电流输出,进而实现对伏安曲线电流突变区间1—4 段的测量。

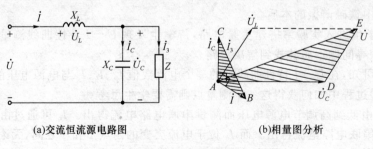

(a)交流恒流源电路图   (b)相量图分析

图 1-9-6　交流恒流源电路及其相量图

7. 实验报告要求

1）表述电力生产中铁磁谐振现象,理论分析非线性电感电气特性。

2）工整绘制实验电路图,元件参数标注要准确、完整,并对电路进行计算机仿真（Multisim 或 EDA 仿真软件）。

3）详细表述实验过程,将测试得到的数据以表格形式记录在实验报告上。

4）依测试数据在坐标纸上绘制 $U-I$ 特性曲线,坐标系要标明单位。

5）分析实验现象,结合电路知识,讨论非线性电路特点以及铁磁谐振的特点及产生条件。

6）完成思考题、拓展任务。

7）撰写实验总结,叙述通过实验有哪些提高,有哪些教训,同时提出建设性意见。

8. 考核要求与方法

实验采用"电路设计＋操作＋实验报告"考核方式。注重学生的创新能力,强调学生的动手能力,提升学生运用实验探寻科学本质的能力。

学生成绩评定方法为实验成绩的加权平均成绩。

总成绩＝电路设计×40％＋操作成绩×30％＋实验报告×30％。

在本次实验电路设计的评定中,强调电路知识的综合运用能力（例如交流恒流源的设计,交流电路分析和相量图的灵活运用）,注重设计思想的独立性和创造性;在实验操作过程中,注重对学生动手能力的培养,并要求学会独立科学地排除一般实验故障,引导学生通过细致的观察,力争超越实验内容,有新的发现;在实验报告中,强调设计过程的正确性,推导过程的严谨性,记录实验数据的科学性,注重对实验结果的分析、总结和延拓。

9. 项目特色或创新

此研究型实验是对实际电力生产中铁磁谐振现象的分析,把握铁磁谐振本质,在实验室范围内复原铁磁谐振现象,观测研究。实验的设置,使实际问题与教学实验有机地联系起来,促使学生积极思考。在学生发现问题、解决问题的实验过程中,切实提高实验技能;通过对实验内容延伸拓展,引导学生进行发散性思维,培养学生的自主探究精神。

实验案例信息表

案例提供单位		天津大学电气与自动化工程学院	相关专业		电气工程	
设计者姓名		杨挺	电子邮箱	yangting@tju.edu.cn		
设计者姓名		余晓丹	电子邮箱	yxd@tju.edu.cn		
设计者姓名		孙雨耕	电子邮箱	ygsun@tju.edu.cn		
相关课程名称		电路基础	学生年级	2	学时	4＋2
支撑条件	仪器设备	调压器、三相电容箱、滑线电阻、电磁式电压表、电流表、功率表				
	软件工具	Multisim 或 EDA				
	主要器件	含铁芯电感线圈、灯泡				

第 2 部分　模拟电子电路实验

2-1　晶体管放大电路的研究

1. 实验内容与任务

（1）基本任务

以分压式偏置共射放大电路为例,测试晶体管放大电路的性能。

1）测试晶体管,测量 β 值

症状一:晶体管损坏,怎么判别?

2）根据多组参数,连接电路;输入信号不变,观察输出波形;测量最大不失真输出电压。

症状二:波形失真,怎么调?

3）测量输入电阻 R_i;变换信号源内阻,测量 $\dot{A}_{uS}$。

症状三:信号大小不变,内阻大时,输出信号小,怎么办?

4）测量输出电阻 R_o;变换负载,测量 $\dot{A}_u$。

症状四:负载电阻小时,放大能力下降明显,怎么办?

5）在不失真的前提下,去除旁路电容 C_e、改变信号频率、改变静态工作点,测量 $\dot{A}_u$。

症状五:Q 点不变,减小 $\dot{A}_u$,怎么办?

（2）扩展任务

方向一:结合症状三、四,测试共集和共基放大电路的性能。

方向二:结合症状五,信号源内阻为 $500\ k\Omega$,负载为 $10\ \Omega$,设计电压增益为 $20\ dB$,输出电压最大为 $10\ V_{PP}$ 的放大电路。

2. 实验过程及要求

（1）远程预诊——实验预习

1）熟悉晶体管的结构和特性,设计测试方法。

2）估算静态工作点,分析不同结构参数对静态工作点的影响。

3）估算动态参数,分析影响动态参数的因素有哪些。

4）对不同结构参数的电路,分别进行仿真,用虚拟仪器测试其性能。

（2）门诊检查——实际电路测试

设计测试方案和测试表格;对测试数据进行分析。

（3）专家会诊——课堂讨论

1）总结静态工作点的调试方法。

2）分析 R_i 对放大电路输入端外特性的影响,当信号源内阻特别大时如何改进放大电路?

3）如何测量 $\dot{A}_u$,影响 $\dot{A}_u$ 的因素有哪些?

4）分析 R_o 对放大电路输出端外特性的影响，当负载电阻很小时如何改进放大电路？

（4）病历报告——实验报告

3. 相关知识及背景

晶体管的结构特性；基本放大电路的工作原理和电路特性；常用的电子仪器设备的使用方法；模拟电子线路常用的故障排除和电路调试的方法；仿真软件 Multisim 的使用。

4. 教学目的

"症状式"基本任务，引导学生掌握基本测试方法，提高诊断排除故障的能力，加深对基本原理和参数性能的理解；"分方向"扩展任务，引导学生掌握不同放大电路性能的优缺点，培养学生根据要求选择电路和设计电路的能力；改革传统教学模式，帮助学生建立一切从工程实际出发的思维模式。

5. 实验教学与指导

（1）晶体管的测试

根据晶体管的结构特性，使用数字万用表从提供的器件（不同类型，且有好有坏）中，选择性能完好的 NPN 晶体管，并测量其 β 值。测试晶体管可以利用万用表的蜂鸣挡和欧姆挡；β 值的测量可以使用万用表的放大倍数挡位（hFE）测量。

注意：测试相关参数时，选择合适的仪器仪表和挡位。

思考讨论：如何设计电路，测量晶体管的电流放大系数 β？

（2）静态工作点的调试

放大电路静态工作点的设置与调整十分重要。如果静态工作点选择不当，输入信号的变化范围进入晶体管的非线性区域时，就会产生非线性失真。合适的静态工作点 Q 理论上应设置在交流负载线的中点。

如图 2-1-1 所示，空载时，输入 $U_i = 30\ \text{mV}$，频率为 $1\ \text{kHz}$ 的正弦信号。

1）$R_{b1} = 15\ \text{k}\Omega, R_{b2} = 30\ \text{k}\Omega, R_c = 2\ \text{k}\Omega, R_e = 1\ \text{k}\Omega, V_{CC} = 12\ \text{V}$

2）$R_{b1} = 15\ \text{k}\Omega, R_{b2} = 110\ \text{k}\Omega, R_c = 1\ \text{k}\Omega, R_e = 1\ \text{k}\Omega, V_{CC} = 12\ \text{V}$

3）$R_{b1} = 15\ \text{k}\Omega, R_{b2} = 75\ \text{k}\Omega, R_c = 2\ \text{k}\Omega, R_e = 1\ \text{k}\Omega, V_{CC} = 9\ \text{V}$

观察分析以上三组不同结构参数对应的输出波形。如果有失真，如何消除？改进结构参数，便于调节合适的静态工作点。在静态工作点合适条件下，测量计算 I_{BQ}，I_{CQ}, U_{CEQ}，以及最大不失真输出电压 U_{Om}。

思考讨论：各结构参数的变化对静态工作点有何影响？总结放大电路设置和调试合适静态工作点的方法。

（3）放大电路动态指标的测试

1）输入电阻 R_i 的测试

测量放大电路的输入电阻 R_i；变换不同数量级的信号源内阻，测量 $\dot{A}_{uS}$。

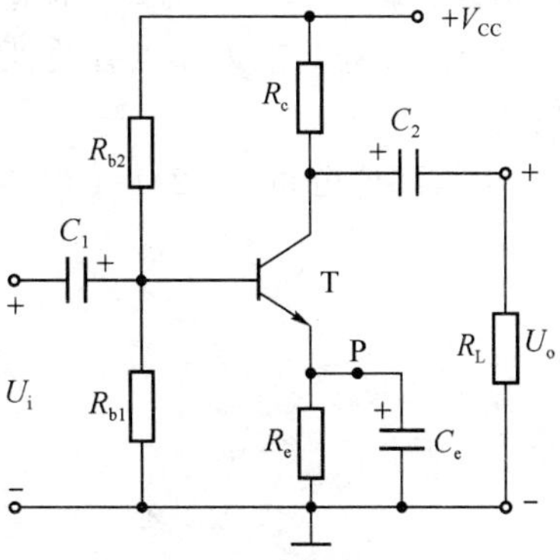

图 2-1-1　分压式偏置共射放大电路

注意：由于信号发生器有内阻，而放大电路的输入电阻 R_i 不是无穷大，测量放大电路输入信号 U_i 时，应将放大电路与信号发生器连接后再进行测量，避免造成误差。

思考讨论：分析总结输入电阻对放大电路输入端外特性的影响。共射放大电路适合放大何种信号？

2）输出电阻 R_o 的测试

测量放大电路的输出电阻 R_o；变换不同数量级的负载，测量带载后 $\dot{A}_u$。

注意：测量时必须保持 R_L 接入前后输入信号的大小不变。

思考讨论：分析总结输出电阻对放大电路输出端外特性的影响。负载电阻很小时，可对电路做何种改进？

3）电压放大倍数 $\dot{A}_u$ 的测试

在不失真的前提下，去除旁路电容 C_e、改变信号频率、改变静态工作点，测量 $\dot{A}_u$。

注意：在测量动态指标时，必须在波形不失真和测试仪器的频率范围符合要求的条件下进行。

思考讨论：除了使用示波器，还可以用哪些仪器仪表测量放大倍数？可以用万用表测量放大倍数吗？为什么？以上参数的变化对 $\dot{A}_u$ 有何影响？测量幅频特性时，应选择何种信号？

信号源内阻为 500 kΩ，信号频率为 10 MHz，负载为 10 Ω，设计电压增益为 20 dB，输出电压最大为 10 V_{PP} 的放大电路。

6. 实验原理及方案

（1）晶体管的测试

晶体管不论是 NPN 型还是 PNP 型，基极对发射极、集电极都是同方向的 PN 结。另外，基极对集电极和发射极的正向电阻不同，其中正向电阻低的是集电极，正向电阻高的是发射极。利用此特性，可以使用万用表测试判断晶体管的类型、三个极及晶体管的好坏。

晶体管 β 值的测量方法：可以使用数字万用表的放大倍数挡位（hFE）来测量，也可以根据晶体管的放大原理，自行设计电路测试 β 值。外加电源使晶体管工作于放大状态，只需测得集电极电流 I_C 和相应的基极电流 I_B，两者之比即为晶体管的电流放大系数 β。

（2）静态工作点的调试

放大电路静态工作点的设置与调整十分重要。输出信号不失真的首要条件是有合适的、稳定的静态工作点。如果静态工作点选择不当，输入信号的变化范围进入晶体管的非线性区域时，就会产生非线性失真。合适的静态工作点 Q 应选在交流负载线的中点。由于晶体管的输入电阻 r_{be} 与静态工作点有关，所以静态工作点的变化也影响到放大电路的输入电阻和放大倍数。

根据理论分析，图 2-1-1 电路中静态工作点参数如下：

$$U_{BQ} \approx \frac{R_{b1}}{R_{b1}+R_{b2}} \cdot V_{CC}$$

$$I_{EQ} = \frac{U_{BQ}-U_{BEQ}}{R_e}$$

$$I_{BQ} = \frac{I_{EQ}}{1+\beta}$$

$$U_{CEQ} \approx V_{CC}-I_{EQ}(R_c+R_e)$$

静态工作点位置不合适，可能会产生非线性失真。可以通过调节电阻 R_{b2}、R_c 和 V_{CC} 等方法消除失真。

（3）放大电路动态指标的测试

放大电路的主要动态指标有电压放大倍数、输入电阻、输出电阻等。根据理论分析，图 2-1-1电路中：

电压放大倍数

$$\dot{A}_u = -\frac{\beta R_C // R_L}{r_{be}}$$

输入电阻

$$R_i = R_{b1} // R_{b2} // r_{be}$$

输出电阻

$$R_o = R_c$$

1）输入电阻 R_i

输入电阻反映了放大电路消耗信号源功率的大小。输入电阻的测量原理如图 2-1-2 所示。在被测放大电路的输入端与信号源之间串入一电阻 R_S 模拟信号源内阻。在输出波形不失真的情况下，测出 U_S 和 U_i，则

$$R_i = \frac{U_i}{I_i} = \frac{U_i}{U_S - U_i} \cdot R_S$$

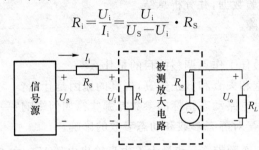

图 2-1-2 输入、输出电阻测量的电路

变换不同数量级的信号源内阻，测量计算 $\dot{A}_{uS}$。R_i 越大，$\dot{A}_{uS}$ 越大，信号源内阻的损耗越小。通常希望 R_i 大一些，放大电路可以从信号源取用较小的电流。如信号源内阻较大，可以采用多级放大电路，选择合适的输入级电路以提高输入端特性。

2）输出电阻 R_o

输出电阻的大小反映了放大电路的带负载能力。放大电路的输出端可看成有源二端网络，输出电阻的测量原理如图 2-1-2 所示。在输出波形不失真的情况下，分别测出负载开路时输出电压 U_o 和带载后的输出电压 U_L，则

$$R_o = \left(\frac{U_o}{U_L} - 1\right) R_L$$

注意：测量时必须保持 R_L 接入前后输入信号的大小不变。

变换不同数量级的负载，测量带载后 $\dot{A}_u$；负载越小，$\dot{A}_u$ 下降越明显。说明 R_o 愈小，带负载能力愈强。如负载电阻很小，可以采用多级放大电路，选择合适的输出级电路，或者采用阻抗匹配的方法，以提高输出端特性。

3）电压放大倍数 $\dot{A}_u$ 的测试

电压放大倍数 $\dot{A}_u$ 是在不失真的前提下，测量输出电压与输入电压的有效值之比。带载、去除旁路电容 C_e 和静态工作点改变等情况下都会影响放大电路的电压放大倍数。带载后，放大电路的放大倍数下降；去除旁路电容 C_e 后，发射极电阻使放大倍数明显下降；在以上表达式中，$r_{be} = r_{bb'} + (1 + \beta)\dfrac{26 \text{ mV}}{I_{EQ}}$。其中，$I_{EQ}$ 为发射极静态电流，因此静态工作点将影响放大倍数。

放大电路的电压放大倍数 $\dot{A}_u$ 随输入信号频率的变化而变化。幅频特性是指放大电路的电压放大倍数 $\dot{A}_u$ 与输入信号频率 f 之间的关系曲线。A_{um} 为中频电压放大倍数，通常规定电压放大倍数随频率变化下降到中频放大倍数的 $1/\sqrt{2}$，即 $0.707 A_{um}$ 所对应的频率分别称为下限频率 f_L 和上限频率 f_H，则通频带为

$$f_{BW} = f_H - f_L$$

电压放大倍数的测量方法：在输出电压波形不失真（用示波器观察）的情况下，测出 U_i 和 U_o，计算电压放大倍数。

注意：保持输入信号的幅度不变且输出波形不失真。

7. 实验报告要求

（1）症状——实验任务。

（2）检查报告——选用实验仪器与器材；设计测试方案，记录实验数据。

（3）病因——处理实验数据，并分析总结。

（4）处方——排除故障。

（5）回答思考题。

1）对放大电路进行最佳工作点调整的目的是什么？

2）分析输出波形的饱和失真和截止失真，失真的原因是什么？

3）总结影响共射放大电路动态指标的参数有哪些？ 如何影响？

4）分析发射极电阻 R_e 对静态参数和动态参数的影响。

5）测量放大倍数 $\dot{A}_u$、通频带 f_{BW} 和最大不失真输出电压 V_{opp} 时，应选择何种测试信号？

8. 考核要求与方法

实验考核由远程预诊、门诊检查、专家会诊和病历报告四部分构成，考核比例为 2：4：2：2。

1）远程预诊：利用网络预习题库进行考核，由学生在课前上网答题，成绩合格者才可以进入实验室进行实验，并记录预习成绩。

2）门诊检查：利用电子教室的"在线测验"功能，检查学生仪器使用是否熟练，测试方案是否正确，测试数据是否合理，并给出成绩。

3）专家会诊：利用电子教室的"联机讨论"功能，根据学生参与的积极性、回答的准确性给出评价。

4）病历报告：结构是否完整，思路是否清晰，数据是否合理，结论是否正确。

9. 项目特色或创新

1）"分层次""分方向"实验内容——满足不同学生和不同学时的要求。

2）"症状式"实验内容——引导学生发现和解决实际工程问题。

3）"交互式""自主式"教学模式——培养学生的自主思考和分析能力。

实验案例信息表

	案例提供单位	青岛大学电工电子实验教学中心		相关专业	电气信息
	设计者姓名	刘丹	电子邮箱	Danny1223@163.com	
	设计者姓名	杨艳	电子邮箱	745220570@139.com	
	设计者姓名	王雪瑜	电子邮箱	wangxueyu66@163.com	
	相关课程名称	模拟电子技术基础	学生年级	2	学时	4
支撑条件	仪器设备	数字万用表、函数发生器、示波器、直流稳压电源、计算机			
	软件工具	Multisim			
	主要器件	三极管、常用阻容元件			

2-2 李萨如图形信号产生电路设计与制作

1. 实验任务与要求

本实验的任务是认识示波器的李萨如图形,分析其产生的机理和原因,设计并制作李萨如图形信号产生电路。将所产生的正弦信号经过移相以及分频处理后,接入示波器的两路,通过 $X-Y$ 显示模式,在示波器的显示屏上得到李萨如图形。学生需要完成多种移相电路的设计、焊接与调试,并接入测试仪器进行多种比例参数的显示;对波形产生机理和失真现象进行研究,并能够解决电路失真问题;学会对示波器等常用测试仪器的使用,掌握用示波器测频和测相位差的方法,能够调整波形显示并进行频率测量和分析,进而学会其他基于示波测试原理仪器的使用方法;掌握不同比例分频电路和自动循环电路的设计与实现。

(1) 基本要求

1) 设计并制作一个产生两路正弦信号的电路(基准频率 20 kHz 左右),分别作为示波器的 X 轴、Y 轴输入,在双路示波器显示,要求比例分别为 1 : 2、1 : 4。

2) 调试设计电路,思考以下问题。

① 问题思考:试述被测的产生两路波形电路有什么不同。

② 仪器操作:哪一路是标准信号,哪一路为变化信号?

③ 稳定度研究:阐述图形的稳定度和不闪烁原理。若桥式振荡输出正弦波加入稳幅电路后,出现严重交越失真,是什么原因产生的? 如何改进?

④ 方法研究:测量频率可用哪些方法? 当用示波器测量选频网络的输入输出时,出现停振现象,其原因是什么?

(2) 发挥部分

1) 设计并制作一组移相分别为 0°、45°、90°、180°的移相电路。完成对基准正弦信号的移相,作为 Y 轴信号。要求移相电路的增益为 1,增益误差不大于 5%,移相误差不大于 5°。

2) 设计并制作一个单位增益的程控移相电路,使得上述四路信号能够自动循环显示,要求每秒更换一次相位。

3) 调试设计电路,思考以下问题。

① 当两路波形成整数倍,但李萨如波形不同步,可能是什么原因造成的? 如何解决?

② 如何做出倍频电路? 分别设计 3 倍频和 5 倍频电路。

(3) 附加部分

改进电路,产生比例为 1 : 3 的两路正弦信号,并输入示波器,观察显示的图形。

2. 相关知识及背景

示波器的李萨如图形,广泛应用于频率和相位的测量。这种测量法不仅提供了示波器频率及相位测量方法,而且揭示了所有测试仪器的测试理论基础。其产生电路涉及的知识点有:正弦波产生电路、移相电路、波形转换电路、滤波器、计数器、555 定时器。

李萨如图形信号产生电路可用中规模数字、模拟集成电路构成,主要由波形产生电路、滤波电路和移相电路等构成。通过波形产生电路、滤波电路和移相电路等电路参数设计,可以夯实电子技术课程的基本概念和基础理论,为后续专业课程设计打下良好的基础。

3. 教学目的

通过李萨如图形信号产生电路的设计,掌握波形产生电路、滤波电路和移相电路的精确设计,评价相移电路的误差原因,加深对相关理论的深刻理解。掌握调节波形发生器、滤波电路和相移电路的主要参数特性及其测试方法,掌握增加显示图形精度的方法,提高学生将电子电路基本理论和工程实际相结合的能力。

4. 实验教学与指导

本设计要求制作李萨如图形产生电路,将所产生的正弦信号经过移相以及分频的处理后,接入示波器的两路,通过 $X-Y$ 显示模式,在示波器的显示屏上得到李萨如图形。李萨如图形随两个输入信号的频率、相位、幅度不同,所呈现的波形也不同。

设计中应采用自底向上的设计方法,先设计单元电路,然后将各部分单元电路搭建成为整体系统。为保证每个单元电路的正确性,连接电路时,采用分级焊接、分级测试的方法,可以较容易地找出问题所在,有针对性地进行解决。各部分电路原理如下。

(1) 正弦波产生电路

利用文氏桥整流原理,产生一路正弦波,幅度为 U_{PP},频率在 $f_0 = 20 \text{ kHz}$ 左右,作为电路的基本信号源,之后的波形变换都以此部分的信号为基波。

(2) 分频电路

将所产生的正弦信号首先应该通过整形得到同频率的数字信号,经过数字芯片实现分频功能。得到三路频率分别为 $f_1 = f_0/2 = 10 \text{ kHz}, f_2 = f_0/3 = 6.7 \text{ kHz}, f_3 = f_0/4 = 5 \text{ kHz}$ 的数字信号。

(3) 积分电路

由于数字芯片的输出仅有高电平和低电平两种情况,对于积分电路,希望得到的三角波无直流分量,因此需要先对分频后所得的方波进行直流偏置操作,然后接入积分电路。通过电路的积分作用,得到三路与分频后同频率的三角波信号。

(4) 滤波电路

为得到正弦波,需对三角波进行滤波处理得到分频后的正弦波。三路正弦波的频率为初始频率的 1/2、1/3、1/4,且幅度都等于初始正弦波的幅度。

(5) 移相电路

设计一组移相分别为 0°、45°、90°、180° 的移相电路,完成对基准正弦信号的移相。移相电路的增益为 1,增益误差不大于 5%,移相误差不大于 5°,即所得波形幅值应在 95%～105% U_{PP} 之间。

(6) 自动循环电路

利用定时器和计数器原理知识,设计一个单位增益的程控移相电路,使四种移相信号自动循环显示,要求每秒更换一次相位,即切换的频率为 1 Hz。

5. 实验原理及方案

(1) 系统结构

李萨如图形信号产生电路如图 2-2-1 所示。

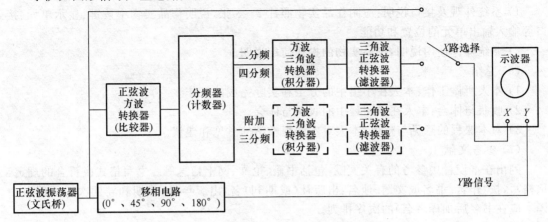

图 2-2-1　李萨如图形信号产生电路

（2）实现方案

由正弦波振荡器产生 20 kHz 正弦波，一个分支经过比较器变成同频率的方波信号，采用计数器对方波进行二、三、四分频，利用电阻分压对方波添加直流分量使其下移，利用积分电路变成三角波，最后通过一阶低通有源滤波器得到最后二、三、四分频的正弦波。另一个分支采用一阶移相电路对其进行移相，得到移相后的正弦波。同时用 555 定时器控制自动循环移相的频率，用74LS194 芯片的移相功能控制继电器的通断。单独移相与自动循环移相通过开关切换。

6. 实验报告要求

实验报告应包含以下内容。

（1）设计任务要求

（2）设计方案及论证

1）任务分析：含文字说明及理论计算，应明确各项功能和指标要求的含义及理论实现方法。

2）方案比较：针对上节分析得到的理论实现方法，提出两种以上的设计方案，并进行比较。

3）系统结构设计：从上节提出的设计方案中选定一种作为最终方案，具体展开说明，给出完整的系统原理和结构框图。

4）具体电路设计：根据选定的系统实现方案，具体细化设计出完整的电路原理图，并给出具体的元器件参数。应对设计过程用文字详细说明（可附局部单元电路图说明），包括电路结构选择的理由、元器件参数的计算过程等。电路原理图应用 Protel、Altium Designer、Or CAD等专业设计软件或 Microsoft Office Visio 等绘图软件规范绘制，上面应标注所有元器件的标号、型号或主要参数，如果图的尺寸较大可单独附页或使用层次电路图绘制。

（3）制作及调试过程

1）制作与调试流程：详细说明电路制作与调试的方法和过程，如各单元电路的制作和调试顺序等。

2）遇到的问题与解决方法：在电路制作和调试过程中遇到的问题、产生原因、解决方法。

（4）系统测试

1）测试方法：系统各项功能、指标的测试方法及流程，并附测试仪器与电路的连接示意图。

2）测试数据：系统各项功能和参数的原始测试数据（以表格形式）及最终参数的计算过程。

3）数据分析和结论：对系统测试数据结果进行统计和分析，如实测数据与理论计算预期的差异分析，包括对误差产生原因的分析，并就系统是否符合设计任务要求给出结论。

（5）系统使用说明

1）系统外观及接口说明：应附作品实物照片 2～3 张，说明作品实物中按键、显示单元、接口等输入输出单元的位置和功能。

2）系统操作使用说明：作品实物的操作使用说明。

（6）总结

1）本人所做工作：本人在小组中的分工和实际完成的工作。

2）收获与体会：本人在本课程中的收获与体会。

3）对本课程的意见与建议：本人对本课程教学的意见和建议。

（7）参考文献

列出在本设计中参考的有关文献，包括书籍、论文、网上信息等。书写格式应符合的规定：顶格写，按"作者.书名或文题.地名：出版社（或期刊）名，出版年份（或期刊卷期次）：页码"（中译本应在书名后加译者名）的次序排列。

7. 考核要求与方法

考核表见表 2-2-1。

表 2-2-1　考核表

类型	序号	测试项目	满分	测试方法	测试记录	评分
基本要求	1	正弦波（标准）	15	正弦波振荡器输出端预留测试引线，接入示波器观察输出振荡波形。在示波器中观察正弦波波形质量，并测量正弦波峰峰值和频率	有（　）无（　）失真 幅度峰峰值： 频率：	
	2	分频功能	15	在分频器输出端观察分频后的波形有无失真，并测量波形峰峰值	有（　）无（　）失真 幅度峰峰值：	
	3	频率比较	10	测量各分频电路产生的波形频率，分频倍数与最初设计是否吻合	分频是/否准确 频率：	
	4	X－Y 显示	10	将示波器调为 XY 模式，分别观察频率比 1∶2，1∶4 两路输入信号在示波器中生成的李萨如图形	波形正确（　）	
		总分	50			
发挥部分	1	移相 0°	5	将移相电路的输入信号和输出信号同时接入示波器，观察两路正弦信号的相位变化。观察输出信号的波形和幅值是否有明显失真	实际相移：	
		移相 45°	5		实际相移：	
		移相 90°	5		实际相移：	
		移相 180°	5		实际相移：	
	2	X－Y 显示	10	将示波器调为 XY 模式，分别观察移相 0°、45°、90° 和 180° 后的信号与分频信号在示波器中生成的李萨如图形	移相 0°波形正确（　） 移相 45°波形正确（　） 移相 90°波形正确（　） 移相 180°波形正确（　）	
	3	自动循环	6	实现 4 种相移的自动循环	能（　）　　否（　）	
		循环频率	6	测量自动循环的跳变频率是否为 1 Hz	是/否为每秒改变	
	附加	能否产生 1∶3 比例图形	8	设计分频电路，使两路正弦信号频率比为 1∶3，观察两路输入生成的李萨如图形	能（　）　　否（　）	
		总分	50			
设计总分		测试教师签字				

8. 项目特色或创新

电子系统课程设计实验课是电子信息类本科专业的重要课程,其目的是培养学生的分析和解决实际问题的能力,从而掌握电子课程设计,为将来从事技术工作和科学研究奠定扎实的基础。李萨如图形信号产生电路实验工程特色鲜明,考核知识点整体难度适中,完成实验项目所需工作量饱满,可完全满足高等学校电子信息类本科生实验教学的目标和要求。

完成实验项目的过程本身能够使学生加深对所学电子电路基础知识的理解,掌握典型的正弦信号产生电路、分频电路、积分电路、滤波电路、移相电路、自动循环电路等专业课程内容;学会使用基本的测量仪器并理解其基本原理和适用范围;培养学生对测量仪器的选择及应用能力;具备实验数据处理和误差分析能力;获得电路故障分析能力的训练和调试解决故障技能的训练,使学生初步掌握复杂电路设计、调试和测量技术的基本方法,能够使其具有初步独立进行工程实践的能力,对相关课程各门知识融会贯通,加深对理论知识的理解。

实验案例信息表

案例提供单位		北京交通大学电子信息工程学院		相关专业	通信工程、自动化、电子科学与技术专业	
设计者姓名		朱明强	电子邮箱	mqzhu@bjtu.edu.cn		
设计者姓名		黄亮	电子邮箱	huangl@bjtu.edu.cn		
设计者姓名		赵翔	电子邮箱	xiangzh@bjtu.edu.cn		
相关课程名称		电子系统课程设计	学生年级	2	学时	4+4
支撑条件	仪器设备	示波器、直流电源、信号发生器、万用表				
	软件工具	电路设计软件				
	主要器件	TL084,74LS161,555多谐振荡器,74LS194,74LS32,电阻电容及电感元件				

2-3 放大电路的失真研究

1. 实验任务与要求

(1)基本要求

1)输入标准正弦波,如图 2-3-1(a),频率 2 kHz,幅度 50 mV,输出正弦波频率 2 kHz,幅度 1 V。

2)若图 2-3-1(b)是电路输出波形,如何设计电路,并修改。

3)若图 2-3-1(c)是电路输出波形,如何设计电路,并修改。

4)若图 2-3-1(d)是电路输出波形,如何设计电路,并修改。

5)输入标准正弦波,频率 2 kHz,幅度 5 V,设计电路使之输出图 2-3-1(e)所示波形,并改进。

(2)发挥部分

1)图 2-3-1(f)是电路输出失真波形,设计电路并改进。

2)任意选择运算放大器,测出增益带宽积 f_T。

3)将运算放大器连接成任意负反馈放大器,要求负载 2 kΩ,放大器的放大倍数为 100,将振荡器频率提高至 $f_T/100$ 的 95%,观察输出波形是否失真,若将振荡器频率提高至 $f_T/100$ 的 110%,观察输出波形是否失真。

4)放大器的放大倍数保持 100,将振荡器频率提高至 $f_T/100$ 的 95% 或更高一点,保持不失真放大,将纯阻抗负载 2 kΩ 替换为容抗负载 20 μF,观察失真的输出波形。

(3)通过再现图 2-3-1(b)、(c)和(d)失真的设计,讨论产生失真的机理,阐述解决问题的办法。

(4)通过再现图 2-3-1(e)失真的设计,讨论产生失真的机理,阐述解决问题的办法。

(5)通过再现图 2-3-1(f)失真的设计,讨论产生失真的机理,阐述解决问题的办法。

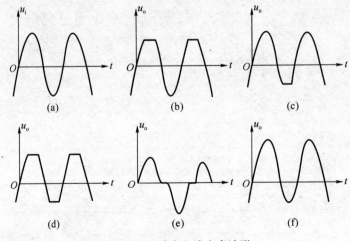

图 2-3-1 放大电路失真波形

（6）NPN 型三极管组成的共射放大电路和 PNP 型共射放大电路在截止与饱和失真方面有何不同？

（7）讨论共基放大电路、共集放大电路与共射放大电路在截止和饱和失真方面的不同。

（8）负反馈可解决波形失真，解决的是哪类失真？

（9）双电源供电的功率放大器改成单电源供电会出现哪种失真？如何使单电源供电的功率放大器不失真？

（10）由单电源供电的运算放大器组成电路会出现哪种失真？

（11）测量增益带宽积 f_T 有哪些方法？

（12）提高频率后若失真，属于哪类失真？

（13）电阻负载改成大容性负载会出现什么失真？

（14）有哪些方法可以克服电阻负载改成大容性负载出现的失真？

（15）用场效应管组成的放大电路或运算放大器同样会产生所研究的失真吗？

（16）当温度升高，三极管组成的电路刚刚产生静态工作点漂移，使电路产生某种失真，此时由场效应管组成的电路也同样失真吗？为什么？

2. 相关知识及背景

电路输出波形失真引起信号不能正确的传输，解决失真问题是电子信息专业学生在学习模拟电子技术时必须掌握的一个重要问题。输出波形失真可发生在基本放大器、功率放大器、差分放大器、运算放大器电路和负反馈放大等电路中，输出波形失真有截止失真、饱和失真、双向失真、交越失真、频率失真以及输出产生的谐波失真和不对称失真等。

3. 教学目的

1）掌握放大电路的设计方法和失真机理，提高学生构思问题和解决问题的能力。

2）通过失真放大电路实验可以系统地归纳模拟电子技术中的失真现象和掌握消除各种失真的技术。

3）培养学生通过现象分析电路结构特点，进而改善电路的能力。

4. 实验教学与指导

本实验具有较强的工程实践性，需要经历查找资料、学习研究、方案论证、系统设计、软件仿真、实物焊接、作品调试、参数测量、实验总结等过程。可以在以下方面对学生进行教学和指导。

1）掌握基本共射放大电路、功率放大电路、差分放大电路、运算放大电路、负反馈电路。要求学生牢固掌握模拟电子技术课程理论知识。例如：如何选择静态工作点以使共射放大电路具有最大不失真方法？如何将基本乙类功率放大器修改为甲乙类功率放大器？差分放大电路左右结构放大性能的重要性是什么？

2）掌握各种放大电路的工作原理和设计方法，理解每种放大电路的失真机理，从而掌握消除各种失真的方法。

3）掌握运算放大器的重要参数：增益带宽积（单位增益带宽）和电压摆率（转换速率），从而理解运算放大电路在高频情况下的失真机理。

4）掌握放大电路带负载能力的重要性，从而理解容性负载失真的机理。

5）掌握负反馈对放大电路性能的影响，掌握使用负反馈减小放大电路失真的方法。

5. 实验原理及方案

（1）截止、饱和和双向失真

实验采用射极偏置电路实现截止、饱和和双向失真。设输入信号 u_i 为正弦波，并且工作点选择在输入特性曲线的直线部分,使其输入电流 i_b 也为正弦波。

如果由于电路元件参数选择不当,使 I_{BQ} 比较高,静态工作点电流 I_{CQ} 比较高。对于输入电流的负半周,基极总电流 i_b 和集电极总电流 i_c 都减小,使集电极电压 u_c 升高,形成输出电压的正半周,这个输出电压仍然是正弦波,没有失真。但是在输入电流的正半周中,当 I_{BQ} 增加时,I_{CQ} 随之增大,由于输出电压反相,这样形成的输出电压的负半周的底部被削,不再是正弦波,产生了失真。这种由于放大器件工作到特性曲线的饱和区产生的失真,称为饱和失真。

如果静态工作点电流 I_{CQ} 选择的比较低,在输入电流正半周时,输出电压无失真。但是,在输入电流的负半周,晶体管将工作到截止区,从而使输出电压的正半周的顶部被削,产生了失真。这种失真是由于放大器工作到特性曲线的截止区产生的,称为截止失真。截止与饱和失真的调节可通过电位器实现。

出现双向失真是由于信号同时进入了饱和区和截止区,最简单的调节方法是增加输入信号的幅度,本实验就是采取增加输入实现双向失真的。另外,通过调节集电极电阻和直流电源也可以实现双向失真。

调节电路,经过测试可以得到清晰的截止、饱和和双向失真波形。

(2) 交越失真

采用基本乙类功率放大电路可实现交越失真。由于采用双电源供电,在没有输入信号时,两个三极管的基极电位为零,由于没有直流偏置,管子的基极电流 i_b 必须在 U_{BE} 大于某一数值(即门槛电压,NPN 硅管约为 0.6 V,PNP 锗管约为 0.2 V)时才有显著变化。当 u_i 低于这个数值时,Q1 和 Q2 都截止,i_{C_1} 和 i_{C_2} 基本为零,负载 R_L 上无电流流过,出现一段死区,这就是交越失真产生的基本原理。

改善的电路采用甲乙类双电源互补对称电路。静态时,在两个二极管上产生的压降为两个功率三极管提供了一个适当的偏压,使之处于微导通状态。由于电路对称,静态时 $i_{C_1} = i_{C_2}$,$i_L = 0$,$u_o = 0$。有信号时,由于电路工作在甲乙类,即使 u_i 很小也可以进行线性放大。

调节电路,经过测试可以得到清晰的交越失真及其改善波形。

(3) 不对称失真

实现不对称失真的电路由差分放大和恒流源电路组成。三极管输入电阻 r_{be} 在正弦信号电压瞬时变化过程中一直随着总电流变化,电流越大,r_{be} 越小,这段区域就是三极管的非线性区。当输入信号进入非线性区时,在正弦信号电压负半波,电流总量较小,r_{be} 较大,结果使信号电流、基极电流交流分量、集电极电流交流分量的负半波都比较小,反相后反映为负载电压正半波矮胖;在正弦信号电压正半波,电流总量较大,r_{be} 较小,使信号电流、基极电流交流分量、集电极电流交流分量的正半波都比较大,反相后反映为负载电压负半波瘦长。就是说,输入信号电压虽然是正弦波形,但由于三极管的非线性输入特性,输出电压畸变为上半部矮胖下半部瘦长的非正弦波形,这就是不对称失真。

改善不对称失真的方法就是引入负反馈。引入负反馈后,也就是在这种失真的输出信号中取出一部分信号送回到输入端,那么相应地反馈信号 u_f 也是正半波矮胖,负半波瘦长。由于反馈信号 u_f 与原来的输入信号 u_i 是反相的,因此反馈信号对原来的输入信号起削弱作用,这样使得净输入信号 u_{id} 变成正半波瘦长而负半波矮胖,再经过放大,就可使两个半周的波形之间的差别比没有负反馈时要小,从而改善了不对称失真的程度。

调节电路,经过测试可以得到清晰的不对称失真及其改善波形。

(4) 运算放大器增益带宽积测量及失真

令运算放大器实现 100 倍放大功能。增益带宽积测量方法如下:先调出 100 倍不失真放大波形,调节信号源频率,观察示波器输出电压幅度示值,当增益下降到原来的 0.707 倍的时候,用此时的频率乘以增益 100 即可得到增益带宽积。当频率增高时,可以明显观察到正弦波幅度变小,这就是频率失真中的幅度失真。

将电阻负载换为电容负载,可以观察运算放大器带容性负载出现尖峰失真。可以引入电压串联负反馈改善失真,负反馈程度增大,输出阻抗减小,提高了运算放大器带负载的能力。

6. 实验报告要求

给学生提供实验报告模版,包括封面格式和正文格式,锻炼学生的文字写作能力。实验报告需要反映以下工作。

1)实验目的和实验背景。

2)实现方案原理与方案比较。

3)理论分析与推导。

4)电路设计与参数计算。

5)电路调试与测量。

6)实验数据与数据处理。

7)实验结果与总结。

7. 考核要求与方法

考核表见表 2-3-1。

表 2-3-1　考核表

类型	序号	测试项目	满分	测试记录	评分	备注
基本要求	(1)	图 2-3-1(b)失真	10	有（　）无（　）		
		图 2-3-1(c)失真	10	有（　）无（　）		
		图 2-3-1(d)失真	5	有（　）无（　）		
		输出正弦波	10	不失真		
	(2)	图 2-3-1(e)失真	10	有（　）无（　）		
		输出正弦波	5	不失真		
	(3)	失真研究(1)、(2)	10	论述清楚		
		总分	60			
发挥部分	(1)	图 2-3-1(f)失真	5	有（　）无（　）		
		输出正弦波	5	不失真		
	(2)	增益带宽积 f_T	5	对		
	(3)	提高频率失真	5	有（　）无（　）		
	(4)	容性负载	5	有（　）无（　）		
	(5)	改善电路	10	对		
	(6)	其他	5			
		总分	40			

8. 项目特色或创新

1)给出不同输出波形失真现象,逆向设计放大电路并改进,体现系统性。

2)归纳模拟电子技术放大电路失真问题和解决方法,展开思路,体现开放性。

3)加深知识点和技术,包括:射极偏置电路、乙类、甲乙类功率放大电路和负反馈电路;截止失真、饱和失真、双向失真、交越失真等；克服各种失真的技术。项目的特色在于：项目背景的工程性，知识应用的综合性，实现方法的多样性。

实验案例信息表

案例提供单位	北京交通大学电子信息工程学院		相关专业	通信、自动化、电子专业	
设计者姓名	黄亮	电子邮箱	huangl@bjtu.edu.cn		
设计者姓名	佟毅	电子邮箱	tongyi@bjtu.edu.cn		
设计者姓名	李赵红	电子邮箱	Zhhli2@bjtu.edu.cn		
相关课程名称	模拟电子技术实验	学生年级	2	学时	4+4
支撑条件	仪器设备	模拟电子技术实验箱、示波器、信号源、直流电源			
	软件工具	Multisim 仿真软件			
	主要器件	运算放大器、三极管、电阻、电容			

2-4　常用二极管的使用

1. 实验内容与任务

运算放大器的应用已经远远超过数学运算的范畴,广泛应用于信号的测量和处理、信号的产生和转换以及自动控制等方面,成为电子技术领域广泛应用的基本电子器件。

根据不同层次要求,学生应选择完成以下实验内容。

1) 设计实验电路,测试三种不同型号二极管 1N4148、1N4007、1N5819 的导通压降,计算导通电流、功耗等参数,根据实验现象分析选用限流电阻的原则和依据。

2) 给以上三种实验电路分别加入方波激励信号,改变激励信号频率,用示波器观测二极管上输出波形的变化,解释二极管反向恢复时间和最高工作频率。

3) 设计实验电路,测试稳压管 1N4728 的稳压值,分析稳压值与驱动电流的关系,解释稳压管的标称稳压值和额定功率。

4) 设计实验电路,分别点亮 3 种不同颜色发光二极管,测量二极管的导通压降,测量发光二极管导通压降与驱动电流的关系,根据实验测试数据分析发光二极管的导通压降与发光颜色的关系。

5) 测量分析双色发光二极管的内部结构,设计实验电路,使双色发光二极管显示出视觉上完全独立的第三种颜色。

6) 测量分析数码管的内部结构,点亮数码管使其显示出指定的字符。

7) 学习红外光电二极管的工作原理,设计实验方法,测量红外光电二极管的光电流。

2. 实验过程及要求

根据不同层次要求,学生应完成以下全部或部分实验。

1) 设计实验电路,自由选择限流电阻,测试二极管 1N4148、1N4007、1N5819 的导通压降。设计实验数据记录表格,测量并记录测试数据,计算二极管的导通压降、工作电流、功耗等参数。

2) 给上述三种实验电路分别加入交流方波激励信号,改变激励信号频率,用示波器观测三个二极管上输出波形的变化。设计实验数据记录表格,记录实验数据和波形,解释二极管反向恢复时间和最高工作频率。

3) 设计实验电路和测试方法,测量稳压管 1N4728 的稳压值。设计实验数据记录表格,测量并记录实验数据,分析稳压管稳压值与驱动电流的关系,解释稳压管的标称稳压值和额定功率。

4) 设计实验电路,测试不同颜色发光二极管的导通压降。设计实验数据记录表格,测量并记录实验数据,测量并观察发光二极管的发光亮度与驱动电流的关系;导通压降与发光颜色的关系。

5) 设计实验电路,用双色发光二极管显示出视觉上完全独立的第三种颜色。

6）设计实验电路,用给定的单位数码管显示出指定的字符。

7）设计实验电路和测试方法,测量红外光电二极管的光电流。

3. 相关知识及背景

二极管是模拟电子技术的基础,熟练掌握二极管的使用方法和选型依据是学好模拟电子技术的基础和前提。本实验依据二极管伏安特性曲线,要求学生设计实验电路和测试方法,测量二极管的导通压降、驱动电流、功耗等参数,掌握二极管、稳压管、发光二极管、数码管、红外光电二极管的使用方法,培养学生电路设计的基本技能。

4. 教学目的

1）加深学生对所学课程的理解,提升学生综合运用各科课程知识解决实际问题的能力。

2）学习二极管的选型依据,掌握二极管的使用方法。

3）学习稳压管的选型依据,掌握稳压管的使用方法。

4）了解发光二极管的基本特性,掌握发光二极管的使用方法。

5）了解双色发光二极管的内部构造原理,掌握双色发光二极管的使用方法。

6）了解数码管的内部结构原理,掌握共阴、共阳数码管的不同使用方法。

7）了解红外光电二极管的基本特性以及红外传输的抗干扰原理。

5. 实验教学与指导

二极管是电路设计中最常用的半导体器件之一,生活中十分常见,如各种指示灯、电源整流电路、数码管显示器、红外发射接收装置等等。

二极管最基本的特性是单向导电性。在实际使用时,由于限流电阻或工作电压选择不当,看似简单的二极管时常会出现一些学生不易理解的状态,如稳压二极管的稳压值“不稳”,发光二极管“不亮”等问题。

二极管应用实验的理论基础是二极管的伏安特性曲线,如图 2-4-1 所示。

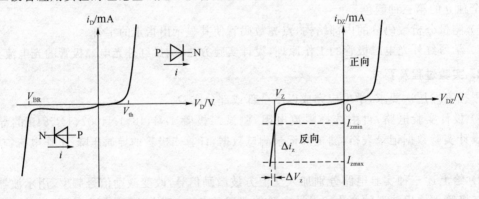

图 2-4-1　二极管伏安特性曲线

从二极管的伏安特性曲线可以看出,当加在二极管两端的电压为正向电压,即电流从正极流入,负极流出,正向压降达到门槛电压 V_{th} 时,二极管导通。二极管导通后,相对于流经二极管的电流的快速变化,二极管两端的正向压降变化很小。

当加在二极管两端的电压为反向电压,即电流从负极流入,正极流出时,只要二极管两端的反向压降不超过其反向击穿电压 V_{BR},流过二极管的反向电流都很小,多数情况下,该小电流可以忽略不计。当加在二极管两端的反向压降超过某一值时,二极管反向击穿,单向导电性消失。

由以上分析可知,二极管的单向导电性是相对的,只要二极管两端存在电势差,不管是正向压降还是反向压降,在二极管上都会有电流流过。

从原理上分析,二极管的单向导电性比较简单,但由于加工材料、加工工艺不同,不同种类二极管所表现出来的特性并不一样,并且,不同种类二极管所利用伏安特性曲线和频率曲线的区域也不一样,因此在电路设计时,应根据具体的电路设计要求选用适合的二极管使用。

6. 实验原理及方案

使用二极管时,应保证加在二极管两端的压降和流经二极管的工作电流符合器件生产厂家的出厂要求。为同时满足电压和电流的工作条件,使用二极管必须加限流电阻,如图 2-4-2 所示,其中 R 为限流电阻。

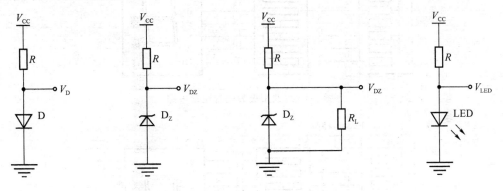

图 2-4-2　二极管工作电路原理图

1) 通过改变限流电阻的阻值可以改变二极管的工作电流,限流电阻的选择依据是:必须保证二极管的工作电流满足器件生产厂家的出厂要求。

2) 使用稳压管时,通常要求稳压管空载时的自损耗应尽量小,同时还要求稳压管在最大动态电流带载时,输出仍能保持稳压状态,因此在选用稳压管的限流电阻时,稳定电压和自损耗两个因素应同时考虑。

3) 发光二极管的发光亮度主要是由其驱动电流来控制的,选用发光二极管的限流电阻时,应保证发光二极管的工作电流能满足发光亮度要求;同时还必须注意,发光二极管的工作电流不可以过大,过大的工作电流会影响发光二极管的使用寿命。

4) 双色发光二极管内部集成了两个不同颜色的发光二极管,如图 2-4-3 所示。双色发光二极管有两种接法,一种是两个二极管的正极接在一起,称为共阳极双色发光二极管;另一种是两个二极管的负极接在一起,称为共阴极双色发光二极管。根据光学原理,通过分别调节两个不同颜色发光二极管的发光强度,两种不同颜色发光二极管在视觉上可以显示出完全独立的第三种颜色。用双色发光二极管显示第三种颜色的关键是调整限流电阻的阻值,即调整不同颜色发光二极管的发光强度。双色发光二极管可以提供 4 种状

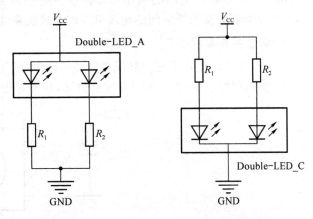

图 2-4-3　双色发光二极管工作原理图

态。例如红绿双色发光二极管可以提供:不发光、红色、绿色、黄色4种状态。

5)单位数码管的内部结构与双色发光二极管类似,是由多个发光二极管组成,分为共阳极和共阴极两种接法,分别如图 2-4-4、图 2-4-5 所示。用数字万用表可以测出数码管的显示类型:共阴极或者共阳极,并能找出公共端。数码管驱动电路和发光二极管一样,需要用限流电阻来调节显示亮度。

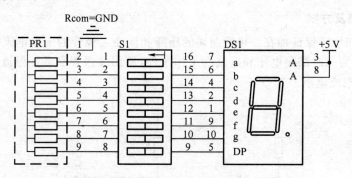

图 2-4-4　共阳极数码管驱动电路

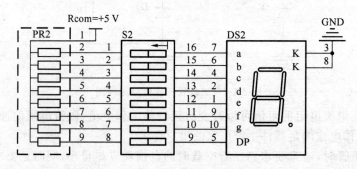

图 2-4-5　共阴极数码管驱动电路

6)光电二极管比较特殊,属于传感器范畴,光电二极管可以将光能转换成电能输出。光电二极管的反向电流随光照强度的增加而上升,如图 2-4-6 所示。

7)用图 2-4-7 所示的实验电路可以测试红外光电二极管的光电流。调节限流电阻的大小可以改变发射管的发光强度,改变发射管和接收管之间的距离可以改变接收强度。

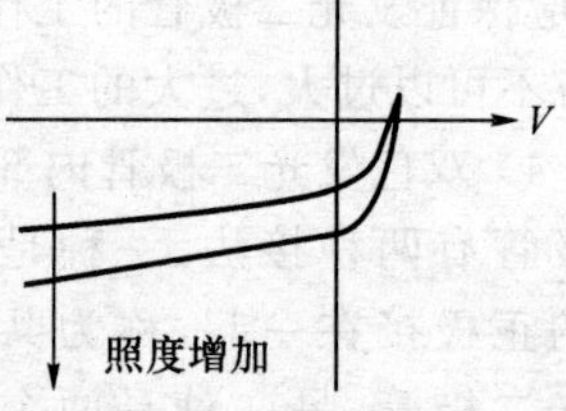

7. 实验报告要求

本实验要求学生在书写实验报告时必须包含以下内容。

1)实验预习,设计实验电路和实验方法,应有详细的设计分析过程。

图 2-4-6　光电二极管伏安特性曲线

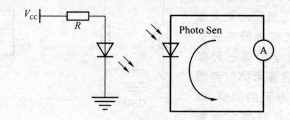

图 2-4-7　光电二极管测试电路

64

2）根据设计分析过程和元器件的标称值选择合适的实验器件。

3）按照自己设计的电路原理图,搭接实验电路。

4）根据自己设计的实验方法,测试实验数据。

5）设计实验数据记录表格,记录实验数据和波形。

6）分析实验数据,总结常用二极管的使用方法。

7）记录实验过程中遇到的问题,提出解决问题的办法。

8）总结实验过程,分享实验经验。

8. 考核要求与方法

本实验采用实验过程考核方式,层次化计分方法,基础实验采用扣分的形式计分,提高实验和拓展实验采用加分的形式计分,具体评分办法如下。

1）在规定的时间内完成二极管 1N4148,1N4007,1N5819 的基本测试和分析实验,能正确理解二极管的正向导通电压、驱动电流、功耗、反向恢复时间、工作频率等参数,满分 60 分。如果实验中发现没有预习等扣分点,视具体情况酌情扣分。

2）在规定的时间内完成稳压管实验,能正确理解稳压管的标称稳压值、驱动电流、额定功率、自损耗等概念,清楚稳压值与工作电流的关系,最多加 10 分。

3）完成发光二极管和双色发光二极管实验,掌握发光二极管和双色发光二极管的正确使用方法,最多加 10 分。

4）能正确使用单位数码管显示出指定的字符,最多加 10 分。

5）能正确理解红外光电二极管的工作原理,设计实验电路和实验方法,测出红外光电二极管的光电流,最多加 10 分。

9. 项目特色或创新

1）实验内容原创,在各类实验教材上很难找到。

2）实验内容看上去简单,学生实际操作时会遇到很多没有完全理解的模拟电子技术和半导体物理等方面的问题。

3）实验器件都是电路设计中最常用的半导体器件,贴近于实际应用。

4）实验内容简单,学生易于上手,能激发学生对模拟电子技术的学习兴趣。

5）实验考核方式相对公平,有助于激发学生主动完成更多实验内容的积极性。

实验案例信息表

案例提供单位	大连理工大学电信与电气工程学部 电工电子实验中心		相关专业	电气、电子信息、自动化、计算机
设计者姓名	程春雨	电子邮箱	chengchy@dlut.edu.cn	
设计者姓名	吴雅楠	电子邮箱	wuyanan929@163.com	
设计者姓名	郭学满	电子邮箱	ziyi0023@sina.com	
相关课程名称	电子线路(模电)	学生年级	2	学时	4
支撑条件	仪器设备	直流稳压电源、信号发生器、毫伏表、示波器、数字万用表		
	主要器件	二极管 1N4148,1N4007,1N5819;发光二极管(红色、绿色、蓝色);稳压管 1N4728(3.3V/1W);双色发光二极管;单位数码管;光电二极管;电阻若干		

2-5 运算放大器设计应用实验

1. 实验内容与任务

（1）实验内容

1）基于高速运算放大器的单电源同相放大电路的实现。

2）研究运放输入电阻对电路输入端直流偏置的影响。

3）研究各元件对电路交流增益与直流增益的影响。

4）研究输入输出交流耦合电路的高通特性。

5）研究输入为方波信号时频率、幅度、占空比与电路增益、压摆率之间的关系。

6）研究输入方波经隔直电路后的变化，确定输入信号最大幅度。

7）研究补偿电容作用及对运放电路带宽的影响。

8）研究叠加定理在运放电路中的应用。

9）研究不同的输出负载电阻对电路输出最大值的影响。

（2）实验任务

1）根据运算放大器芯片手册上的常用指标设计电路，以标准实验板为例了解高速运放对元器件布局及去耦电路的要求。

2）在掌握单电源运算放大器电路结构和各参数计算方法的基础上设计，合理应用仿真软件测试电路特性，观察调整参数后电路的输出变化，并实际完成电路制作。

3）运用实验室已有硬件环境，按照实验内容要求逐一测试需研究的内容；记录实验实测数据，与实验理论值数据进行比较，分析相关原理。

4）将自制实验电路与在标准实验板上所测的数据进行对比，注意布线规则对电路性能的影响。

5）分析仿真数据结果、实测实验数据，总结实验结论，撰写实验报告。

2. 实验过程及要求

实验前学生需查询将使用的运放芯片手册，了解关键数据指标，对所研究的内容有一定的了解。实验过程中，在实验问题的引导下进行仿真测试、实际测试，观察不同电路结构或不同电路参数对实验结果的影响，可以针对几个问题进行理论分析的讨论后再实际观测而得到结论。根据学生总结的实验报告，随机抽取实验问题安排学生进行交流与简单答辩。

3. 相关知识及背景

1）集成运算放大器基本应用电路的结构和工作原理。

2）集成运算放大器应用中的参数计算。

3）硬件电路仿真方法与实现。

4）实际电路的设计和实现方法。

5）基本的硬件电路测试技能。

6）模拟电子电路常用的故障检测和排除方法。

4. 教学目的

通过该实验能够引导学生学习运算放大器电路的各种功能在实际中的应用,掌握运放电路的设计方法,掌握交流耦合放大器在单电源运算放大器电路中的典型应用以及电路各参数对放大器的影响。在使学生实验技能进一步提高的同时,深化所学理论知识,培养综合运用能力,增强独立分析与解决问题的能力。

5. 实验教学与指导

实验进行前,需要讲解的主要内容如下。

1)高速运算放大器手册所提供的各项指标在电路设计中的作用。
2)电路布线的基本原则和注意事项。
3)引导学生讨论所需研究电路的基本原理、参数计算与实现方法。
4)引导学生进行相关的电路仿真。
5)引导学生设计合理的电路。

实验进行过程中,以引导为主,对学生的测试方法与方案进行指导,帮助学生实现对电路的设计与测试。教师通过设置相应的实验问题引导学生完成实验的任务要求。通过实验报告检查学生对实验问题的回答情况,并及时与学生讨论、总结。

6. 实验原理及方案

(1)系统结构

实验过程采用问题驱动的方法,在基本同相运放电路的基础上设置不同电路参数、不同输入信号等情况下提出不同的测试问题,学生根据实际测试现象分析问题、解决问题。实验的基本原理电路如图 2-5-1 所示。

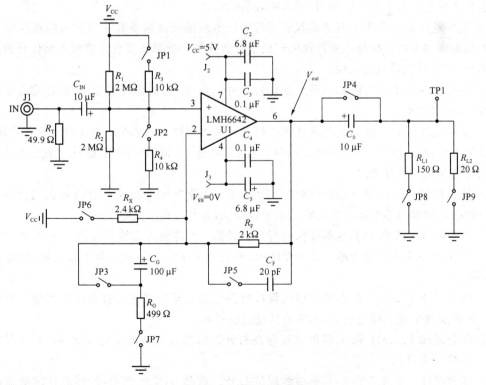

图 2-5-1　同相运放电路

（2）实验步骤以及实验中的问题

1）为电路提供单 5 V 电源，在 V_{out} 端或 TP1 端测试电路的输出。电路中可设置 JP1～JP9 多处跳线开关，其作用见表 2-5-1。

表 2-5-1　跳线开关 JP1～JP9 作用

跳线开关	初始设置	作用
JP1	关闭	输入偏置（低阻抗）
JP2	关闭	输入偏置（低阻抗）
JP3	打开	在反馈中接入隔直流电容
JP4	打开	接入输出隔直流电容
JP5	打开	在 R_F 上未并联高频增益滚降电容
JP6	打开	无电流叠加至反向输入端
JP7	打开	增益变化（+5 V/V 或 +1 V/V）
JP8	关闭	$R_L = 150\ \Omega$（正常负载）
JP9	打开	$R_L = 20\ \Omega$（重负载）

2）学生实现电路硬件后，在实验测试过程中可设置多种实验问题引导学生完成测试并回答。例如：

① 闭合跳线 1、2 和 8，其他跳线保持打开。输入端输入 $2V_{PP}$，100 kHz 的三角波信号，V_{out} 输出端波形是什么？可先通过仿真软件对电路输出进行仿真观察，再实际测试并记录输入输出波形。

② 只闭合跳线 8，其他跳线保持打开。输入端输入 $2V_{PP}$，100 kHz 的三角波信号，V_{out} 输出波形有什么变化？解释变化的原因，得出相应的结论。

③ 闭合跳线 1、2、7 和 8，其他跳线保持打开。电路的交流增益和直流增益的理论值各是多少？实测电路并将数据与你所计算的理论值进行比较。计算运算放大器输入端信号的最低工作频率，并实际测量与之比较。

④ 闭合跳线 1、2、3、7 和 8，其他跳线保持打开。观察 V_{out} 输出端的变化，解释输出变化产生的原因，得出结论。

⑤ 闭合跳线 1、2、7 和 8，其他跳线保持打开。输入端输入 $0.75V_{PP}$，100 kHz 的方波信号，将方波的占空比从 20%～80% 改变，并同时观测并测量 V_{out} 输出电压，观察输出是否能够跟上输入信号的变化？解释原因。

⑥ 闭合跳线 1、2、7 和 8，其他跳线保持打开。计算当允许输入方波信号占空比从 0～100% 改变时，使输出不失真的最大输入信号峰峰值，并在电路中实际验证。

⑦ 闭合跳线 1、2 和 8，其他跳线保持打开。计算当允许输入方波信号占空比从 0～100% 改变时，使输出不失真的最大输入信号峰峰值，并在电路中实际验证。与上题比较，讨论此电路的局限性。

⑧ 闭合跳线 1、2、5、7 和 8，其他跳线保持打开。放大器的带宽是否发生了改变？分析其原因。计算运放带宽的理论值，并实际测量此时的带宽。

⑨ 闭合跳线 1、2、5、7 和 8，其他跳线保持打开。解释什么情况下需要在 R_F 上并联电容 C_F？C_F 的作用是什么？

⑩ 闭合跳线 1、2、5、7 和 8，其他跳线保持打开。监测 TP1 处波形，计算此处的低端截止频率，并与实测值进行比较。

⑪ 闭合跳线 1、2、5 和 8,其他跳线保持打开。输入端输入 $0.2V_{PP}$,$1\,kHz$,占空比为 50% 的方波信号,预先计算 TP1 端波形参数,并通过实际测试进行比较,说明此波形产生的原因。

⑫ 闭合跳线 1、2、4、7 和 8,其他跳线保持打开。负载是直流耦合的。预计电路的最大输出摆动幅度是多少?闭合跳线 1、2、4、7 和 9,其他跳线保持打开。预计电路的最大输出摆动幅度是多少?分析两者的关系,说明产生不同结论的原因。

⑬ 闭合跳线 1、2、6、7 和 8,其他跳线保持打开。计算新的直流输出电压,并实测直流输出电压是多少?计算此电路的交流增益,并与实测值相比较。

⑭ 经过上述实验后,你还能对上述电路提出哪些实验问题?请列出,实际测试并得出结论。

7. 实验报告要求

实验报告应包括以下几部分内容。

(1)实验项目名称。

(2)实验内容及要求。

(3)电路设计原理:电路工作原理,参数计算,元器件选择说明与元器件清单。

(4)画出完整的电路图,包括实际制作时的连接图。

(5)电路测试与调试。包括:

1)使用的主要仪器和仪表。

2)调试电路的方法和技巧。

3)测试的数据和波形并与设计结果比较分析。

4)调试中出现的故障、原因及排除方法。

(6)总结,如实反映对实验指导所提问题的分析及测试数据,总结实验数据并得出相应结论,提出改进意见和展望,写出实验收获与体会。

(7)参考文献。

8. 考核要求与方法

以学生的实验测试记录为参考,结合实验报告成绩,安排学生进行对随机问题的简单答辩后给出最终的实验成绩。

实验成绩按百分制计算,总成绩=实验测试记录(20%)+实验报告(60%)+问题答辩(20%)。

9. 项目特色或创新

该项目的特色为内容基础但有层次,从基础电路展开,针对运放的应用电路中易忽略的一些设计方法进行了分析、讨论和测试,使学生可以较全面地了解实际应用。另外,实验指导采用问题驱动的方法,引导按照学生发现问题、解决问题的思路进行实验,内容具有一定的探索性,易引起学生的实验兴趣。

实验案例信息表

案例提供单位		电子科技大学电子工程学院		相关专业		电子信息
设计者姓名		陈瑜	电子邮箱	chenyuer@uestc.edu.cn		
设计者姓名		陈英	电子邮箱	cchenying@ uestc.edu.cn		
相关课程名称		电子技术应用实验	学生年级	2、3	学时	12+4
支撑条件	仪器设备	万用表、示波器、信号源、直流稳压电路				
	软件工具	Multisim 仿真软件				
	主要器件	电阻电容、导线、运放芯片、输入输出插针等若干				

2-6 增益自动切换电压放大电路

1. 实验内容与任务

用运算放大器设计一个电压放大电路,其输入阻抗不小于 100 kΩ,输出阻抗不大于 1 kΩ,并能够根据输入信号幅值切换调整增益。电路应实现的功能与技术指标如下。

(1) 基本要求

1) 放大器能够具有 0.1、1、10 三挡不同增益,并能够以数字方式切换增益。

2) 输入一个幅度为 0.1~10 V 的可调直流信号,要求放大器输出信号电压在 0.5~5 V 范围内,设计电路根据输入信号的情况自动切换调整增益倍率。

(2) 提高要求

1) 输入一个交流信号,频率 10 kHz,幅值范围为 0.1~10 V(峰峰值 V_{PP}),要求输出信号电压控制在 0.5~5 V(峰峰值 V_{PP})的范围内。

2) 能显示不同的增益值。

(3) 发挥要求

利用数字系统综合设计中 FPGA 构建 AD 采集模块,实现程控增益放大器的设计。

2. 实验过程及要求

1) 根据实验内容、技术指标及实验室现有条件,自选方案设计出原理图,分析工作原理、计算元件参数。利用 Multisim 软件进行仿真,并优化设计。

2) 实际搭试所设计电路,使之达到设计要求。

3) 按照设计要求对调试好的硬件电路进行测试,记录测试数据,分析电路性能指标。

4) 撰写实验报告,并通过分组演讲,学习交流不同解决方案的特点。

3. 相关知识及背景

增益自动切换电压放大电路在信号调整与控制电路具有广泛的用途,也是放大器的基本应用电路之一,本实验需要运用模拟电路技术、信号检测技术、信号处理、模数信号转换、数据显示等相关知识与技术方法,并涉及运算放大器设计、计算机软件仿真、硬件调试及抗干扰等概念与方法。

4. 教学目的

在较为完整的项目实现过程中由浅入深引导学生了解运算放大器的设计和实现方法的多样性及根据需求比较和选择合理的技术方案;引导学生设计电路、选择元器件,构建测试环境与条件,并通过测试与分析对项目作出技术评价。

5. 实验教学与指导

增益自动切换电压放大电路的设计实验是一个对运算放大器综合应用的实验工程,也是引导学生对程控增益放大器的原型设计深入理解的拓展项目,需要经历学习研究、方案论证、系统设计、实验调试、现场测试、设计总结等过程。在实验教学中,在以下几个方面加强对学生的引导。

1)指导学生对设计任务进行具体分析,充分理解实验项目的需求、每项指标的含义,并在此基础上查阅资料,广开思路,提出尽量多的方案。

2)引导学生对设计方案进行可行性分析和比较选择,选取合理的设计方案。

3)将系统分解成若干个模块,明确每个模块的功能、各模块之间的连接关系以及信号在各模块之间的流向等等。构建总体方案与框图,清晰地表示系统的工作原理、各单元电路的功能、信号的流向及各单元电路间的关系。

4)学习增益控制的基本方法,运算放大器增益主要取决于反馈电阻与输入端电阻的比值关系,改变增益实质上主要就是改变反馈电阻的阻值。改变反馈电阻的方法主要有继电器切换、模拟开关切换、DAC内部电阻网络等方法,比较这几种方法对放大器指标的影响。

5)学习检测判断输入信号的方法,由于限制了输出信号的幅度范围,因此必须根据输入信号的幅度来决定放大器的增益,直流信号检测比较简单,要引导学生思考交流信号的幅值检测,并比较不同方法的特点。

6)在实验完成后,可以组织学生以项目演讲、答辩、评讲的形式进行交流,了解不同解决方案及其特点,拓宽知识面。

在设计中,要注意学生设计的规范性,如系统结构与模块构成,模块间的接口方式与参数要求;在调试中,要注意测试环境、仪器仪表对系统指标的影响,电路工作的稳定性与可靠性;在测试分析中,要分析系统的误差来源并加以验证。

6. 实验原理及方案

(1)系统结构(如图 2-6-1 所示)

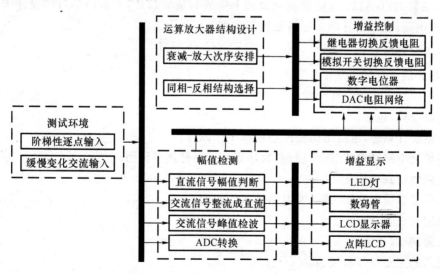

图 2-6-1　实验方案多样化选择结构图

(2)实现方案

根据实验任务的指标要求,有两种基本的电路结构,即同相放大和反相放大,同时,由于输出信号的限幅,对信号的放大和衰减次序要根据需要安排,并设计合理的放大和衰减倍数,在做上述选择的时候要充分考虑现有元器件资源和电路的结构的特点,如果采用同相比例电路,为了使增益可以分别达到 0.1、1、10,可以采取先将信号衰减 10 倍,然后分别放大 1、10、100 倍的方法来达到要求,但是在 10 kHz 频率下因增益带宽积的限制,信号不能放大到 100 倍,可以让信号先衰减到 1 倍(即不衰减),而不是 10 倍,然后再通过运算放大器放大 10 倍。同时,同相比例放大电路的增益特点给增益电阻网络的取值带来困难,其中一种解决办法是让信号先衰减为 1/11,然后分别放大 1.1 倍、11 倍,这同样实现了 0.1 倍、1 倍的增益,仅使用 1 kΩ、10 kΩ 的电阻就实现了相同的功能,且理论上没有电阻阻值引起的误差。在这些设计的细节上可以引导学生深入思考并拓展出新方法和新思路。

改变增益实质上主要是改变反馈电阻的阻值。改变反馈电阻阻值的方法有继电器切换、模拟开关(ADG409、74HC4052)切换、数字电位器(CAT5132)、DAC 内部电阻网络等。不同的方法的电路结构不同,同时引入"驱动电路"概念,并引导学生关注切换开关放在不同的位置时其内阻给系统带来误差的思考和分析。

增益的选择取决于输入信号的幅值,对于直流信号,比较器是比较常用的幅值分级方法,而交流信号的幅值检测方法有半波或全波整流峰值检测、直接交流峰值检测、ADC 转换,其中 ADC 转换宜采用单片机或在 PLD 器件中设计控制器,可以引导学生继续深入思考、设计和实现。

在增益的数字显示形式上,也有数码管、字符型 LCD 等形式,也可以将模拟信号通过一组比较器直接驱动灯柱显示,其中 LCD 显示同样需要控制器控制,可稍做引导。

搭建测试环境是实验的一个组成部分,可以按照实验要求逐点输入信号观察输出信号是否满足指标,也可以输入缓慢变化的信号(如 0.1 Hz 的三角波信号、正弦波信号)来观察输出指标,也可以自制电路模块搭建测试环境。

本实验实现了增益自动切换电压放大电路的设计,专用的程控增益放大器(PGA)如 AD603、PGA103、PGA112 等就是在此原理上完成的集成芯片,今后的学习和设计中,可以加深对此类型电路的理解,并能根据需要进行选型。

7. 实验报告要求

实验报告需要反映以下工作。

1)分析项目的功能与性能指标。

2)电路设计,包括:

① 电路设计思想,电路结构框图与系统工作原理。

② 各单元电路结构、工作原理、参数计算和元器件选择说明。

③ 电路的仿真与优化。

3)画出完整的电路图,并说明电路的工作原理。

4)制定实验测量方案。

5)安装调试,包括:

① 使用的主要仪器和仪表。

② 调试电路的方法和技巧。

③ 测试的数据和波形并与设计结果比较分析。

④ 调试中出现的故障、原因及排除方法。

6)总结,包括:

① 阐述设计中遇到的问题,进行原因分析并找到解决方法。

② 总结设计电路和方案的优缺点。

③ 指出课题的核心及实用价值,提出改进意见和展望。

④ 实验的收获和体会。

7) 列出系统需要的元器件清单。

8) 列出参考文献。

8. 考核要求与方法

1) 实物验收:功能与性能指标的完成程度,完成时间。

2) 实验质量:电路方案的合理性,焊接质量、组装工艺。

3) 自主创新:功能构思、电路设计的创新性,自主思考与独立实践能力。

4) 实验成本:是否充分利用实验室已有条件,材料与元器件选择的合理性,成本核算与损耗。

5) 实验数据:测试数据和测量误差。

6) 实验报告:实验报告的规范性与完整性。

9. 项目特色或创新

项目的特色在于:实验背景的工程性,知识应用的拓展性和综合性,实现方法的多样性,让学生感觉到模电实验与现实世界联系紧密,激发学生的学习兴趣和深入思考的动力。

实验案例信息表

案例提供单位	东南大学电工电子实验中心		相关专业		电子、信息	
设计者姓名	郑磊	电子邮箱	zhenglei@seu.edu.cn			
设计者姓名	黄慧春	电子邮箱	huanghuichun@seu.edu.cn			
设计者姓名	刘琳娜	电子邮箱	Liulinna@seu.edu.cn			
相关课程名称	电工电子实践	学生年级	2	学时	6+6	
支撑条件	仪器设备	万用表、示波器、函数发生器				
	软件工具	Multisim				
	主要器件	LM324,uA741,ADG409,74HC4052,阻容器件				

2-7 增益自动切换电压放大电路的设计与实现

1. 实验内容与任务

根据已学知识,设计并制作一个增益自动切换的电压放大电路,其中输入信号不大于 5 V。

(1) 基础要求

输入信号为直流信号,0.1～0.5 V 时放大 6 倍,0.5～1.5 V 时放大 2 倍,1.5～5 V 时放大 0.5 倍,并显示放大倍数。

(2) 扩展要求

1) 输入信号为交流信号,频率 100 Hz～1 MHz,0.1～0.5 V 时放大 6 倍,0.5～1.5 V 时放大 2 倍,1.5～5 V 时放大 0.5 倍,并显示放大倍数。

2) 输入信号为交流信号,$u_i = 0.5$ V,频率 100 Hz～1 MHz,放大倍数在 6－2－0.5 倍之间切换,切换频率为 1 Hz,并用数码管显示放大倍数。

3) 输入信号 0.1～5 V,频率不高于 2 MHz,输出恒为 3 V 左右,并实时显示电路放大倍数。

2. 实验过程及要求

1) 尽可能多地查找满足实验要求的运算放大器,学习了解不同运放芯片的参数指标。

2) 掌握加法电路、减法电路、电压比较电路等集成运放的应用。

3) 掌握编/解码器、数码管的使用,并显示放大电路增益。

4) 掌握时钟脉冲信号电路、计数器的设计方法。

5) 设计电路并优化、仿真,记录仿真结果。

6) 制作硬件电路,并测试调试,优化电路参数,记录测试结果。

7) 考察理论值与实测值的误差,思考误差产生的原因。

8) 撰写设计报告,阐明电路设计方案、过程、数据及结果分析等。

9) 展示作品,并通过分组演讲,学习交流不同解决方案的特点。

3. 相关知识及背景

本实验需综合运用到模拟电子技术与数字电子技术,也可用单片机设计相关方案。需要熟练掌握运算放大器的应用,编/解码电路,模数、数模转换电路,时钟脉冲产生电路、计数器等。熟练掌握增益、带宽、增益带宽积等知识点及相关参数的测量方法;掌握几种常用的计算机辅助分析和设计软件;熟悉一般电子电路的设计、安装、调试的方法;掌握模拟电子和数字电子电路常用的故障检测和排除方法。

4. 教学目的

综合考察了学生对模拟电路、数字电路相关知识的掌握,引导学生夯实基础的同时拓展知识视野,设计不同的解决方案及根据工程需求比较选择技术方案;引导学生根据需要设计电路、选择元器件,构建测试环境与条件,并通过测试与分析对项目做出技术评价;鼓励拔尖学生突破知识瓶颈,尝试用单片机等方案去实现。

5. 实验教学与指导

对系统的设计任务进行具体分析,仔细研究题目,明确设计和实验要求,充分理解题目的要求、每项指标的含义。

针对系统提出的任务、要求和条件,查阅资料,广开思路,提出尽量多的不同方案,仔细分析每个方案的可行性和优缺点,加以比较,从中选取合适的方案。

将系统分解成若干个模块,明确每个模块的功能、各模块之间的连接关系以及信号在各模块之间的流向等等。构建总体方案与框图,清晰地表示系统的工作原理,各单元电路的功能,信号的流向及各单元电路间的关系。

1)为什么要做这个实验?不仅仅是考查所学知识,调理电路应用非常广泛,例如将其他信号通过传感器等获得的电信号调理为便于(智能)控制系统处理的信号。

2)掌握电路的基本模型和设计方法,自行设计电路及其参数。

3)加深对增益、带宽、增益带宽积、输入输出阻抗、时钟脉冲等概念的理解,设计表格,测量并记录相关数据。

4)在电路设计、搭试、调试完成后,必须要用标准仪器设备进行实际测量,观测波形、数据等,记录数据的同时用照片记录相关波形。

5)尝试提出一些错误的要求,通过错误的结果,使学生加深对相关电路和概念的理解。

6)在实验完成后,可以组织学生以项目演讲、答辩、评讲的形式进行交流,了解不同解决方案及其特点,交流在实验过程中出现的问题及解决方法等,拓宽知识面。

7)讲解一些超出目前知识范围的解决方案,鼓励学生学习并尝试实现。

6. 实验原理及方案

(1)系统结构(如图 2-7-1 所示)

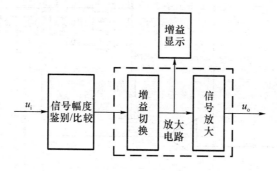

图 2-7-1　增益自动切换放大电路总体框图

(2)实现方案(如图 2-7-2 所示)

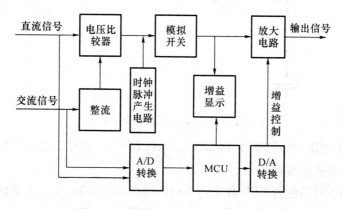

图 2-7-2　增益自动切换放大电路原理

增益自动切换的电压放大电路的基本实验原理是：将信号加到信号幅度鉴别比较电路（具有不同基准电压的比较电路输入端或进行采样后的数据对比）进行分挡比较，对应某一定值，根据比较得到的结果，或通过硬件电路或通过微处理器，选择相应的增益电路（或对增益进行控制）。

信号幅度的鉴别：对于直流信号，可直接进入电压比较器，从而得到模拟开关的控制信号；对于交流信号，则需要将信号进行整流，再进入比较电路；当然亦可采用采样电路。

电压增益的切换：举例说明，如图 2-7-3 所示，电阻 $R_{1A} \sim R_{4A}$ 组成电压衰减器，衰减量受模拟开关控制。运放 A1 与电阻 $R_{1A} \sim R_{4A}$ 构成同相比例放大电路。接于运放输出端与反相输入端的反馈电阻亦受模拟开关的控制，两组开关同步动作。当开关 S1 接通，S2、S3 断开时，加在运放同相输入端的电压为 $R_{2A}/(R_{1A}+R_{2A}) \times V_i$。该电压经放大，输出电压为 $V_o = (1+R_{2A}/R_{1A}) \times R_{2A}/(R_{1A}+R_{2A}) \times V_i$。由此可知电压增益可为 $(1+R_{2A}/R_{1A})$、$(1+R_{3A}/R_{1A})$ 和 $(1+R_{4A}/R_{1A})$。

本实验因有小于 1 的增益的部分，应采用 2 级反相比例放大，自行设计电路与参数。亦可采用压控增益运放来实现。

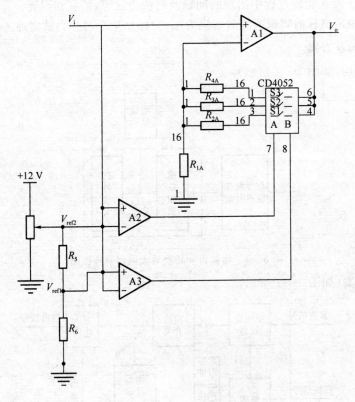

图 2-7-3　电压增益的切换电路图

时钟信号产生电路：可用 555 定时器产生 1 Hz 信号后，设计计数器电路对模拟开关进行控制；或用单片机实现此功能。

显示电路：用不同颜色的 LED 灯显示不同的增益，亦可结合上一步骤的计数电路用数码管显示或者用单片机控制数码管或液晶电路显示电路增益。

7. 实验报告要求

实验报告需要反映以下工作。

1）实验要求分析：正确理解项目要求。

2）实现方案论证：实验的蓝图，关系到实验的成败。

3）理论推导计算：科学的计算分析。

4）电路设计与参数选择：模型选择及参数计算。

5）电路测试方法：调试电路，纠错校正。

6）表格设计，实验数据记录：表格合理，数据清晰。

7）数据处理分析：结果计算分析。

8）实验结果总结与心得体会：误差分析，出现的问题及解决方法，心得体会。

8. 考核要求与方法

1）实物验收：功能与性能指标的完成程度，完成时间。

2）实验质量：电路方案的合理性，焊接质量、组装工艺。

3）自主创新：功能构思、电路设计的创新性，自主思考与独立实践能力。

4）实验成本：是否充分利用实验室已有条件，材料与元器件选择合理性，成本核算与损耗。

5）实验数据：测试数据和测量误差，设计表格的合理性。

6）实验报告：实验报告的规范性、科学性与完整性。

7）综合能力评价：动手能力、创新能力、展现能力等。

9. 项目特色或创新

综合、系统地应用已学到的模拟电路、数字电路的知识，在单元电路设计的基础上，利用新软件设计出具有实用价值和一定工程意义的电子电路；扩展新知识的学习，培养综合运用能力，增强独立分析问题与解决问题的能力；培养严肃认真的工作作风和科学态度，为以后从事电子电路设计和研制电子产品打下初步基础。

实验案例信息表

案例提供单位	兰州交通大学电子与信息工程学院		相关专业	电类专业	
设计者姓名	张华卫	电子邮箱	zhanghuawei@mail. lzjtu. cn		
设计者姓名	李积英	电子邮箱	ljy7609@mail. lzjtu. cn		
设计者姓名	伍忠东	电子邮箱	wuzhd@mail. lzjtu. cn		
相关课程名称	电子技术实验	学生年级	2、3	学时	6+6
支撑条件	仪器设备	示波器、信号源、万用表、直流稳压电源等			
	软件工具	Multisim、Proteus 等			
	主要器件	学生根据方案自行选定			

2-8 光线强弱测量显示电路的设计

1. 实验内容与任务

利用光敏电阻、运算放大器、定时器及计数器等模拟和数字电路中常用器件,设计一个光线强弱测量显示电路,要求能自动测量光线的强弱值,并按要求的方式显示测量结果。

1) 研究光敏电阻性能,以光敏电阻为传感器,设计一个放大电路,要求输出电压能随光线的强弱变化而变化。根据给定的光强变化范围,用万用表显示输出电压值。要求:参照表 2-8-1,光照度从 260~8000 lx,对应放大器的输出电压为 1~4 V,列表给出显示的电压值与光照度的对应关系。

2) 设计一个输入光强分挡显示电路,当光照度在 260~8000 lx 变化范围内,分 4 挡(参考表 2-8-1 的分挡:2、3、4、5),用发光二极管显示对应光照度的范围并列表表示它们的关系。

3) 设计一个矩形波发生器,要求其输出波形的高电平脉冲宽度随控制电压的变化而变化,控制电压就是在实验内容 1)中已经设计完成的随输入光强变化的输出电压值。

4) 利用固定时钟信号,对实验内容 3)中可变输出矩形波的高电平脉冲宽度进行计数,并用数码管显示所计数值。列表给出显示的数值和光强的对应关系。

2. 实验过程及要求

1) 根据实验内容、技术指标及实验室现有条件,自选方案设计出原理图,分析工作原理。

2) 选择器件,并计算元件参数。利用 Multisim 软件进行仿真,并优化设计。

3) 实际搭试所设计电路,使之达到设计要求,并可以利用手机的 LED 照明,感受光强变化与对应电压的变化关系和分挡指示灯的亮灭变化,增加实验的趣味性。

4) 按照设计要求对调试好的硬件电路用专用的测试装置进行测试,记录测试数据,分析电路性能指标。

5) 按照指导教师要求逐项验收实验结果,并回答教师提问。

6) 撰写实验报告。

3. 相关知识及背景

光敏电阻属半导体光敏器件,具有灵敏度高,反应速度快,光谱特性及 R 值一致性好等特点,在高温、多湿的恶劣环境下,也能保持高度的稳定性和可靠性,可以用作测量光线强弱的传感器,以构成自动测量装置,也广泛应用于照相机、太阳能庭院灯、草坪灯、验钞机、石英钟、音乐杯、礼品盒、迷你小夜灯、光声控开关、路灯自动开关以及各种光控玩具、光控灯饰、灯具等光自动开关控制领域。

本实验是一个运用模拟和数字电子技术知识,解决现实生活和工程实际问题的典型案例,需要运用传感器及检测技术、信号放大、比较器、V/F 转换、计数锁存及数据显示等相关知识与技术方法。

4. 教学目的

在较为完整的工程项目实现过程中引导学生了解现代测量方法、传感器技术,掌握实现方法的多样性及根据工程需求比较选择技术方案;引导学生根据需要设计电路、选择元器件,构建测试环境与条件,并通过测试与分析对项目作出技术评价。

5. 实验教学与指导

本实验是一个比较完整的工程实践过程,需要经历学习研究、方案论证、系统设计、实现调试、测试标定、设计总结等过程。在实验教学中,应在以下几个方面加强对学生的引导。

1) 了解几种常用物理量传感器的基本工作原理及基本测量方法,如热敏电阻、压力应变片等,掌握光敏电阻的基本工作原理及基本测量方法。

2) 根据光敏电阻的特性,学会正确构建由光敏电阻变化引起电压变化的方法,如采用分压方式或电桥方式等,掌握不同方式电路的特点及性能。

3) 学习放大电路的设计方法,掌握利用运算放大器构成一般放大电路和差分放大电路的特点及设计方法,能合理选择并计算元器件参数。

4) 学会利用比较器或运算放大器构成电压比较电路,能正确使用发光二极管,选择合适的限流电阻。

5) 掌握利用运算放大器或 555 定时器构成矩形波发生电路的方法,重点要学会如何通过控制电压值的大小调整矩形波高电平脉宽的方法,构成简单的 V/F 转换电路。

6) 利用数字电路中门的概念和计数器的基本特性,正确使用计算器记录矩形波高电平脉宽对应的固定时钟数,同时为了能正确稳定显示计数值,需要掌握锁存器的基本概念和使用方法。

7) 学会 BCD 译码和 LED 数码显示的正确方法。

8) 了解 ADC 的基本概念,了解 MCU 或 FPGA 等构成最小系统的方法,并可以尝试学习正确使用,构建智能化测量系统。

9) 培养学生能根据实验作品,设计、选择不同的测试环境或测量方法,构建测试平台,以便能更好更准确地测量所做实验作品的性能。

10) 本实验主要以模拟电路、数字电路的基本知识为基础,采用模块化的设计方法,使学生能综合应用所学知识,构建应用系统,同时也给学有余力的同学提供进一步自学拓展的空间,如可以把单片机系统、CPLD 或 FPGA 系统以及 ADC 等后续课程的知识提前应用。

11) 在实验完成后,可以组织学生以项目演讲、答辩、评讲的形式进行交流,了解不同解决方案及其特点,拓宽知识面。

12) 在设计中,要注意学生设计的规范性,如系统结构与模块构成,模块间的接口方式与参数要求;在调试中,要注意工作电源、参考电源品质对系统指标的影响,电路工作的稳定性与可靠性;在测试分析中,要分析系统的误差来源并加以验证。

6. 实验原理及方案

(1) 明确设计任务要求,确定总体方案

1) 对系统的设计任务进行具体分析,充分理解题目的要求、每项指标的含义。

2) 针对实验项目提出的任务、要求和条件,查阅资料,广开思路,提出多种不同的方案;仔细分析每个方案的可行性和优缺点,加以比较,从中选取合适的方案。

3) 将系统分解成若干个模块,明确每个模块的功能、各模块之间的连接关系以及信号在各模块之间的流向等等。构建总体方案与框图,清晰地表示系统的工作原理、各单元电路的功能、信号的流向及各单元电路间的关系。

4)本实验的实现方案如图 2-8-1 所示(每一部分对应的电路,其涵盖的知识点)。

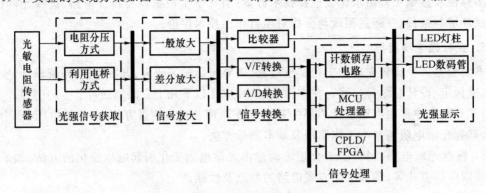

图 2-8-1　光线强弱测量及显示实验系统框图

(2)研究光敏电阻性能,设计放大电路

光敏电阻在不同的光照度下,其对应的电阻值不同,光照度越大,其电阻值越小,所以通过测量电阻的变化就能测量出对应的光照度。可以利用直接分压、电桥等方法,将变化的电阻值转换成变化的电压,根据电压变化范围和放大器输出电压的设计要求,选用合适的放大器并设计相关参数,完成基本要求部分的设计。实验选用的光敏电阻型号为 5516,其电阻值和光照度变化的对应关系见表 2-8-1。

表 2-8-1　光敏电阻 5516 光照度与对应电阻的关系

分挡	光照度/lx	照在光敏电阻后阻值/Ω
1	125～170	1.25～1.3 kΩ
2	240～310	800～900
3	520～680	560～600
4	2 900～3 500	260～290
5	6 800～8 800	170～200
6	14 000～17 000	130～160

(3)针对电压的变化范围,设计分挡显示电路

光强分挡显示电路,就是一个多参考电压的比较器,根据不同的光照度与放大后对应的电压值,设置几个合理的比较器参考电压值,通过比较器输出的高低电压使对应的发光二极管点亮或熄灭。

(4)可变脉宽矩形波发生器的设计

可变脉宽矩形波发生器可以看成是一个压控振荡器或 V/F 转换电路,通过施加不同的控制电压,使输出波形的高电平脉宽发生变化,可以采用运算放大器构成基本矩形波发生器,通过改变同相端的比较电压来实现输出波形高点电平时间的长短;也可以利用 555 定时器构建 V/F 转换电路,因为 555 定时器的第 5 脚电压的变化会使电路的参考电压发生变化,如果在第 5 脚加上一个可变的电压,将导致输出矩形波的脉冲宽度随输入电压的变化而变化,达到设计要求。

（5）计数显示电路的设计

计数电路可以采用通用计数器如 74LS161，所计数值可以通过 BCD 码译码显示电路完成显示。设计时要注意的是：在每次开始计数前计数器要清零，为了显示稳定的计数值，需要对计数数据进行锁存，可以采用一般的数据锁存器如 74LS373 等，也可以用 74LS161 的并行数据输入方式实现锁存功能。

（6）AD 及 MCU/FPGA 最小系统

可以尝试使用后续课程中将要学习的 AD 转换，以及用 MCU/FPGA 构成最小系统来测量、显示的方法，拓展知识，培养自学能力。

（7）测量方法

利用超高亮度 LED，设计制作一套专用测量装置，通过拨动开关调整 LED 流过的电流以控制发光亮度，利用专业光通量测量仪进行参数校正，以该测量装置作为学生实验作品的验收标准。用一个黑色套管，使高亮度 LED 发出的光直接照射到被测作品的光敏电阻上，以确保光敏电阻测量时不受外界其他光源的影响而导致测量误差。

（8）实验拓展

利用光敏电阻自动测量并显示测量值具有一定的代表意义，可以通过选用不同的传感器如热敏电阻、压力应变片等，可以对自然界不同的模拟信号进行采集处理显示，有很强的应用背景，能综合利用数字电路、模拟电路等课程知识，在加深理论知识掌握的同时，加强了学生的系统设计能力，达到学以致用的目的。

7. 实验报告要求

实验报告需要反映以下工作。

（1）实验项目名称。

（2）实验内容及要求。

（3）分析项目的功能与性能指标。

（4）电路设计，包括：

1）电路设计思想，电路结构框图与系统工作原理。

2）各单元电路结构、工作原理、参数计算和元器件选择说明。

3）电路的仿真与优化。

（5）画出完整的电路图，并说明电路的工作原理。

（6）制定实验测量方案。

（7）安装调试，包括：

1）使用的主要仪器和仪表。

2）调试电路的方法和技巧。

3）测试的数据和波形并与设计结果比较分析。

4）调试中出现的故障、原因及排除方法。

（8）总结，包括：

1）阐述设计中遇到的问题、原因分析及解决方法。

2）总结设计电路和方案的优缺点。

3）指出课题的核心及实用价值，提出改进意见和展望。

4）实验的收获和体会。

（9）列出系统需要的元器件清单。

（10）列出参考文献。

8. 考核要求与方法

1）仿真预习：利用仿真软件，完成实验各单元电路的仿真，提交仿真波形及元器件清单。

2）实物验收：功能与性能指标的完成程度，完成时间。

3）实验质量：电路方案的合理性，电路连接质量、布局是否规范合理。

4）自主创新：功能构思、电路设计的创新性，自主思考与独立实践能力。

5）实验成本：是否充分利用实验室已有条件，材料与元器件选择合理性，成本核算与损耗。

6）实验数据：测试数据和测量误差。

7）实验报告：实验报告的规范性与完整性。

9. 项目特色或创新

本项目以日常生活中物理量的测量来提高实验兴趣，通过模块化设计思路构建的实验项目，有效地串接起电路、模拟电路、数字电路等知识，也给后续课程的自学提供了拓展空间，学生在完成实验的同时，达到学以致用的目的，提高了学生的综合设计能力。

实验案例信息表

案例提供单位		东南大学电工电子实验中心		相关专业	电子、信息
设计者姓名		黄慧春	电子邮箱	huanghuichun@seu.edu.cn	
设计者姓名		郑磊	电子邮箱	zhenglei@seu.edu.cn	
相关课程名称		电工电子实践	学生年级	2	学时	6+6
支撑条件	仪器设备	稳压电源、示波器、万用表、函数发生器			
	软件工具	Multisim			
	主要器件	光敏电阻，运放 LM324,555,74161,7400,电阻电容若干			

2-9 宽带放大器设计与制作

1. 实验内容与任务

（1）实验内容

设计并制作一个宽带放大器，其中：输入为双极性正弦信号，峰值电压为 10 mV；输出为单极性正弦信号，峰值电压为 5 V。

（2）实验任务

1）输入阻抗：1 MΩ 或 50 Ω（可选择）；输出负载：50 Ω。

2）电路的工作带宽 BW 为 DC～10 MHz，在 1 MΩ 输入阻抗条件下测试，示波器监视无明显失真。

3）尽可能拓宽电路的工作带宽，BW≥50 MHz。

4）带内增益起伏≤0.5 dB。

5）在完成 3）要求的基础上，在放大器与负载之间适当的位置加入一个截止频率 20 MHz 的低通滤波器，带外衰减速率－40 dB/十倍频。

（3）说明

作品中所有电路必须采用自制电路板（雕刻或蚀刻），不得采用通用电路板或成品电路板。

2. 实验过程及要求

课题设计前的技能准备和专业基础知识准备；方案设计、仿真与讨论；电路板设计与制作；电路焊接与调试；数据测试与分析；总结报告撰写；验收答辩与演讲交流等过程。

1）熟练掌握 TI 公司提供的模拟电路设计仿真软件（Tina-TI、FilterPro）；熟练使用 Protel 99 SE 或者 DXP 电路设计软件。

2）复习有关电路基础、模拟电子线路（如放大器、滤波器）等课程的基础知识；理解课题中放大器的主要参数（如单位增益带宽、压摆率）、滤波器的主要参数（如截止频率、选择性）等；掌握放大器主要指标（如放大倍数、带宽、带内增益起伏等）的测试方法。

3）分析指标要求，选择合适的放大器芯片；完成整体方案设计并用 Tina-TI、FilterPro 软件进行电路仿真，给出满足设计要求的仿真电路、幅频特性曲线等结果；完成测试方案设计、给出测试设备型号等。

4）画出电路原理图和 PCB 版图；给出器件清单，注明封装形式。用实验室的电路板雕刻机或环保型蚀刻制板机完成电路板的制作（制作过程参见设备的使用说明）。

5）注意电路焊接工艺，通电前进行短路、虚焊检测，确保通电安全；根据测试方案搭建测试平台；分析和排除调试过程中遇到的问题；记录各类测试数据。

6）总结报告撰写，具体要求见"实验报告要求"。

7）实验完成后，进行验收答辩与演讲交流，按照设计指标进行验收，并推选 2～3 件优秀作品，学生应简要汇报方案设计思想、电路制作经验并进行作品演示。

3. 相关知识及背景

放大器的应用非常广泛,也是各类竞赛题中经常体现的内容。本课题实验涉及"模拟电子线路"课程中的"运算放大器应用"基础知识,如宽带、增益(可调)、输出电压(或有输出功率要求)、阻抗匹配、失真度、稳定性、低噪声等指标概念,还涉及实现这些指标的芯片选型、制板工艺、稳定性调试、带内增益起伏补偿技巧和测试方法等技术手段和工程实现问题。

4. 教学目的

通过本课题的需求分析、方案设计、制作过程和指标测试,使学生掌握模拟电子系统设计的基本方法和基本步骤,掌握宽带放大器的整体方案设计、高速运放选型和印制板布局布线与接地方式,学会宽带放大器稳定性调试方法和增益起伏补偿技巧,并能够对课题的测试结果作出技术分析。

5. 实验教学与指导

(1) 课题发布,并简要讲解电路仿真软件与印制板设计软件

如简要讲解 Tina-TI、FilterPro 和 Protel 99 SE 设计软件,并进行电路仿真演示,要求学生借阅相关的参考书和设计资料。

(2) 模拟电子系统设计导论讲授

放大器的应用非常广泛,也是各类竞赛题中均包含的内容。本课题实验涉及模拟电子线路中的"模拟运算放大器应用"基础知识。讲授时简要讲解模拟电子系统方法、基本步骤;放大器器件主要指标解析及器件选型,重点讲解放大器宽带、增益(固定或可调)、输出电压(或有输出功率要求)、阻抗匹配、失真、噪声、带内增益起伏等指标;复习基本应用电路及性能分析等内容。

(3) 课题解析与方案设计讨论

讲解课题设计需求,重点讨论以下三点:一是选好合适的芯片,选择一些新型、高性能集成电路能取得事半功倍的效果;二是需要设计好整体方案,包括增益分配(动态范围)、阻抗匹配、带内增益波动、噪声抑制和功率驱动;三是良好的制作工艺,包括布局布线、屏蔽、去耦、接地等。

1) 选好合适的放大器

① 结合实际型号的运放(如 OPA847、OPA695)讲解影响宽带放大器动态性能的两大指标:单位增益带宽积、压摆率等。

② 讲解电压反馈放大器(如 OPA843、OPA847、OPA690)、电流反馈放大器(如 OPA695、THS3091)和去补偿电压反馈放大器(如 OPA843)的概念、型号和选择原则。

本课题设计可供选择的一些新型、高性能集成电路,如 TI 公司的 OPA847、OPA690、OPA695、THS3091、OPA2694、VCA820、VCA822,AD 公司的 AD8321 等器件。

2) 系统方案设计

根据本课题的设计要求,设计时要考虑带宽、增益(固定增益、可调增益、带内波动)、带负载能力、阻抗匹配、降低噪声等因素。

① 增益

一般宽带放大器采用多级放大器实现,典型的设计方案可采用 3 级放大器,也可采用 4 级放大器的方案。当放大器为固定增益时,可选用四级结构来实现,可变增益时,宜选用三级结构。

第一级为前置级,通常增益提供不超过 10 倍(即 20 dB),主要解决低噪宽频放大和输入阻抗匹配问题。注意,前置级的增益必须考虑在较大信号输入时不能出现过载放大。

末级称为输出级,主要解决输出驱动、输出信号变换与幅度、输出电阻抗匹配问题,电压放大倍数控制在 2～8 倍。

中间级介于前置级和输出级之间,主要提供足够的放大增益,由一到两级放大器组成。对于需要提供 100 倍(即 40 dB)以上的固定增益时,为便于方便选型和电路调试,常采用两级结构实现。在可变增益放大电路中,中间级所提供的可变增益应满足动态范围要求。对增益调整的方式有手动、程控二种。增益调整的简单方法就是使用手动调整方案。如选择程控增益解决方案,有两种实现方法,一是采用可程控增益运放;二是采用可程控衰减器。

方案介绍:采用固定增益放大器(THS3201)、可调增益放大器(AD8367)和输出功率放大器(THS3901)构成的三级放大方案。

② 带内增益波动:通过极间阻抗匹配、补偿等方法来解决。

③ 动态范围(增益分配):主要是做好增益分配。

④ 阻抗匹配。

题目要求输入阻抗为 1 MΩ 或 50 Ω 可选,需要在输入和输出端设置阻抗匹配网络;输出负载为 50 Ω,输出端使用压摆率高、电流输出能力较大的电流反馈运算放大器,如 THS3091 等,此种方案可以提供一定的输出电流,利于系统稳定。

3)制作工艺

包括:布局布线、屏蔽、去耦、接地等方法。结合 Protel 99 SE 设计软件,通过典型的宽带放大器 PCB 板版图,讲解宽带放大器的电路布局、屏蔽措施、接地方式等。

4)方案检查与讨论

每位学生结合自己对课题的理解和设计,汇报放大器和滤波器设计方案、原理图,教师和学生共同点评,分析设计方案中存在的不足,提出改进意见。

(4)课题制作与调试指导

1)在 PCB 印制板制作过程中,适时检查学生电路制作工艺:电路布局、布线的合理性和规范性,如布板时采用将器件集中放置,减短信号线长度;接地方式应采用单点接地和多点接地的混合方式,如放大器每一级内部采用就近接地的多点方式,而级间采取地线分割,近似为单点接入电源地,跨接线最大限度实现共地的方式;整个电路板是否大面积铺地等等,以减小分布参数对电路的影响。

2)在调试之前,指导学生根据测试方案,搭建可靠稳定的测试平台,确保测试设备、连接线的正确。针对不同的性能指标,采用合适的测试方法。

3)系统稳定性调试指导

系统的稳定性取决于系统的相位裕量。自激振荡是由于信号在通过运放及反馈回路的过程中附加相移,假如相移接近 180°,则电路产生正反馈。

由于电路工作频率高,运放级数多,且噪声的频谱很宽,所以稳定性易受影响,制作的过程中极易出现自激的现象。如果出现电路不稳定或者出现干扰信号,应指导学生分析不稳定原因、干扰信号的来源并加以验证。指导学生作以下检查。

① 放大器板上运放电源线及数字信号线均加磁珠和电容滤波,磁珠可滤除电流上的毛刺,电容则可滤除较低频率的干扰,它们配合在一起可较好地滤除电路上的串扰。安装时尽量靠近 IC 电源和地。

② 信号耦合用电解电容两端并接高频瓷片电容以避免高频增益下降。

③ 在两个焊接板之间传递模拟信号时用同轴电缆,信号输入输出使用 SMA-BNC 接头以使传输阻抗匹配,并可减少空间电磁波对本电路的干扰,同时避免放大器自激。

④ 采用覆铜板制作印制电路板(PCB),在布板时针对抑制噪声和高频自激,有以下几点措施。

• 采用铜板大面积接地,减小地回路,以吸收高频信号和减小噪声。

- 布线时考虑信号流向,防止级间干扰。
- 信号线尽可能短,减小噪声影响。
- 增益电阻就近接地。
- 电源偏离运算放大器,防止各级形成共阻。
- 减小芯片底部铺铜面积,以消除寄生电容影响。

4)增益起伏补偿技巧

造成通频带内增益起伏的原因有很多,包括放大器本身幅频响应不平坦、多级结构的影响或者布线不够合理及供电电源电压不稳定等,都会导致放大器带内增益平坦度下降。通常情况会出现带内高频增益偏大的现象,这时增加一个低通滤波会使电路更加稳定,同时减弱增益不平坦现象。还可采取以下补偿措施。

① 对各级电路反馈电阻阻值进行精确合理匹配。

② 各级之间串联一个小电阻,隔离后级的杂散电容。

③ 局部多级 RC 滤波,减小波动。

6. 实验原理及方案

(1)宽带放大器芯片选择

本课题设计的关键就是选择一些新型、高性能集成电路,如 TI 公司的 OPA847、OPA690、OPA695、THS3091、OPA2694、VCA820、VCA822,AD 公司的 AD8321 等器件。

宽带放大器芯片一般来说价格比较昂贵,建议在课题制作之前,向 TI 公司或 ADI 公司申请样片。

(2)宽带放大器组成框图

本课题的增益为 500 倍,并没有对增益可调作出要求,但考虑到放大器性能的扩展,其组成框图及各级增益分配如图 2-9-1、图 2-9-2 所示。

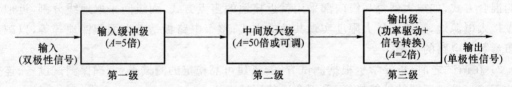

图 2-9-1 三级放大器组成框图

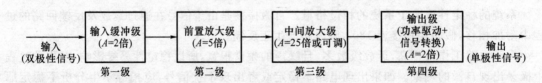

图 2-9-2 四级放大器组成框图

下面给出几种放大器性能扩展的实现方案,供参考。

方案一:采用固定增益放大器(THS3201)、可调增益放大器(AD8367)和输出功率放大器(THS3901)构成的三级放大方案。

方案二:采用固定增益放大器(OPA843)、前置放大器(OPA847)、压控增益放大器(VCA821)和输出功率放大器(AD8009、THS3201)构成的四级放大方案。

方案三:采用电压反馈放大器 OPA846、OPA847、OPA657、OPA690 等电压放大器,该系列的运算放大器的增益带宽积很高,需要仔细设计 PCB 电路板。

方案四:采用电流反馈放大器 OPA691,OPA2694、OPA2695、THS3201,构成四级放大器。

方案五:选择低噪输入级 OPA690,第二级也为 OPA690,第三放大级 OPA847,输出驱动级 THS3091。

（3）输出级电路设计

建议使用压摆率高、电流输出能力较大的电流反馈运算放大器,如 THS3091 等。此种方案可以提供一定的输出电流,有利于系统稳定。注意,本题的输出信号是单极性信号,因而输出级还需要具有电平转换功能,可采用加法器电路实现。

（4）印制板制作

需要注意以下几点:

1）用 Protel 99 SE 或者 DXP 画出电原理图,应给出器件清单,注明封装形式。

2）画出电路的 PCB,应注意:电路布局、屏蔽措施、接地方式等;所有选用器件(含阻容器件)全部采用贴片封装形式,信号接入、接出及测试点均要采用 BNC 接插件。

3）用实验室的电路板雕刻机或环保型蚀刻制板机完成电路板的制作(制作过程参见设备的使用说明);如果时间允许,可送至专门厂家加工。

（5）放大器的调试与测试

1）步骤一:根据测试设备,搭建测试平台,并进行测试仪表的校对。

利用示波器可以测量电压、频率、噪声等物理量。由于本实验的信号频率达到几十兆赫至上百兆赫以上,应选用能测量高频信号的示波器探头,所有测试线均选用高频特性比较好的铜轴电缆线,以减小测试线的分布参数对测试结果的影响。设置好示波器的各种开关或旋钮;调整函数信号发生器的输入频率及输出幅值,将信号直接加到示波器的测试通道上,并观察和记录示波器所显示的信号频率值及幅值,填入测试仪表的校对数据表,见表 2-9-1,分析分布参数对测试结果的影响。

表 2-9-1　测试仪表的校对数据表

测试条件:$U_i=1$ V　$R_i=50$ Ω　$R_L=50$ Ω			
f/Hz	U_i/V	U_o/V	实测误差
100k			
300k			
500k			
1M			
20M			
40M			
50M			
70M			
80M			
100M			
120M			

2）步骤二:采用点频法测量幅频特性

将电路连接起来,输出级加上 50 Ω 负载,然后进行整机测试。通过预留输出端子,测量负载电阻值为 50 Ω,然后调整函数信号发生器的输入频率及输出幅值,在示波器上观察得出放大器输出电压有效值,通过计算绘制幅频特性曲线。在某一固定频率点,调节滑动变阻器阻值,观察输入电压值的变化情况。将输入端短接,测量输出噪声峰峰值。

幅频特性测量过程:采用点频法测试放大器的幅频特性。注意:由于函数信号发生器的输出信号幅值会随频率的变化而出现变动,因此,每次改变信号源的频率后,需要将信号源直接接至示波器上,校准信号源的输出幅度,以确保加到放大器输入端上的信号幅值为定值。性能参数测试数据表见表 2-9-2。

3) 步骤三:根据性能参数测试数据表,分析幅频特性曲线,找出增益起伏随频率变化的规律和增益起伏补偿的办法。

说明:宽带放大器的调试工作是一个反复的过程,需要不断摸索、不断积累经验。如果输入信号频率加大至几十兆赫后,放大器出现不稳定或自激振荡,需要分析其中原因,找到消除自激振荡的解决方法。

表 2-9-2　性能参数测试数据表

测试条件: $U_i = 100$ mV　$R_i = 50\ \Omega$　$R_L = 50\ \Omega$

f/Hz	U_i/mV	U_o/mV	实测增益/dB	ΔAv
0k				
10k				
20k				
50k				
100k				
300k				
500k				
1M				
20M				
40M				
50M				
70M				
80M				
100M				
120M				

7. 实验报告要求

(1) 内容要求

主要包括课题名称、学生信息、摘要、关键词、实验需求分析、实现方案论证、理论与设计仿真分析、电路参数选择、电路制作过程、测试方案及数据测量记录、数据处理分析、实验结果总结、参考文献、附件(电路原理图、PCB 图)等。

(2) 格式要求

所有文档均以 Microsoft Word 中文版录入。正文的字号用五号字,将行距设置成 1.5 倍行距。交纸质打印稿和电子稿。

所有文中图和表要先有说明再有图表。图要清晰,并应与文中的叙述一致,对图中内容的说明尽量放在文中。

图序号及名称为小五号宋体,居中排于图的正下方;表序号及名称为小五号黑体,居中排于表的正上方;图和表中的文字为六号宋体。

(3) 版式要求

标题可分为以下几级,可跨级使用。

一级标题:二号黑体,居中占五行。论文名称二级标题：小二号宋体，居中占三行。　　　1.　　　2.

三级标题：三号黑体，顶格占二行。　　　(1)　　　(2)

四级标题：四号粗楷体，顶格占一行。　　　1)　　　2)

五级标题：五号黑体，顶格占一行。　　　　①　　　②

8. 考核要求与方法

考核方式：采用平时过程考核与作品测试考核相结合的方式。

课程成绩：作品性能（50％）＋制作工艺（10％）＋实验报告（20％）＋平时表现（20％）

课题制作情况记录表见表 2-9-3。

表 2-9-3　课题制作情况记录表

姓名：＿＿＿＿＿　学号：＿＿＿＿＿＿＿＿

考核内容		满分标准	实际情况	成　绩
平时表现（20％）	Tina-TI,FilterPro 应用水平	熟练		
	Protel 99 SE 或者 DXP 应用水平	熟练		
	PCB 板制作过程	自主、认真		
	测试设备使用水平	正确、熟练		
	指标测试方法	正确、合理		
	实验室工作作风	严谨		
	实验积极性、主动性	强		
	阶段性工作进度与排名　方案设计与仿真			
	阶段性工作进度与排名　PCB 板制作			
	阶段性工作进度与排名　指标测试			
制作工艺（10％）	布局、布线和接地方式	合理		
	焊接质量	焊点饱满		
作品性能（50％）	选用放大器的型号和数量			
	输入阻抗、输出负载	符合要求		
	输出电压	5 V		
	增益	50		
	带宽	≥50 MHz		
	带内平坦度	≤0.5 dB		
	滤波器中心频率	20 MHz		
	滤波器衰减速率	−40 dB/十倍频		
	其他（进一步提高性能指标的措施）			
实验报告（20％）	内容正确、要素齐全	正确、齐全		
	测试数据真实、分析合理	真实、合理		
	格式、板式规范	规范		
	心得体会	真实		
总评				

9. 项目特色或创新

1）体现了电子技术（如放大器芯片）的技术发展趋势，强调工程实际应用背景。

2）层次性好，课题上手容易，但整体完全实现有一定难度。

3）弥补了模拟电路类实验缺少高频段项目的不足。

4）具有推动实验教学改革、提升实验室建设水平的作用。

实验案例信息表

案例提供单位	解放军理工大学通信工程学院电子技术教研中心		相关专业	电子工程、通信工程
设计者姓名	潘克修	电子邮箱	kxpan@sina.com	
设计者姓名	徐志军	电子邮箱		
设计者姓名	徐光辉	电子邮箱	guanghuixu@seu.edu.cn	
相关课程名称	电子系统设计与制作	学生年级	3	学时 20/60
支撑条件	仪器设备	直流稳压电源、双踪示波器、数字合成函数信号发生器、万用表		
	软件工具	Tina-TI、FilterPro 和 Protel 99 SE 等		
	主要器件	TI公司 OPA847、OPA690、OPA695、THS3091、OPA2694、VCA820、VCA822；AD公司 AD8321		

2-10 压控函数发生器

1. 实验内容与任务

根据不同层次要求,学生应选择完成以下实验内容。

1) 设计一个压控函数发生器,可以输出方波、三角波、正弦波三种波形。

2) 输出信号频率在 100 Hz~5 kHz 范围内连续可调。

3) 输出信号峰值电压在 10 mV~10 V 范围内连续可调。

4) 最大幅度输出时,方波信号的上升时间 $t_r < 20$ μs。

2. 实验过程及要求

根据不同层次要求,学生应完成以下全部或部分实验及要求。

1) 查阅相关资料,学习压控函数发生器的工作原理,分析各单元电路,画出系统框图。

2) 计算分析各单元电路工作电压要求,综合考虑系统统一供电问题,确定系统电路的供电方式和供电电压。

3) 设计一个直流电压产生电路,产生连续可调直流电压信号作为系统的输入信号,用来调节系统信号的输出频率。设计实验电路时应考虑输出电压的带载能力。

4) 设计极性变换电路,将前级输出的连续可调直流电压信号转换成方波信号输出。

5) 用集成运放设计一个反相线性积分器,对前级输出的方波信号进行线性积分,以得到后级电路需要的三角波信号。

6) 用集成运放设计一个反相输入的迟滞比较器,将前级输出的三角波信号转换成方波信号输出。设计实验电路时,应考虑输出方波信号的对称性以及压控函数发生器反馈控制信号的需要,注意保证系统输出信号频率的统一性。

7) 用三极管设计一个恒流源负载射极耦合差分放大电路,利用差分放大器电压传输特性曲线的非线性特性,将前级电路输出的三角波信号转换成正弦波信号输出。

8) 调节第一级连续可调直流电压信号,测试系统输出信号的频率范围,分析系统响应时间对系统输出信号频率的影响。

9) 设计一个多路输入分时复用增益连续可调放大电路,将前级电路产生的方波、三角波、正弦波信号分时输入,实现输出信号峰值电压在 10 mV~10 V 范围内连续可调。

3. 相关知识及背景

压控函数发生器是模拟电子技术实验中一个比较综合的系统设计性实验项目,实验内容涵盖电压跟随器、反相放大器、同相放大器、反相积分器、迟滞比较器、差分放大器等多种基本单元电路,是一个综合运用模拟电子技术基础知识解决实际问题的典型案例之一。具体包括电路参数计算、器件选型、两级电路之间的匹配、信号放大、线性积分、反馈控制、电压钳位、信号非线性变换、信号动态范围、元器件参数选择等多种工程实际问题。

4. 教学目的

1）通过实验预习,查阅相关文献资料,培养学生文献检索能力。

2）通过具体的系统电路设计,帮助学生学习系统设计概念和系统设计方法。

3）通过实际电路的参数计算和器件选型,提高学生理论联系实际的实践动手能力。

4）通过介绍系统电路中涉及的阻抗匹配、电压匹配、信号动态范围、技术指标、测量精度等工程设计概念,帮助学生初步掌握电子行业工程设计方面的专业知识。

5）通过学生自由组队实验,培养学生团队合作精神和人际交往能力。

6）部分学生通过申优答辩,可以锻炼语言表达能力和应变能力。

5. 实验教学与指导

压控函数发生器是一个完整的电子系统,内容涵盖模拟电子技术很多方面的知识点,实验过程涉及方案论证、系统设计、电路设计、电路调试、系统优化、电路改进等实验步骤。在实验教学过程中,应在以下几个方面加强对学生进行指导。

1）在实验过程中,提醒学生注意系统电压和参考电压的品质对系统技术指标、电路稳定性和可靠性的影响。

2）压控函数发生器的核心内容是压控振荡器,压控振荡器的关键是反馈控制信号。压控函数发生器输出信号的频率范围是由反馈控制信号的频率决定的。

3）恒流源负载射极耦合差分放大器电压传输特性曲线的线性区很窄,如图 2-10-1 所示。利用差分放大器电压传输特性曲线的非线性特性,可以将输入动态范围满足设计要求的三角波信号转换成正弦波信号输出。

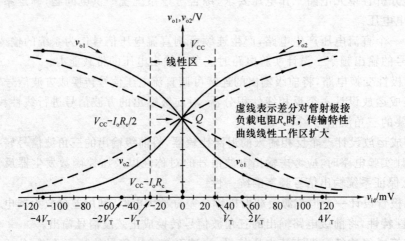

图 2-10-1　射极耦合差分放大器电压传输特性曲线

4）选用集成运放时,需指导学生查阅生产厂家提供的产品技术资料。

5）集成芯片产品技术资料免费下载网址:http://www.alldatasheet.com/。

6）介绍常用器件的标称值,帮助学生根据理论计算值和器件标称值选用合适的器件。

7）指导学生正确使用实验室可以提供的仪器设备对实验电路进行调试、测试和纠错。

8）组织学生申优答辩,分享电路调试经验,拓宽学生的知识面。

6. 实验原理及方案

（1）系统结构

压控函数发生器系统框图如图 2-10-2 所示。

（2）实现方案

压控函数发生器是一个完整的电子系统，设计电路时，应分步逐级进行。在前几级单元电路的调试过程中，需提示学生先用函数发生器模拟产生反馈控制信号 V_{o6}。

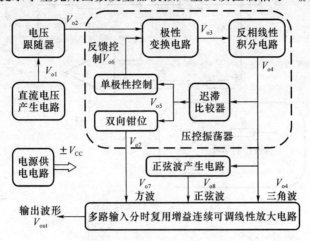

图 2-10-2　压控函数发生器系统框图

1）连续可调直流电压产生电路

在图 2-10-3 所示连续可调直流电压产生电路的输出端，为保证输出负载能力，加了一级电压跟随器。输出电压 $V_{o2}=V_{o1}=\dfrac{V_{CC}}{R_1+R_{W1}}R_{W1b}$。

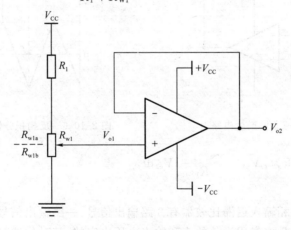

图 2-10-3　连续可调直流电压产生电路

2）极性变换电路

在图 2-10-4 所示的极性变换电路中，取 $R_3=R_4$，则

当控制电压 V_{o6} 为低电平时，$V_{o3}=-\dfrac{R_4}{R_3}\cdot V_{o2}+\left(1+\dfrac{R_4}{R_3}\right)\cdot V_{o2}=V_{o2}$。

当控制电压 V_{o6} 为高电平时，$V_{o3}=-\dfrac{R_4}{R_3}\cdot V_{o2}=-V_{o2}$。

由前面的分析可知：只要在控制端 V_{o6} 上施加高低电平时间相等的控制信号，就可以将连续可调直流电压信号转换成输出幅度连续可调的方波信号输出。

3）反相积分器

设计反相积分器时，应注意输入电压、积分时间、积分速率对输出电压的影响，计算积分输

93

出电压范围是否满足电路设计要求。三角波产生电路如图 2-10-5 所示。当输入电压 V_{o3} 为方波信号时,积分电路输入、输出波形如图 2-10-6 所示。

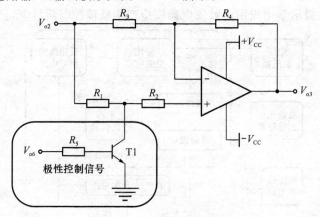

图 2-10-4　极性变换电路

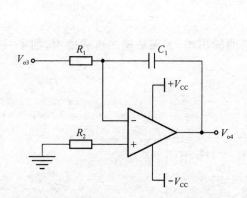

图 2-10-5　三角波产生电路

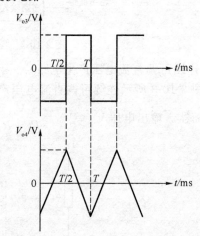

图 2-10-6　反相积分器输入输出波形

积分器的输出电压为: $V_{o4} = -\dfrac{1}{R_1 C_1} \displaystyle\int V_{o3} \, \mathrm{d}t$。

4)迟滞比较器

图 2-10-7 所示反相输入迟滞比较器有 3 路输出信号:一路输出信号是集成运放直接输出的 V_{o5},V_{o5} 的输出幅度是由集成运放的饱和输出电压决定的,其对称性与所选集成运放的型号有关;另一路输出信号是经二极管单向处理后的输出信号 V_{o6},使用不同频率特性的二极管 D1 会影响控制信号 V_{o6} 的波形;还有一路输出信号是经双向稳压管 2DW232 处理后的输出信号 V_{o7},经双向稳压管钳位处理后的输出信号 V_{o7} 应该是电压幅值正负对称的方波信号。

5)正弦波产生电路

正弦波产生电路可以用差分放大器来实现,如图 2-10-8 所示。用差分放大器将三角波转换成正弦波的难点是电路器件参数的选择、静态工作点的设定以及输入信号动态范围的控制。

6)多路输入增益连续可调线性放大电路

增益连续可调线性放大电路(如图 2-10-9 所示)有 3 路输入信号:方波、三角波、正弦波。设计要求不同波形不能同时输入,应分时复用同一个放大电路。电路中多路选择开关属于拓展设计要求的实验内容,有精力的学生可以将多路选择开关设计成数控多路选择开关。

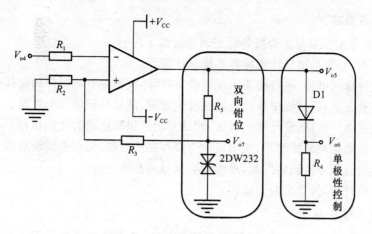

图 2-10-7 频率控制信号产生电路

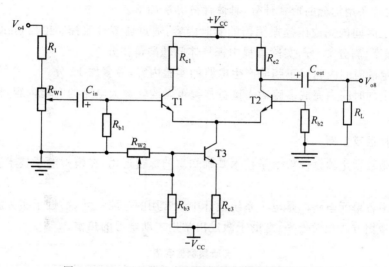

图 2-10-8 用差分放大电路实现的正弦波产生电路

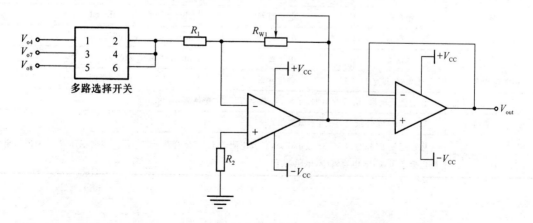

图 2-10-9 多路输入增益连续可调线性放大电路

（3）优化实验电路

学生应根据自己设计的实验电路和实验结果，提出更加合理的系统设计方案，详细列出实验电路的具体改进措施。

7. 实验报告要求

本实验要求学生在书写实验报告时必须包含以下内容。

1）实验预习，明确系统设计指标和系统设计框图。

2）逐级设计单元电路，进行必要的理论推导计算，说明主要元器件的选择依据。

3）设计实验方法，逐级测试单元电路的性能指标，测试并记录实验数据。

4）逐级级联单元电路，设计测试方法，测试并记录级联电路的性能指标。

5）分析实验数据和测试波形，找出实验电路存在的问题，提出电路改进措施。

6）记录实验过程中遇到的问题，思考解决问题的办法。

7）总结实验过程，分享实验经验。

8. 考核要求与方法

本实验采用实验过程考核方式，层次化计分办法，基本实验内容采用扣分的形式计分，提高拓展实验内容采用加分的形式计分，具体评分办法如下。

1）在规定时间内完成压控振荡器的实验内容，通过调节直流控制电压可以改变方波、三角波的输出频率，满分 70 分，实验过程中视具体问题酌情扣分。

2）在规定的时间内完成正弦波产生电路的实验内容，最多加 15 分。

3）在规定的时间内完成多路输入增益连续可调线性放大电路的实验内容，并参加评优答辩，最多加 15 分。

9. 项目特色或创新

1）压控函数发生器是模拟电子技术基础知识的综合运用，在模拟电子技术应用实验中具有代表性。

2）实验中各单元电路都是电子系统设计中最常用的电路单元，贴近于实际应用。

3）实验考核方式相对公平，有助于激发出学生主动学习的热情。

实验案例信息表

案例提供单位	大连理工大学电信与电气工程学部电工电子实验中心		相关专业	电气、电子信息、自动化、计算机	
设计者姓名	程春雨	电子邮箱	chengchy@dlut.edu.cn		
设计者姓名	吴雅楠	电子邮箱	wuyanan929@163.com		
设计者姓名	林秋华	电子邮箱	qhlin@dlut.edu.cn		
相关课程名称	电子线路（模电）	学生年级	2	学时	12
支撑条件	仪器设备	直流稳压电源、信号发生器、示波器、数字万用表、毫伏表			
	软件工具	Multisim（课外预习，课内不做要求）			
	主要器件	集成运放 LM324、LM358 或 μA741，可调电阻若干，三极管若干，二极管，双向稳压管 2DW232，电解电容若干，CBB 电容若干，电阻若干			

2-11 脉冲磁场发生器

1. 实验内容与任务

（1）实验内容

设计脉冲磁场发生器，实现双路脉冲产生、充放电交替进行、充放电电流测量，进而实现脉冲磁场吸引铁屑功能。

（2）预备实验

搭建如图 2-11-1 所示简易脉冲磁场发生器电路，其中，E 为 12 V 直流电源，L 为电感值为 1 mH 的电磁铁，C 为 470 μF 电容，R_1、R_2 为电阻。设计并选择合适的 R_1、R_2，确保电容充电过程合理以及电磁铁通过 1 A 电流。观察电感放电阶段电磁铁吸引铁屑现象。

（3）基础要求

完成脉冲磁场发生器的控制及驱动电路设计。设计一个双路脉冲信号发生电路，幅值 0～5 V，频率 4 Hz，占空比 30%，两路脉冲信号时间差 50 ms（提示：采用三角波产生电路及比较器）；设计一个三极管电路，实现驱动固态继电器功能，输入电压 0～3 V（为双路脉冲信号发生电路输出），电源电压 12 V，电流 1.2 mA；按图 2-11-2 所示脉冲磁场发生器主电路接线，其中，K_1、K_2 为固态继电器，E 为 12 V 直流电源，C 为 470 μF 电容，L 为磁系，R_1、R_2 为电阻。观察磁系按固定频率吸引铁屑现象。

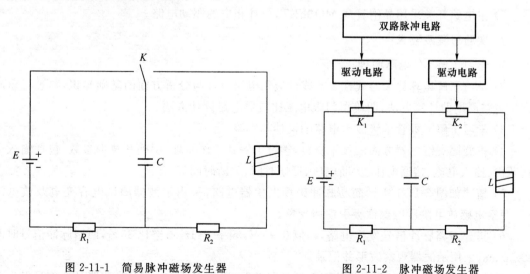

图 2-11-1 简易脉冲磁场发生器   图 2-11-2 脉冲磁场发生器

（4）功能扩展

1）设计充放电电流测量电路。设计运放电路将充放电电路电阻电压信号进行放大、滤波及必要的换算，可采用模拟表盘显示电压或电路，也可设计单片机电路进行 A/D 转换，进而进行数码管或液晶显示。

2）研究群脉冲磁场发生器。由单片机产生双路脉冲信号,脉冲串周期 1 s,前半个周期（前 500 ms）为 5 个占空比为 30％的脉冲信号,后半个周期为低电平信号。两路脉冲信号时间差 50 ms,如图 2-11-3 所示。

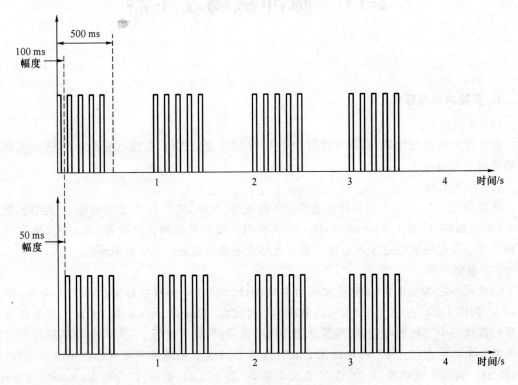

图 2-11-3　群脉冲信号示意图

3）主电路开关采用晶闸管或 MOSFET,设计相应的驱动电路。

2. 实验过程及要求

1）学习了解 LC 电路原理。

2）学习了解运算放大器线性及非线性应用电路设计与分析方面的基础知识,熟悉三角波产生电路周期的计算方法,明确单门限电压比较器电路设计方法。

3）学习了解三极管单级放大电路的设计与实验。

4）查阅固态继电器方面的技术资料,学习了解其工作原理,明确其技术参数,包括输入电压范围、输入电流、接通电压、关断电压、接通时间、关断时间等。

5）搭建如图 2-11-1 所示简易脉冲磁场发生器电路,采用示波器测试电容充电及放电波形,观察电感放电阶段电磁铁吸引铁屑现象。

6）搭建双路脉冲信号发生电路,幅值 0～5 V,频率 4 Hz,占空比 30％,两路脉冲信号时间差 50 ms,采用示波器观察波形并记录。

7）搭建三极管电路,实现驱动固态继电器功能,输入电压 0～3 V（为双路脉冲信号发生电路输出）,电源电压 12 V,电流 1.2 mA,采用万用表测试数据并记录,观察固态继电器通断情况。

8）按图 2-11-2 所示脉冲磁场发生器接线,采用示波器测量磁系回路放电电流波形,观察磁系按固定频率吸引铁屑现象。

9）功能扩展部分在电子技术综合设计课程中完成。

3. 相关知识及背景

这是一个利用电路理论、模拟或者数字电子技术解决工程实际问题的典型案例,需要运用三角波产生电路、单门限电压比较器电路、LC 电路、三极管电流放大电路、固态继电器等相关知识。脉冲磁场发生器可用于医疗电子、矿物加工等领域。

4. 教学目的

1）调动学生的学习兴趣,培养学生的创新能力。

2）巩固 LC 电路、三极管放大电路、运算放大器线性及非线性应用电路等知识。

3）提高学生电子系统设计水平、硬件设计安装调试的水平、设计研究水平以及撰写设计报告的能力。

5. 实验教学与指导

实验注重吸引学生的兴趣,调动学生的主动性,教师发挥指导和必要的帮助作用。本实验的过程是一个比较完整的工程实践过程,需要经历学习研究、方案设计、实现调试、设计总结等过程。

（1）资料查找

内容:引导学生利用网络、资料室、图书馆等各种渠道搜集资料。比如百度搜索、技术论坛、期刊等。

目标:认真分析脉冲磁场发生器的设计指标和参数。了解 LC 电路的特点及测试方法、运算放大器线性及非线性应用电路设计与分析方面的基础知识、三角波产生电路周期的计算方法、单门限电压比较器电路设计方法、固态继电器的工作原理及技术参数(包括输入电压范围、输入电流、接通电压、关断电压、接通时间、关断时间等)。

（2）方案设计

内容:引导学生采用自顶向下的设计方法,根据实验内容将实验分成脉冲信号产生电路、驱动电路、主电路、测试电路等四个部分进行设计,分别对各部分进行深入分析及必要的仿真,确保可行性。在查阅资料及分析论证的基础上,明确实验步骤及测试方法。要求学生明确各回路间关系,测试时的接地等细节问题。

目标:分析实验指标要求,得到具体实验电路、实验方法。

（3）实验研究

内容:实验以模电实验箱为主,部分电路可采用万能板对部分电路进行焊接。要求学生逐级进行调试,故障排查以学生为主体,教师提供必要的思路引导。实验结束后,鼓励学生进行交流,了解不同解决方案及其特点,拓宽知识面。

目标:提高操作能力及故障排查能力。

（4）实验数据

内容:要求学生通过记录、拍照等方式记录仿真结果、测试结果、故障处理情况及实验现象,使学生认识到数据记录在实验调试和问题分析中的重要作用。

目标:养成良好的数据记录习惯,进一步提高分析解决问题能力。

（5）实验报告

内容:包括方案论证、电路设计与参数选择、实验步骤、实验数据、实验结果等。

目标:形成实验报告。

6. 实验原理及方案

（1）实验的基本原理

1）主电路包括电容充电回路与电容电感放电回路

脉冲磁场发生器利用电容器储存电能,然后通过线圈放电,流过线圈的脉冲电流产生脉冲磁场。本实验中,通过所设计的脉冲发生电路会不断地发出两路相反的脉冲,控制着固态继电器的通断,进而控制电容的自动充放电过程。LC 电路运用了电容和电感的储能特性,让电磁两种能量交替转化,也就是说电能跟磁能都会有一个最大最小值,也就有了振荡。实验中,由于电子元件都会有损耗,能量在电容和电感之间互相转化的过程中要么被损耗,要么泄漏出外部,能量会不断减小。

2）双路脉冲产生电路可由三角波发生电路与单门限电压比较器实现

图 2-11-4 所示的三角波发生电路中,虚线左边为同相输入滞回比较器,右边为积分运算电路。滞回比较器输出为方波,作为积分运算器的输入波形;积分运算电路输出端,波形显示应为三角波。

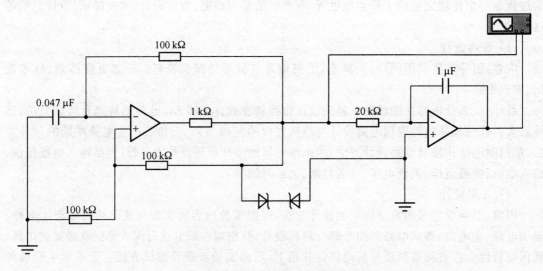

图 2-11-4　三角波发生电路仿真电路

电压比较器是用来比较两个输入电压的大小,据此决定其输出为高电平还是低电平。图 2-11-5 所示为反相电压比较器电路,参考电压加于运放的反相端,可以是正值或负值,而输入信号加于运放的反相端。

电子技术综合设计课程中,双路脉冲产生电路还可以由数字逻辑电路产生,或者单片机产生。

3）开关由固态继电器及其三极管驱动电路实现

固态继电器也称作固态开关,是一种由固态电子组成的新型电子开关器件,集光电耦合、大功率双向晶闸管及触发电路、阻容吸收回路于一

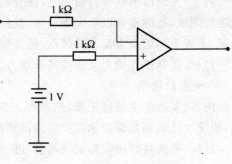

图 2-11-5　单门限电压比较器

体,用来代替传统的电磁式继电器。用三极管驱动电路来使电流达到固态继电器动作电流,常用的驱动电路如图 2-11-6 所示。

电子技术综合设计课程中,主电路开关可以采用 MOSFET 或晶闸管,需要设计相应的驱动电路。

（2）完成实验任务的思路方法,可能采用的技术、电路、器件

三角波产生电路常用的是方波—三角波电路实现,采用矩形波电路＋积分电路实现亦可。单门限电压比较器可选择成熟电路实现,进而产生双路脉冲信号。双路脉冲信号产生电路也可以采用单片机电路实现。

固态继电器驱动电路的最低电流应不低于其二次回路要求电流。

三极管及运算放大器型号的选择无特殊要求。

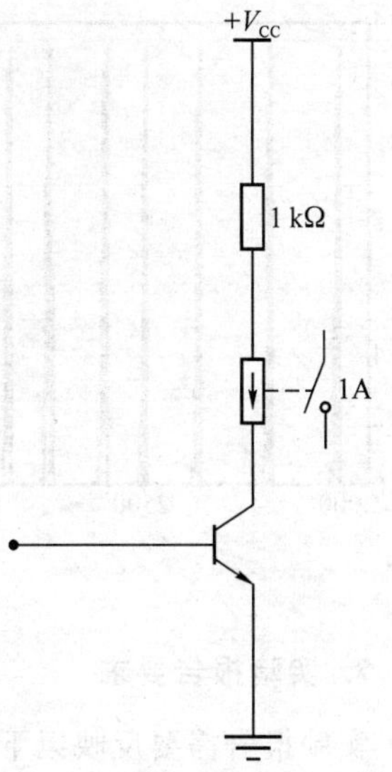

电子技术综合设计课程中,要求设计充放电电流测量电路。设计运放电路将充放电电路电阻电压信号进行放大、滤波及必要的换算,可采用模拟表盘显示电压或电路,也可设计单片机电路进行 A/D 转换,进而进行数码管或液晶显示。

（3）仿真及实验情况

仿真及实验情况如图 2-11-7、图 2-11-8、图 2-11-9 所示。

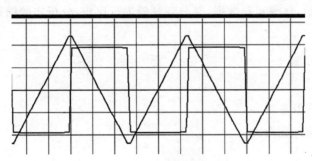

图 2-11-7　方波及三角波信号仿真波形

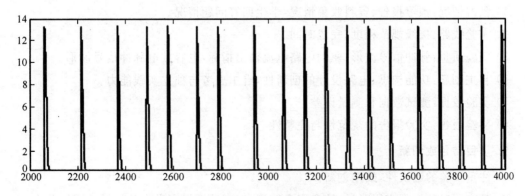

图 2-11-8　电容充电仿真波形

图 2-11-6　固态继电器驱动电路

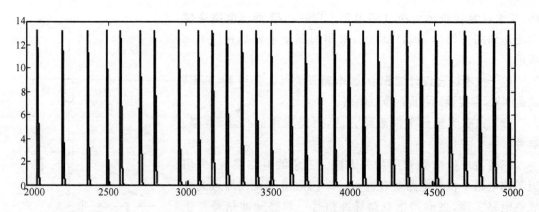

图 2-11-9 电容对电感线圈放电仿真波形

7. 实验报告要求

实验报告需要反映以下工作。

1）实现方案论证：通过查阅资料介绍各功能模块，并进行必要的论述。

2）电路设计与参数选择：完成各功能模块电路结构设计，根据指标要求选择元器件并计算出参数。

3）实验步骤：总结并记录实验步骤及调试情况。

4）实验数据记录：设计表格并记录实验数据、波形。

5）实验结果总结：整理实验数据，并与理论值进行比较，分析实验结果，总结实验收获与心得。

8. 考核要求与方法

（1）考核要求

1）基本实验技能及素质。

2）独立分析解决问题能力。

3）创新精神。

（2）考核方法

1）预习情况：预习报告、资料收集情况，学生回答问题情况。

2）实验线路：接线规范程度，完成时间。

3）实验质量：脉冲信号波形，驱动电路电流输出指标，电容放电脉冲信号波形。

4）自主创新：功能构思、电路设计的创新性，自主思考与独立实践能力。

5）实验数据：测试数据和测量误差。

6）实验报告：实验报告的规范性与完整性。

9. 项目特色或创新

1）注重实验的层次性，鼓励创新。

2）具有明确的工程应用背景，综合多个知识点，有助于提高学生的设计及研究能力。

3）具有一定趣味性，可调动学生学习兴趣。

实验案例信息表

案例提供单位		中国矿业大学信电学院	相关专业	电气、信息、自动化、电子科学与技术
设计者姓名		许燕青	电子邮箱	xyq64@163.com
设计者姓名		马草原	电子邮箱	mcycumt@139.com
设计者姓名		狄京	电子邮箱	
相关课程名称		模拟电子技术	学生年级	2	学时	4＋4
支撑条件	仪器设备	万用表、示波器、电烙铁、调压器、直流电源
	软件工具	EWB、Multisim、Proteus
	主要器件	电阻、电容、电磁装置、二极管、三极管、单片机、固态继电器

2-12 无线电能传输实验

1. 实验内容与任务

1) 以 LED 灯为负载，设计一个能够实现无线电能传输的实验装置，无线传输的距离不小于 5 cm，传输效率不小于 70%，传输功率 2 W 以上。

2) 自行设计振荡电路和放大电路，选择合适的振荡频率，以提高发射距离和传输效率。

3) 固定无线电能传输实验装置的发射线圈和接收线圈之间的距离，改变发射频率，观察 LED 灯亮度的变化，计算 LED 灯的功率，制定表格，记录数据，绘出频率和功率之间的关系。

4) 固定无线电能传输实验装置的发射频率，改变发射线圈和接收线圈的距离，观察 LED 灯亮度的变化，计算 LED 灯的功率，制定表格，记录数据，绘出距离和功率之间的关系。

5) 根据实验中观察到的现象，总结无线电能传输中的传输效率和传输距离之间的关系，传输效率和频率之间的关系，绘图说明。

6) 根据实验数据，说明如何能够获得最大的传输距离和最大的传输效率。

7) 通过查阅资料举例说明无线电能传输技术的应用领域和发展前景以及存在的问题。

2. 实验过程及要求

1) 了解无线电能的传输形式有哪些、目前有哪些应用领域、无线电能传输的优点和实际应用中所需解决的问题。

2) 学习振荡电路的实现方法以及改变频率的方法。

3) 学习放大电路以及功率放大电路。

4) 学习场效应管及其放大电路。

5) 学习了解整流电路及滤波电路。

6) 学习线圈的绕制方法以及线圈电感的测量方法。

7) 学习 LC 谐振电路及其实现方法，谐振电路的特征。

8) 学习 PCB 电路板的设计与制作方法。

9) 学习元器件的焊接方法。

10) 学习电路的综合调试方法。

11) 撰写设计总结报告，分析实验结果，讨论实验过程中遇到的问题及解决办法，并通过分组演讲，学习交流不同解决方案的特点。

3. 相关知识及背景

最近，多家公司已经生产出无线充电的手机、MP3、便携式电脑、电动汽车等，可以看到无线电能传输正逐渐成为未来发展的一个方向。为了使学生了解无线电能传输的最新科技发展，牢固掌握所学专业知识，笔者设计了无线电能传输的实验案例，这是一个运用数字和模拟电子技术解决现实生活和工程实际问题的典型案例。

4. 教学目的

在较为完整的工程项目实现过程中引导学生了解无线电能传输的方式、振荡电路的实现方法，放大电路的设计及场效应管的选择以及使用中需要注意的事项、电路实现方法的多样性及根据工程需求比较选择技术方案。

5．实验教学与指导

本实验是一个比较完整的工程实践工程,需要经历学习研究、方案论证、系统设计、实现调试、测试标定、设计总结等过程。在实验教学中,学生需要了解以下内容。

无线能量传输(WPT)技术,又称无接触能量传输(Contactless Power Transmission, CPT)技术,即以非接触的无线方式实现电源与用电设备之间的能量传输。该技术由著名电气工程师(物理学家)尼古拉·特斯拉(Nikola Tesla)早在1890年提出。

目前无线电能传输的形式分为三类:

第一类是电磁感应类即应用电磁感应现象,使输出端与输入端互感,从而将输出端的磁场变化传递给输入端,根据法拉第电磁感应定律,输入端会产生相应的感应电动势。由于电磁场的传播是无须介质的,因而输出端与输入端之间可不通过任何介质连接,即实现"无线"。

第二类是电磁波类即通过电磁波传输能量、电力或信息。波是携带能量的,电磁波也是如此,且无须任何介质即可传播能量。这样,信息或能量便可无须介质地由一方传送到另一方,无线网络便是利用电磁波传送的典型例子。

第三类是电磁谐振耦合类。谐振是自然界极为普遍的现象,电磁场亦可产生谐振。在电磁场谐振时,能量的交换只会发生在振动频率相同的两个电磁场间,而频率不一致的电磁场则不会交换能量。在此类中实现无线传输电力的关键在于磁场耦合谐振器,此谐振器应为具备电感、电容(LC振荡,如图 2-12-1 所示)特性的天线。在传送器和接收器上,各自安装上谐振体,并对传送器注入能量。当传送器与接收器开始谐振时,传送器的能量减少,接收器的能量增加。等到传送器的能量用尽,则谐振停止。由于场的传播是无须介质的,因此利用电磁谐振耦合可实现无线输电,且利用谐振,传播效率较前两类高,如图 2-12-2 所示。

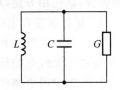

图 2-12-1 LC 振荡电路

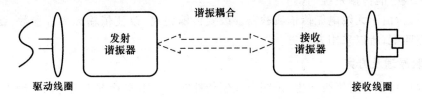

图 2-12-2 谐振耦合示意图

电磁感应、电磁波、谐振耦合三种无线电能传输方式的比较见表 2-12-1。

表 2-12-1 三种无线电能传输的比较

	电磁感应	电磁波	谐振耦合
输出能量	几瓦至几百千瓦	几十毫瓦	最大几千瓦
有效距离	≤1 cm	几米范围	几米范围
控制水平	实现和控制都很简单	实现困难控制简单	实现和控制都很困难
安全系数	取决于环境条件和技术手段		
便利性	可接受水平	最为便利	一般水平

通过将以上三种无线电能传输方式进行对比,本实验方案采用电磁谐振的方式进行能量传输,主要包括电源电路、振荡电路、放大电路、发射电路、接收电路五部分,各单元电路方案的论证如下。

（1）电源电路

方案一：采用电池供电，电路结构简单，实验装置移动方便，但电池容量较小，消耗较快且供电不稳定。

方案二：采用小型变压器和整流电路把 220 V 交流电变成 12 V 直流供电，供电稳定可靠。

综上所述，由于要求供电电压为 12 V，工作电流较大，发射功率较大，电池电能消耗较快，故选择方案二。

（2）振荡电路

方案一：采用晶体振荡器构成振荡电路，可以产生稳定的工作频率，但频率不可调。

方案二：采用 RC 和与非门构成振荡电路，其频率在一定的范围内可调，电路简单。

综上所述，因系统选择频率不高，且频率在一定的范围内可调，所以选择 CD4069 与 R、C 构成振荡电路，选择方案二。

（3）功率放大电路

方案一：采用大功率开关三极管作为功放元件，但管耗较大，需要大面积的散热片，成本较高。

方案二：采用场效应管作为功放元件，场效应管属于电压控制元件，是一种类似于电子管的三极管，与双极型晶体管相比，场效应晶体管具有输入阻抗高，输入功耗小，温度稳定性好，信号放大稳定性好，信号失真小，噪声低等特点，而且其放大特性也比双极型三极管好，功耗低于三极管，且使用方便，所以选择方案二。

（4）发射和接收电路

方案一：发射电路和接收电路采用电磁感应方式接收，有效距离短、效率差、不需要调整匹配，不适用于无线电能传输系统。

方案二：发射电路和接收电路都采用串联谐振电路，有效距离中、效率高、需要精密调整匹配，适用于低功率无线电能传输系统。

方案三：发射电路和接收电路都采用并联谐振，有效距离长、效率高、容易调整匹配，适用于高功率无线电能传输系统。

综上所述，由于无线电能传输实验需要改变传输距离，改变传输频率等参数，要求谐振频率易于调整匹配，所以采用方案三。

6. 实验原理及方案

本实验项目适合高年级学生，是综合性创新性实验。本实验方案设计的关键点：一是用线圈并联谐振的耦合方式传递能量，发射电路和接收电路有一定的距离，且要使接收单元接收到足够的电能，以保证后续电路能量的供给；二是提高电路的能量传递效率，在满足电路正常工作功率的前提下尽可能采用低功耗设计。

无线电能传输系统由电源电路、高频振荡电路、高频功率放大电路、发射电路、接收电路和 LED 灯组负载 5 部分组成，系统框图如图 2-12-3 所示。

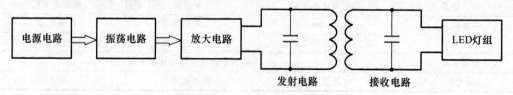

图 2-12-3　无线电能传输框图

（1）系统框图

（2）实现方案

无线电能传输实验参考电路如图 2-12-4 所示，说明如下。

1）电源电路

电源电路可以采用变压器、整流桥、稳压管和滤波电容组成,变压器把 220 V、50 Hz 的交流电变换成低压的交流电,然后经过整流桥、稳压管和滤波电容变成 12 V 直流电,给高频振荡电路和高频功率放大电路供电。

2）振荡电路

振荡电路可以采用与非门、电阻、电容构成,也可采用 555 定时器、RC 振荡电路、晶振振荡器等组成,产生的高频振荡交流信号提供给功率放大电路;可以调节电路参数的大小改变振荡频率,选择最佳的振荡频率。

3）功率放大电路

功率放大电路可以采用场效应管、三极管、集成运放等组成,振荡电路的信号经放大电路放大后输出给发射电路。

4）发射电路和接收电路

发射电路可以采用由线圈和电容组成的并联谐振电路,其谐振频率应与高频振荡电路的频率相同;接收电路也采用线圈和电容组成的并联谐振电路,其谐振频率也与高频振荡电路相同。发射线圈和接收线圈可以用直径为 0.80 mm 的漆包线密绕 20 圈左右制成,线圈直径约为6.5 cm,实测电感值约为 142 μH,由公式 $f = \dfrac{1}{2\pi\sqrt{LC}}$ 可知,当谐振频率在 500 kHz 时,与其并联的电容 C 约为 680 pF,可用 470 pF 的固定电容并联一个 200 pF 的可调电容,以方便调节谐振频率。

5）负载电路

负载电路可以采用若干 LED 灯并联构成,并与接收电路并联连接。

按照图 2-12-4 提供的方案设计实验电路,然后打开实验电路电源开关,实现无线输电。

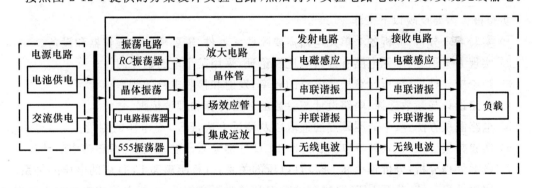

图 2-12-4 实现方法多样性:无线电能传输实验

首先固定发射线圈和接收线圈的距离,同步改变发射接收频率,观察 LED 灯亮度的变化情况及电压和频率的关系,记录数据,填入表 2-12-2 中。

表 2-12-2 实验数据记录

频率/Hz								
LED 电压/V								
效率								
距离/cm								
LED 电压/V								
效率								

然后固定频率，改变发射线圈和接收线圈之间的距离，观察灯亮度的变化及电压与距离的关系，总结频率和距离对 LED 灯亮度变化的大小关系。记录数据，填入表 2-2-12 中。

当功率放大器的选频回路的谐振频率与激励信号频率相同时，功率放大器发生谐振，此时线圈中的电压和电流达最大值，从而产生最大的交变电磁场。当接收线圈与发射线圈靠近时，在接收线圈中产生感生电压，当接收线圈回路的谐振频率与发射频率相同时产生谐振，电压达最大值，构成了如图 2-12-5 所示的谐振回路。实际上，发射线圈回路与接收线圈回路均处于谐振状态时，具有最好的能量传输效果。

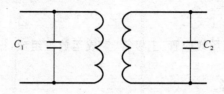

图 2-12-5　发射和接收电路

无线电能传输实验中需要注意以下问题。

① 发射电路、接收电路以及振荡电路要频率一致才能谐振。

② 发射线圈谐振频率不能小于 100 Hz，否则，传输距离和传输效率受限。

③ 频率与传输效率的问题。

④ 距离与传输效率问题。

⑤ 提高传输距离、功率和效率的问题。

7. 实验报告要求

实验报告需要反映以下工作。

1）实验需求分析：分析各个单元电路需要哪些元器件，需要哪些实验仪器和设备。

2）实现方案论证：单元电路有分析对比和论证，采用某个电路的原因。

3）理论推导计算：分析计算振荡电路的频率，发射和接收电路的频率。

4）电路设计与参数选择：电路设计与参数的分析计算和理论依据。

5）电路测试方法：频率的测试点的选取以及测试方法，LED 灯电压的测量。

6）实验数据记录：记录频率以及距离和 LED 灯的电压数据，以及功率和效率的计算。

7）数据处理分析：分析频率和 LED 灯电压的关系；分析距离和 LED 灯的电压的关系。

8）实验结果总结：分析 LED 灯得到的功率和哪些因素相关；无线电能传输的效率和哪些因素相关，说明如何提高无线电能的传输距离和传输效率以及传输功率。

8. 考核要求与方法

1）实物验收：能够实现无线电能传输，距离不小于 5 cm，传输效率不小于 70%，振荡频率不小于 100 Hz，抗干扰能力较强。

2）实验质量：电路方案合理，能耗较低，布线合理，焊接工艺美观且没有虚焊。

3）自主创新：能够独立设计各个电路模块，独立测试单元电路，独立测试整体电路，有问题的地方要能够分析原因并查找问题，电路要具有创新性。

4）实验成本：能够充分利用实验室已有元器件、已有材料，尽量少购买新的元器件，做到成本最低。

5）实验数据：测试数据正确，记录完整，要有误差分析。

6）实验报告：实验报告要规范，图表清晰完整。

9. 项目特色或创新

1）实验项目基于最新的无线电能传输技术，能够激发学生学习的兴趣。

2）实验项目涉及模拟电子技术、数字电子技术、电磁场理论等知识，综合性较强。

3）实验项目与实际生活紧密相连，具有现实的工程意义。

4）无线电能传输实验电路实现的多样性。

5）实验项目涉及传输距离、效率和功率，具有挑战性。

实验案例信息表

案例提供单位		河南理工大学电气工程与自动化学院	相关专业	电气、自动化		
设计者姓名		郭顺京	电子邮箱	13796331@qq.com		
设计者姓名		刘景艳	电子邮箱	liujy@hpu.edu.cn		
设计者姓名		张素妍	电子邮箱	zhangsuyan@hpu.edu.cn		
相关课程名称		模拟电子技术、数字电子技术	学生年级	3	学时	6+6
支撑条件	仪器设备	示波器、电源、万用表、电路板制版系统等				
	软件工具	Protel、Power PCB、Allegro、Or CAD、CAM350 等 PCB 设计软件				
	主要器件	二极管、场效应管、电阻、电容、CD4096、7812、漆包线、LED 灯				

第3部分　数字逻辑电路实验

3-1　多路智力竞赛抢答器

1. 实验内容与任务

实验内容:有 4 名选手进行智力竞赛抢答,要求在主持人宣布抢答开始后,系统能够自动识别第一时间抢先按下抢答开关的选手并提示。

(1) 基本要求

1) 当有选手最先按下该路抢答按钮后,锁住该信号,而其余各路按钮动作均失效。

2) 显示第一时间按下抢答按钮的选手指示灯及号码。

(2) 扩展要求

1) 选手人数增至 8 人,编号分别为 1 号至 8 号。

2) 有人抢答时,蜂鸣器响 1 秒提醒。

3) 答题限时,倒计时 20 秒,计时完了,蜂鸣器响 1 秒提醒。

4) 辨别抢答犯规选手,即能够找出在主持人没有提示开始的情况下事先按下抢答开关的选手。

5) 考虑电子系统的实用性和完整性,需要设计良好的人机界面,开关电路需要设计消抖电路,以加强系统的可靠性;数码显示应规范、标准和可靠。

6) 答对题加分,答错题扣分。

(3) 实验基本任务

1) 熟练使用 Multisim 仿真工具,用 Multisim 仿真软件设计电路并调试。

2) 根据仿真设计的电路,选用正确的元器件,实验台安装调试。

(4) 实验附加任务

1) 在电路板上焊接元器件并调试,完成多路抢答器。

2) 完成部分扩展要求,可设计印制电路板,焊接元器件并调试,完成多路抢答器。

2. 实验过程及要求

基本要求由一人一组完成,要求用 Multisim 软件仿真优化设计后搭试电路实现调试完成。扩展要求可由两人一组完成,用万能板或印制电路板焊接电路来完成。

实验过程分为三个阶段:仿真阶段、安装调试阶段和课外创新制作阶段。

(1) 仿真阶段

1) 输入电路的设计,学完门电路后设计。

2）识别选手的号码,在学完编码器之后设计。

3）显示选手的号码,在学完译码器之后设计。

4）辨别第一时间抢先按下按钮的选手,在学完触发器之后设计,并提交由老师验收。

（2）安装、调试阶段

1）将仿真调试成的电路在实验台上安装、调试,并由老师验收。

2）以上部分要求每个学生必做,并提交设计报告。

（3）课外创新制作阶段（选做）

在课外创新实践,设计并实现扩展要求,开发功能完善的抢答器,可以制作电路板,完成作品,提交设计报告,验收答辩。

3. 相关知识及背景

如图 3-1-1 所示为本实验所涉及的知识点、目标及手段。

1）多路抢答器选手号码的识别需要知识点——编码器的应用。

2）号码显示电路需要知识点——显示译码器应用。

3）鉴别第一时间抢答并互锁其他选手输入需要知识点——组合逻辑电路设计。

4）第一时间抢答选手号码锁存需要知识点——锁存器的应用。

5）主持人控制电路设计——电路复位初始化设计。

6）输入电路的设计及开关消抖——开关的认识及 SR 锁存器的应用。

7）抢答时间限时——计数器的应用。

8）音响提示——多谐振荡器的应用。

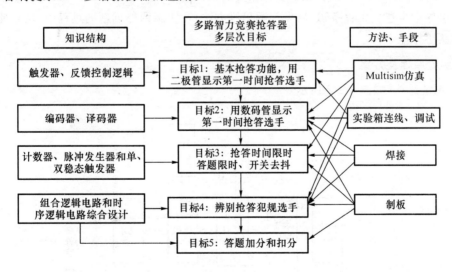

图 3-1-1 知识结构、目标及手段

4. 教学目的

1）掌握编码器、译码器、各类触发器、计数器、555 定时器工作原理与使用要点。

2）熟悉数字系统的构成方法,综合运用 EDA 技术及实验台、电路板等平台设计、仿真及调试电路,锻炼和加强学生的基本操作技能,培养工程设计能力。

5. 实验教学与指导

实验教学与理论教学同步进行,按理论教学的进度,分为四个阶段,课外仿真、课内仿真、实验台安装调试、课外焊接制作等,每个阶段都有教师的指导和考核。

(1) 第一阶段:课外仿真作为知识的积累和铺垫,在学习组合逻辑电路的过程中实施,设计仿真以后在网络教学平台提交。

要求做到:用开关输入 0、1 信号;将开关编号;开关的编号能够显示。

知识导入:Multisim 工具软件的使用、编码器的应用、译码器的应用。

(2) 第二阶段:课内仿真在学完锁存器后由教师指导和验收。

要求做到:能够找到第一时间抢先按下按钮的选手,其后按下无效。

知识导入:锁存器的锁存数据特点、组合逻辑电路的设计等。

(3) 第三阶段:电路搭试在学完时序逻辑电路和脉冲产生与整形电路后实施,由教师指导和验收。

要求做到:根据仿真调试成功的电路,在实验室安装调试出效果。设计扩展功能的需要调试完成。

知识导入:选用器件、电路安装调试技术,编码器、译码器、锁存器的应用。扩展部分还涉及计数器、多谐振荡器的应用等。

(4) 第四阶段(选做):课外焊接制作在课外进行,作为创新能力的考核。

知识导入:电路板设计、焊接技术等。

在具体操作过程中,除了引导学生将相关的知识点融入实验项目以外,还要注重学生能力的培养,引导学生建立工程意识、启发工程思维方法,在实施课外创新的过程中,培养搜索资料能力、团队协作能力等。

6. 实验原理及方案

(1) 系统结构(如图 3-1-2 所示)

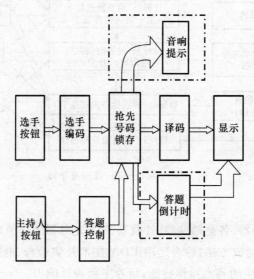

图 3-1-2 多路智力抢答器结构框图

（2）实现方案（如图 3-1-3 所示）

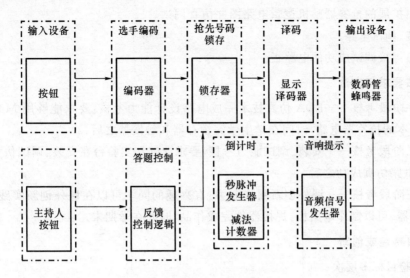

图 3-1-3　多路智力抢答器实现方案

本实验通过所学编码器、译码器、锁存器、计数器、多谐振荡器等知识，完成多路智力竞赛抢答器，在多个选手中，将第一时间按下抢答按钮的选手号码显示出来。

实验进程与理论课同步进行。

按知识点，实验分为四个模块。

1）识别选手号码——涉及编码器的应用。

2）显示选手号码——涉及译码器的应用。

3）锁存第一时间抢答的选手号码——涉及锁存器的应用。

4）答题时间限时、音响提示等（选做）——涉及计数器、多谐振荡器的应用。

按实验方法手段，分为三个阶段。

1）仿真阶段：用 EDA 手段，利用 EWB 仿真平台设计电路。

2）安装、调试阶段：将仿真调试成的电路在实验台上安装、调试。

3）课外创新制作阶段：有兴趣的同学可以在课外创新实践，开发功能完善的抢答器，甚至可以制作电路板，完成作品。

实验所用参考器件：74LS148、74LS279、74LS48、74LS192、NE555、74LS00、74LS121、数码管、蜂鸣器、若干电阻电容等，学生也可自行选择器件。

7．实验报告要求

（1）基本要求部分

1）画出抢答器组成框图。

2）用 Multisim 软件设计并仿真单元电路。

3）画出基本的抢答器整机逻辑电路图并仿真调试。

4）安装、调试电路。

5）写出设计性实验报告，要求写明实验设备、器件清单、电路设计原理图、电路工作原理及使用说明、电路调试总结等。

（2）扩展要求部分

1）画出扩展的抢答器整机逻辑电路图并仿真调试。

2）安装、调试电路。

3）交出焊接调试成功的电路板。

8. 考核要求与方法

1）第一阶段考核——EDA 仿真技术完成电路设计能力考核：要求能够用 Multisim 仿真平台设计基本的抢答器电路，时间在学生学完锁存器和触发器之后。

2）第二阶段考核——安装、调试能力考核：要求能够在实验台在安装、调试仿真成功的电路，时间在电路仿真成功之后。

3）第三阶段考核——课外创新制作能力：有兴趣的同学可以在课外创新实践，开发功能完善的抢答器，可以制作电路板，焊接器件完成作品，时间在学期末。

9. 项目特色或创新

（1）实验目标多层次

以产品做导向，以理论课进程做引导，设计多层次目标。

（2）实验方法、实验手段多样化

EDA 仿真；在实验台上安装、调试电路；电路板焊接制作。

（3）实验内容覆盖众多知识单元

组合电路、触发器、计数器、多谐振荡器及人机界面设计。

（4）实验全过程考核

BB 平台作业、EDA 平台、实验台安装调试、电路板焊接调试考核。

实验案例信息表

案例提供单位		大连民族学院信息与通信工程学院电子工程系		相关专业	电子信息类专业
设计者姓名		韩桂英	电子邮箱	guiyinghan@126.com	
设计者姓名		刘忠富	电子邮箱	lzhongfu@dlnu.edu.cn	
设计者姓名		薛原	电子邮箱	xuey@dlnu.edu.cn	
相关课程名称		数字电子技术	学生年级	3	学时 7＋7
支撑条件	仪器设备	万用表、信号发生器、示波器			
	软件工具	Multisim 12			
	主要器件	74LS148、74LS279、74LS48、74LS192、NE555、74LS00、74LS121、数码管、蜂鸣器、若干电阻电容等			

3-2 多功能表决器的实现

1. 实验内容与任务

设计多功能表决器电路,可应用于表 3-2-1 所列几种情景。

表 3-2-1 实验内容

情景	表决人数	表决方式(无弃权)	设计要求
1. 达人秀现场	3	简单多数表决	① 至少 3 种方案实现; ② 若有一位裁判,要求多数中必须包括该裁判,任选 1 种方案实现; ③ 在一个电路中实现以上两种功能
2. 联合国安理会某提案表决会	5	一票否决	至少 1 种方案实现
3. 某上市公司股东大会	11	三分之二表决	1 种方案实现
4. 通用	可设置	以上三种任选	1 种方案实现

1)必做内容:完成情景 1~3 的设计要求。

2)选做内容:完成情景 4 的设计要求。

2. 实验过程及要求

(1)实验预习

1)选择合适的器件,了解器件的使用方法,查阅器件管脚定义及性能指标,设计检测器件逻辑功能的实验方法。

2)完成必做内容的设计。

3)编写 VHDL 程序,完成选做内容的设计。

(2)软件仿真

1)在 Multisim 环境下,对必做内容的电路进行仿真。

2)在 Quartus Ⅱ环境下,编译 VHDL 程序,仿真波形,验证选做任务功能。

(3)电路测试

1)在数字实验箱上连接电路,测试必做内容的功能,记录测试结果。

2)下载程序至 PLD 芯片,测试选做内容的功能,记录测试结果。

(4)课堂讨论与总结

1)实验过程中出现了哪些问题? 如何解决的?

2)实验设计方法各有什么特点?

3)列举日常生活中的实例,给出实现方案作为课外选做。

4)发放实验满意度调查问卷。

3. 相关知识及背景

小规模集成逻辑门、中规模集成器件的逻辑功能和使用方法,组合逻辑电路的设计方法,EDA 软件(包括 Multisim、Quartus Ⅱ)的使用,VHDL 的编程方法,数字实验箱的使用,硬件电路的连接及调试方法,排除硬件电路故障的方法,常用电子仪器的使用方法。

4. 教学目的

培养学生用所学知识解决日常生活问题的习惯，引导学生根据实际问题查阅相关技术资料、给出合理设计方案、选择合适器件，熟悉组合逻辑电路的传统及现代的设计方法，掌握组合逻辑电路的设计仿真、安装调试等实践技能。

5. 实验教学与指导

本实验是一个组合逻辑电路的设计应用实验，采用传统和现代的数字电路设计方法实现。在实验教学中，需在以下几个方面进行强调和指导。

1）组合逻辑电路设计基本流程。

2）SSI 和 MSI 器件的使用方法。

3）EDA 仿真软件使用的技巧。

4）数字实验箱及常用电子仪器的使用注意事项。

5）实验中可能遇到的故障及排查方法。

6. 实验原理及方案

组合逻辑电路是最常用的逻辑电路，其特点是在任何时刻电路的输出信号仅取决于该时刻的输入信号，而与信号作用前电路原来所处的状态无关。组合逻辑电路的设计，就是根据给定的逻辑要求，设计能实现功能的最简单逻辑电路。这里所说的"最简"，是指电路所用的器件数最少、器件种类最少、器件之间的连线最少。组合逻辑电路的基本设计流程如图 3-2-1 所示。

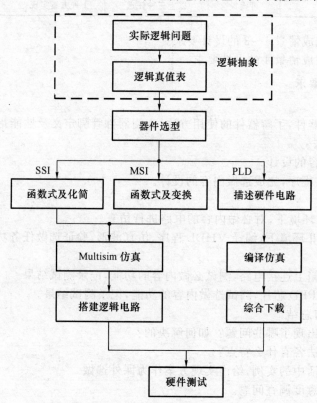

图 3-2-1 组合逻辑电路基本设计流程

（1）逻辑抽象

通常，提出的设计要求是用文字描述的具有一定因果关系的逻辑命题。设计电路前需要

116

通过逻辑抽象的方法,用逻辑函数描述出来,其步骤如下。

1)根据命题分析事件的因果关系,确定输入变量和输出变量。一般把事件的起因定为输入变量,把事件的结果作为输出变量。

2)对逻辑变量进行赋值。用二值逻辑的 0、1 分别代表输入变量和输出变量的两种不同状态。0 和 1 的具体含义由设计者人为设定。

3)根据给定事件的因果关系列出真值表。

4)将真值表转换为对应的逻辑函数式。

至此,一个实际的逻辑问题便被抽象成一个逻辑函数。

(2)选择器件类型

组合逻辑电路可以用小规模集成电路(Small-Scale Integration,SSI)、中规模集成(Medium-Scale Integration,MSI)器件或可编程逻辑器件(Programmable Logical Device,PLD)等实现。需根据对电路的具体要求和器件的资源情况决定采用哪一种类型的器件。

自底向上的设计方法是根据系统功能要求,从具体的器件、逻辑部件或者相似系统开始,通过对其进行相互连接、修改和扩大,构成所要求的系统。自顶向下的设计方法是对要完成的任务进行分解,对分解后的子任务进行定义、设计、编程和测试,最终完成整体任务。

(3)逻辑函数式的化简或变换

在使用 SSI 进行设计时,为获得最简单的设计结果,应将逻辑函数式化成最简形式,即函数式中相加的乘积项最少,而且每个乘积项中的因子也最少。如果对所用器件的种类有附加要求(如只允许用单一类型的与非门),则应将函数式变换成与器件类型相适应的形式(如与非—与非式)。

在使用 MSI 进行设计时,需要把逻辑函数式变换为适当的形式,以便能用最少的器件和最简单的连线接成所要求的逻辑电路。通常采用函数式对照法,把逻辑函数式变换成与所用器件的逻辑函数式相同或类似的形式。

在使用 PLD 进行设计时,用硬件描述语言(Verilog 或 VHDL)编程,在软件环境下,编译、仿真,结果正确后,下载到 PLD 芯片上进行测试,这是现代 IC 设计验证的主流技术。

(4)画出逻辑电路图:根据简化或变换的逻辑函数式画出逻辑电路图。

(5)逻辑检测:在仿真平台上模拟设计的电路,进行逻辑检测。若逻辑检测的结果不符合逻辑设计的要求,则需对上述过程重新进行调整,直至最终实现逻辑功能。此外,还要判别所设计的电路是否存在竞争和冒险现象,并加以消除。

7. 实验报告要求

(1)预习报告

1)根据设计要求,选择合适的器件,阐明选择理由,画出器件管脚图。

2)拟定检测所选器件逻辑功能的测试方案。

3)详尽设计过程:将设计任务进行逻辑抽象,列出真值表,按设计要求进行逻辑表达式化简,画出逻辑电路图。

4)根据设计要求,编写 VHDL 程序。

5)预计可能出现的实验现象。

(2)实验报告

1)简述实验目的、实验器材、实验原理。

2)写出每个设计任务详细的设计步骤,画出逻辑电路图。

3)记录实验测试结果。

4)总结组合逻辑电路的设计方法,分析各种方法的特点。

5）总结实验收获及体会,包括实验中遇到的问题及其处理方法。

8. 考核要求与方法

（1）考核节点

1）SSI 逻辑门、MSI 逻辑器件的选型、测试及使用方法。

2）组合逻辑电路的基本设计过程。

3）逻辑电路的仿真测试。

4）组合逻辑问题的 VHDL 编程。

5）EDA 软件的使用。

6）硬件电路的安装调试。

（2）考核时间

1）实验预习检查:进入实验室开始实验前。

2）实验技能方法:随堂。

3）实验结果验收:实验结束后。

（3）考核标准

1）器件选用的合理性和经济性,器件功能测试方法的正确性。

2）设计方案的创新性、电路设计过程的完善性。

3）电路仿真运行正常,结果正确。

4）电路任务的完成情况。

5）报告内容完整、书写规范。

（4）考核方法

考核内容注重过程与结果,分预习、实验过程、课堂讨论、实验报告、课后扩展 5 个环节考核,考核方法自评、互评与师评相结合。最后综合各环节的完成情况,给出整个实验的成绩。

9. 项目特色或创新

1）用生活场景引出题目,培养学生运用所学知识解决日常生活问题的习惯。

2）在由简入繁的场景中提出不同设计要求,比较组合逻辑电路的多种实现方法。

3）设置层次递进的实验任务,建立组合逻辑电路现代设计方法的思路。

4）引导学生自主思考,合理选择方案。

5）引入学生互评、师生讨论的教学模式开阔学生设计思路。

实验案例信息表

案例提供单位		青岛大学		相关专业	电气信息类专业	
设计者姓名		王贞	电子邮箱	wangzhen_623@163.com		
设计者姓名		范秋华	电子邮箱	qhf_hh@163.com		
设计者姓名		陈大庆	电子邮箱	cdq_qdu@163.com		
相关课程名称		数字电子技术实验	学生年级	2	学时	2
支撑条件	仪器设备	计算机				
	软件工具	Multisim、Quartus Ⅱ				
	主要器件	数字实验箱				

3-3　基于 VHDL 的数码管扫描显示控制器的设计与实现

1. 实验内容与任务

用 VHDL 设计一个数码管串行扫描显示控制电路,控制 6 个数码管的显示。要求在 Quartus Ⅱ平台上编译、仿真并下载到 MAX Ⅱ 1270 数字逻辑实验开发板验证其功能,实验板提供按键、数码管和不同频率的脉冲信号,具体要求如下。

1) 同时显示"0""1""2""3""4""5"这 6 个不同的数字图形到 6 个数码管上,要求显示稳定,无闪烁。

2) 用 VHDL 设计实现 6 个数码管循环滚动显示电路,显示状态为:"012345"→"123450"→ "234501"→"345012"→"450123"→"501234"→"012345",要求显示稳定,滚动效果明显。

3) 用 VHDL 设计并实现 6 个数码管滚入滚出显示电路,用全灭的数码管填充右边,直至全部熄灭,然后再依次从右边一个一个地点亮。状态为:"012345"→"12345X"→"2345XX"→ "345XXX" → "45XXXX" → "5XXXXX" → "XXXXXX" → "XXXXX0" → "XXXX01" → "XXX012"→"XX0123"→"X01234"→"012345",其中"X"表示数码管熄灭。

4) 用一个按键切换以上不同的显示模式。

2. 实验过程及要求

1) 预习要求:理解多个数码管动态扫描显示的原理,学习 VHDL 中的结构化描述方式,重点学习元件例化语句。完成电路方案设计,要求划分模块并画出模块连接图。并根据设计方案写出各模块的 VHDL 代码和总体电路的 VHDL 代码,其中总体电路要求用 VHDL 元件例化语句实现。

2) 实验要求:在 Quartus Ⅱ平台上进行电路设计和实现,仿真验证各个模块和总体电路功能,仿真结果正确后下载到可编程实验板上进行验证,观察不同的时钟频率对扫描显示的影响,选择一个合适的时钟频率使 6 个数码管稳定显示,选定时钟信号频率后用逻辑分析仪同时观测时钟和 6 个数码管的共阴极控制信号,并记录实验结果。

3) 验收要求:讲述设计思路,分析仿真波形,并在实验板上演示实验结果。

4) 实验报告:实验后 3 天内按报告要求完成实验报告并提交。

3. 相关知识及背景

本实验包含数字逻辑电路中的译码器、计数器、数据选择器等典型电路,需要利用 VHDL 结构化描述方式和元件例化语句进行设计,并使用模块化的电路设计方法。本实验涉及的扫描显示控制原理不仅应用于多个数码管的显示,还广泛应用于点阵、VGA 以及液晶屏等显示控制电路中,逻辑分析仪是目前测量分析复杂数字逻辑系统的重要测量仪表。

4. 教学目的

1）掌握数码管动态扫描显示的原理及设计方法。

2）学习 VHDL 的语法规范，巩固组合电路和时序电路的设计及描述方法，重点掌握元件例化语句的使用。

3）学习模块化设计方法，掌握结构化描述方式。

4）学习逻辑分析仪的使用。

5. 实验教学与指导

（1）讲课内容

1）数码管动态扫描显示原理

多个数码管动态扫描显示，是将所有数码管的相同段并联在一起，通过选通信号分时控制各个数码管的公共端，循环依次点亮多个数码管，利用发光管的余辉和人眼的视觉暂留现象，只要扫描的频率大于 50 Hz，将看不到闪烁现象。图 3-3-1 是实验板上 6 个数码管的电路连接图。

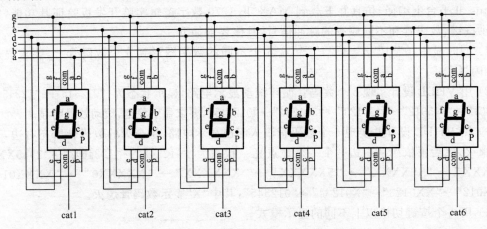

图 3-3-1　6 个数码管并联电路连接图

当闪烁显示的发光二极管闪烁频率较高时将观察到持续点亮的现象。同理，当多个数码管依次显示，当切换速度足够快时，将观察到所有数码管都是同时在显示。一个数码管要稳定显示要求显示频率大于 50 Hz，那么 6 个数码管则需要（50×6）Hz＝300 Hz 以上才能看到持续稳定点亮的现象。

2）数码管动态扫描驱动信号产生

图 3-3-2 中，cat1～cat6 是数码管选通控制信号，分别对应于 6 个共阴极数码管的公共端，当 cat$n$＝'0'时，其对应的数码管被点亮。因此，通过控制 cat1～cat6，就可以控制 6 个数码管循环依次点亮，图 3-3-3 为 cat1～cat6 的时序关系图。图 3-3-4 为扫描显示结果，当扫描速度足够快时，6 个数码管将同时点亮，分别显示 0、1、2、3、4、5。

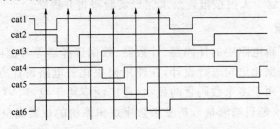

图 3-3-2　控制端时序波形图

120

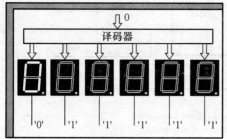

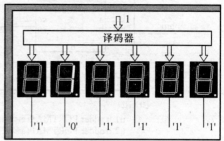

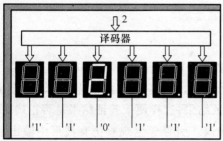

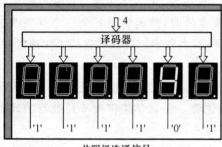

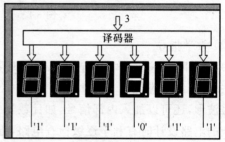

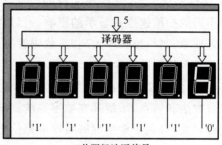

图 3-3-3 动态扫描的信号变化与显示过程

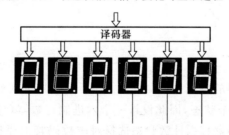

图 3-3-4 扫描显示结果

3）VHDL 结构体的三种描述方式

VHDL 结构体的三种描述方式：数据流描述、行为描述和结构化描述方式。重点介绍结构化描述方式，引入元件例化语句，以全加器为例介绍 component 和 port map 语句及结构化设计方法。由于学生在之前的实验中已经完成了用图形输入模式设计半加器，并将设计的半加器封装后作为组件来实现全加器，因此通过图形输入设计与语言描述设计的对比，可以帮助学生更好地理解元件例化语句和结构化描述方式，如图 3-3-5 所示。

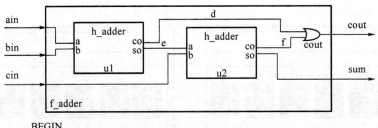

```
BEGIN
    u1:h adder PORTMAP(a=>ain,b=>bin,co=>d,so=>e);
    u2:h adder PORTMAP(a=>e,b=>cin,co=>f,so=>sum);
    cout<=d OR f;
END ARCHITECTURE fh1;
```

图 3-3-5　结构化描述方式

（2）教学指导

1）仿真阶段：提示学生设置输入信号时要注意时钟输入信号的频率和异步复位信号的设置方法，仿真结果应包含 5～10 个完整的电路状态周期。仿真时除了可以观测输入输出端口的信号波形，还可以加入内部信号，如计数器的计数结果，这样便于验证结果是否正确，特别是在复杂的电路设计时有利于逐级检查电路，排除错误。引导学生观察仿真波形中输出信号上是否有"毛刺"产生，讨论分析"毛刺"产生的原因、是否影响电路结果和如何消除"毛刺"。

2）硬件验证阶段：学生将完成的设计下载到实验板后，引导学生通过改变时钟信号的频率观察不同的扫描速度对显示的影响。当扫描频率太低时，数码管是一个一个点亮或是有明显的闪烁现象；当扫描频率太高时，数码管亮度会降低，当频率超过数码管的工作速度时，数码管会出现显示错误的现象。

3）逻辑分析仪使用：通过与示波器测量多路同步信号方法的比较，让学生了解逻辑分析仪的测量方法和特点，了解其在数字系统测试中的优势。引导学生将模 6 计数器的计数结果引出同时观测，有利于学生理解时序电路信号之间的关系。

4）个别指导：针对学生在实验中（包括设计、VHDL 编写、仿真、Quartus Ⅱ、实验板和逻辑分析仪的使用等各个环节）遇到的问题进行个别指导，对于发现的共性问题统一进行讲解，引导实验顺利进行。

6. 实验原理及方案

（1）设计思路

数码管扫描显示控制器的系统框图如图 3-3-6 所示。根据实验要求，要控制 6 个数码管分时显示，即电路中需要 6 个状态，因此设计一个六进制计数器（计数状态 0～5）来控制整个系统的状态转换。数据选择器根据计数状态选择对应数码管上要显示的数据，本实验中要显示 0、1、2、3、4、5，与计数器的计数状态正好一一对应。数码管译码器接收数据选择器送来的数据，转换成 7 段数码管显示需要的编码，控制数码管显示相应的字形。脉冲分配器根据计数器计数状态产生数码管选通控制信号，控制点亮哪个数码管，当计数状态变化的频率在合理的范围内时，由于视觉暂留的缘故，可以在 6 个数码管上看到稳定显示的内容。

要实现滚动显示的效果，可以在以上设计基础上再增加一个较低频率的状态转换计数器，用于控制显示滚动的变化。该计数器的模值就是滚动显示时的状态数，计数频率相当于滚动速度。

122

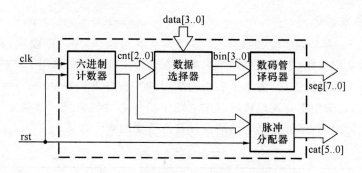

图 3-3-6　数码管扫描显示控制器系统框图

（2）实模块功能与端口描述

用 VHDL 描述各个子模块的功能。

1）六进制计数器：cnt6

① 输入信号：时钟信号 clk，异步复位信号 rst

② 输出信号：计数结果 cnt[2..0]

2）数据选择器：mux6

① 输入信号：选择器地址 cnt[2..0]，输入数据 data[3..0]

② 输出信号：显示数据 bin[3..0]

3）数码管译码器：seg7

① 输入信号：显示数据 bin[3..0]

② 输出信号：译码结果 seg[7..0]

4）脉冲分配器：cat6

① 输入信号：计数结果 count[2..0]

② 输出信号：选通控制信号 cat[5..0]

7．实验报告要求

实验报告需要反映以下工作。

1）实验名称和实验任务要求。

2）设计思路和过程（包含模块连接图）。

3）VHDL 程序。

4）仿真波形图。

5）仿真波形图分析与故障及问题分析。

6）总结和结论。

7）报告格式规范，书写工整，清晰总结实验结果。

8．考核要求与方法

1）预习检查：实验开始后首先检查学生预习情况，审查学生的电路结构框图。

2）实验过程检查：在实验过程中根据学生实验情况进行指导，检查学生 VHDL 源代码和仿真结果，重点强调设计的模块化和源代码的规范性。

3）实验结果验收：按实验要求验收并记录学生的实验结果。

4）实验报告批改：要求学生在实验完成后 3 天之内提交报告，在下次实验时发还并讲评总结。

9. 项目特色或创新

本实验属于 EDA 基础实验,内容涉及多个典型的组合、时序电路模块,将抽象的电路概念转化成具体的实际应用,激发学生学习兴趣。在设计实现过程中采用了结构化描述方式,并初步使用自顶向下的设计方法,为学生后续的学习和实验打下良好基础。通过逻辑分析仪观测选通控制信号,让学生更直观地理解时序电路中信号之间的关系。扫描显示控制电路是一个广泛使用的实际电路,掌握这个电路的设计具有重要的实际意义。

实验案例信息表

案例提供单位		北京邮电大学　电子工程学院		相关专业	通信工程、电子科学与技术专业
设计者姓名		史晓东	电子邮箱	shixiaodong@bupt.edu.cn	
设计者姓名		陈凌霄	电子邮箱	CHENLX@bupt.edu.cn	
相关课程名称		数字电路与逻辑设计实验	学生年级	2	学时	4+4
支撑条件	仪器设备	计算机、逻辑分析仪			
	软件工具	Quartus Ⅱ			
	主要器件	MAX Ⅱ 1270 数字逻辑实验开发板			

3-4 多功能数字钟的设计与实现

1. 实验内容与任务

多功能数字钟的设计与制作,设计并制作一个带有校时功能、可定时起闹的数字钟,技术指标如下。

(1) 有"时""分""秒"十进制显示。

(2) 计时以 24 小时为周期。

(3) 具有校时电路,对当前时间进行校对。

(4) 计时过程中能按预设的时间(精确到小时)启动闹钟,以发光二极管闪烁表示,启闹时间为 3~10 s。

(5) 功能扩展电路设计。

1) 二十四进制→十二进制转换(难度等级 *)。

2) 仿广播电台整点报时(难度等级**)。

3) 报整点时数(难度等级***)。

4) 触摸报整点时数(难度等级****)。

(6) 其他创新功能。

2. 实验过程及要求

1) 分析实验需求,根据设计任务,确定系统的结构和算法流程图。

2) 设计原理图,并使用 Multisim 软件仿真,要求电路安装布局合理,便于级联与调试。

3) 调试单元电路,然后逐渐扩大将几个单元电路进行联调,最后进行整机调试,根据信号流的方向采用逐级调试的方法。

4) 经过联调并纠正设计方案中的错误和不足之处后,再测试电路的逻辑功能是否满足设计要求,最后得出满足设计要求的总体逻辑电路。

5) 经验收后,分组演讲答辩,提交实验报告。

3. 相关知识及背景

数字闹钟是个经典的数字电路实验课题,它综合应用了组合逻辑电路和时序电路的知识,涉及振荡器、分频、计数器、译码器、显示电路等方面的内容。

4. 教学目的

1) 综合应用组合逻辑电路和时序电路的知识。

2) 实现分层次教学,有基本要求和提高要求。

3) 提高设计和调试电路的能力。

4) 提高学生的创新能力。

5. 实验教学与指导

首先明确设计任务与技术指标;然后讲解系统框图;在主体电路设计部分,分模块讲解电路的框图和设计提示,而完整的电路需要学生设计;最后讲解调试的方法,具体步骤如下。

1)讲解设计任务与技术指标。

2)讲解系统基本原理和系统构成。

3)重点引导主体电路设计。

4)指导学生调试方法。

5)进一步指导功能扩展电路设计。

6. 实验原理及方案

(1)系统构成(如图 3-4-1 所示)。

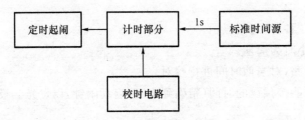

图 3-4-1 系统结构图

1)标准时间源:秒信号发生器

① 方案一:选用石英晶体构成振荡器电路,精度高,电子手表集成电路中经常选取的晶振频率为 32 768 Hz,经分频输出 1Hz 秒脉冲。

② 方案二:选用集成电路定时器 555 与 RC 构成自激多谐振荡器。可改变频率,产生秒信号。

2)计时部分框图(如图 3-4-2 所示)

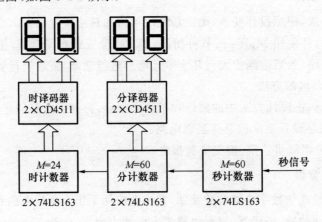

图 3-4-2 计时部分框图

3)校时电路

当数字钟接通电源或者计时出现误差时,均需要校正时间,校时是数字钟应具备的基本功能。

① 方案一:快脉冲。将所需要校对的时或分计数电路的脉冲输入端切换到秒信号,使之

126

用快脉冲计数,当到达标准时间后再切换回正确的输入信号,达到校准目的。

②方案二:消抖动开关。做一个消抖动开关,手动输入计数脉冲,使校对单元快速到达校准时间。

4)定时起闹

要求正点起闹,不要求精确到分。提供 2 片 74LS138,分别选出小时的十位和个位。还应控制起闹时间的长短,用 74LS123 构成单稳态触发器,输出 3～10 s 的信号控制闹铃。

(2)调试方法

1)先调试单元电路,然后逐渐扩大将几个单元电路进行联调,最后进行整机调试。根据信号流的方向采用逐级调试的方法,如图 3-4-3 所示。

2)级联时如果出现时序配合不同步,或尖峰脉冲干扰,引起逻辑混乱,可以增加多级逻辑门来延时。

3)经过联调并纠正设计方案中的错误和不足之处后,再测试电路的逻辑功能是否满足设计要求。最后得出满足设计要求的总体逻辑电路。

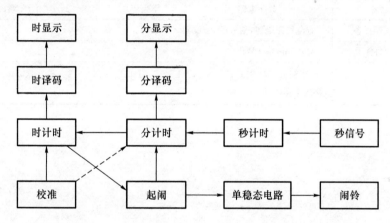

图 3-4-3　按信号流方向逐级调试

可供选择的器件:74LS163、74LS191、74LS00、74LS138、CD4511、LM555、74LS123、CD4060、晶振、LED 共阴极显示器等。

7. 实验报告要求

实验报告需要完成以下内容。

1)设计任务与要求。

2)实验仪器及主要器件。

3)设计原理、方案。

4)完整的电路原理图。

5)调试方法与过程。

6)设计和调试过程中出现的问题及解决方法。

7)心得体会。

8. 考核要求与方法

1)课外完成设计安装,课内调试验收。

2)设计优化,实现电路功能多,器件少,成本低。

3)安装布局合理,布线整齐、美观,便于级联与调试。

4) 实物经验收后,分组演讲答辩,提交实验报告。

5) 成绩评定:实现功能占 70%,安装工艺占 15%,实验报告占 15%,同等条件下考虑完成的先后顺序。

9. 项目特色或创新

1) 综合应用组合逻辑电路和时序电路的知识。

2) 分层次教学,有基本要求和提高要求。

3) 提高学生的创新能力,充分发挥学生的主观能动性、想象力与创造力。如有学生实现了闹钟再响;多点起闹;数字钟多模式工作,在不同的模式下,可分别作为时钟、秒表、计时器等功能。

实验案例信息表

案例提供单位		南京航空航天大学电工电子实验中心	相关专业		电类专业
设计者姓名		鲍丽星	电子邮箱		lxbao@nuaa.edu.cn
相关课程名称		数字电路	学生年级	2	学时	8+8
支撑条件	仪器设备	直流稳压电源,信号源,示波器			
	软件工具	Multisim 或 EWB			
	主要器件	74LS163,74LS191,74LS00,74LS138,CD4511,LM555,74LS123,CD4060,晶振,LED 共阴极显示器等			

128

3-5　多功能数字钟设计

1. 实验内容与任务

实验任务:用文本输入和图形输入法设计一个多功能数字钟。

(1) 基本功能

1) 实现 60 s、60 min、24 h 的计数、译码、显示。

2) 时、分、秒快速校准功能。

(2) 扩展功能

1) 整点报时功能。

2) 闹钟(定时)功能。

(3) 提高功能

1) 小时的计数要求采用"12 归 1"计数。

2) 增加日期功能。

2. 实验过程及要求

(1) 任务分析:根据设计任务,确定系统的结构和算法流程图。

(2) 功能模块设计,要求:

1) 用 AHDL(VHDL)设计一秒脉冲发生器,生成模块。

2) 用 AHDL(VHDL)或集成计数器设计六十进制的 BCD 计数器,生成模块,用于秒计时和分计时。

3) 用 AHDL(VHDL)或集成计数器设计二十四进制的 BCD 计数器,生成模块,用于小时计时。

4) 用 AHDL(VHDL)设计两个扫描驱动电路,生成模块。

(3) 电路设计,将上述模块用图形输入法进行连接,完成数字钟的设计。

(4) 存盘与编译。

(5) 选择器件进行管脚分配。要选择 ACEX 1K 家族中的 EP1K50QC208-3 型芯片。

(6) 下载。

(7) 在 CPLD 实验箱上观察、验证实验电路的正确性。

(8) 撰写实验报告。

3. 相关知识及背景

这是一个运用复杂可编程逻辑器件(CPLD)相关知识完成电子系统设计的典型案例,实验需要具备较强的程序编写能力和分析解决问题的能力。

4. 教学目的

通过引导学生根据功能确定算法流程图,利用不同输入方式(文本、图形)对每个功能模块进行描述,在 EDA 系统中进行设计实现等步骤,使学生掌握用可编程逻辑器件设计电子系统的方法,培养学生实践和创新能力,独立分析、探索问题的精神,形成自主学习习惯。

5.实验教学与指导

本实验需要经历功能分析、系统设计、电路仿真调试、设计总结等过程。

（1）实验前知识讲解

1）图形输入法设计电路。

2）文本输入法设计电路。

3）将文本编辑的电路创建成模块的方法。

4）数码管静态扫描和动态扫描显示原理。

（2）实验中指导

1）分频电路设计。特别要注意计数常数的选取,原则是信号源脉冲频率为 f_0,若要得到一个频率为 f_1 的脉冲,计数常数 $N=f_0/2f_1-1$,触发器的个数选择 n 应满足:$2^n \geqslant N$。

2）选择器件进行管脚分配时一定要选择 ACEX 1K 家族中的 EP1K50QC208-3 型芯片。

3）管脚分配完后一定要进行编译,生成下载文件。

4）用文本输入法设计功能模块保存时,保存的文件名一定要和模块名相同。

5）用图形输入法设计电路保存时,保存的文件名不要和电路中任何一个器件重名。

6.实验原理及方案

（1）实验原理(如图 3-5-1 所示)

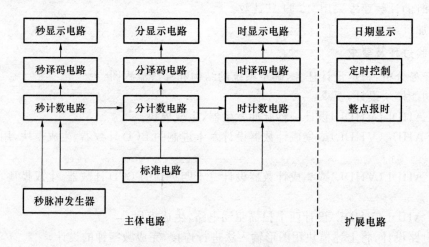

图 3-5-1　多功能数字钟原理框图

（2）实现方案

在同一个硬件实验平台上,学生可采用不同的设计方案来完成这个项目。

1）方案一:用文本输入法(AHDL 或 VHDL)设计计数电路和译码显示电路,用数码管静态或动态显示。

2）方案二:用图形输入法(如计数芯片 74160、74290 和译码芯片 7448 等)设计计数电路和译码显示电路,用数码管静态或动态显示。

3）方案三:采用文本输入和图形输入综合法设计。

（3）方案三实验思路

1）秒脉冲发生器(fp):CPLD 实验箱提供有一个 40 MHz 的脉冲源,可用 AHDL (VHDL)设计一个分频电路获得秒脉冲,并生成模块。

2）分计数和秒计数电路(59to0)：可用 AHDL(VHDL)设计六十进制的 BCD 计数器，生成模块，用于秒计时和分计时。

3）时计数电路(23to0)：可用 AHDL 设计二十四进制的 BCD 计数器，生成模块，用于小时计时。

4）译码显示电路(cxsm)：用 AHDL(VHDL)设计两个扫描驱动电路，生成模块。

7. 实验报告要求

实验报告需要反映以下工作。

1）电路原理框图：明确指出功能模块的划分与组成。

2）功能模块设计：详细介绍各功能模块的 AHDL(VHDL)程序。

3）系统调试：介绍系统调试的方法，在调试过程中遇到的问题以及排查经过，包括记录问题现象、分析存在原因，以及排除方法和效果。

4）实验结论：简单介绍对实验项目的结论性意见，明确设计最终实现的功能，给出系统进一步完善或改进的意向性说明。

5）实验总结：对完成实验的收获、体会以及对如何进行综合实验(包括实验方法、要求、验收等方面)提出建议和要求。

8. 考核要求与方法

（1）实验预习报告

1）由功能模块构成的逻辑电路图。

2）用 AHDL(VHDL)设计的功能模块文件。

（2）实验操作

1）功能完成情况。

2）回答问题的表达能力。

（3）实验报告

从报告的规范性和完整性考核。

9. 项目特色或创新

1）项目和生活密切相关，有很高的实用价值，能激发学生设计的兴趣和热情。

2）实验方法多样性。在同一个硬件实验平台上，可采用不同的设计方案来实现这个项目。

实验案例信息表

案例提供单位		中国矿业大学信息与电气工程学院		相关专业	电科、信息专业
设计者姓名		牛小玲	电子邮箱	niuxiaoling76@163.com	
设计者姓名		王军	电子邮箱	wj999lx@163.com	
设计者姓名		蔡丽	电子邮箱	clflow@163.com	
相关课程名称		数字系统设计	学生年级	3	学时	4
支撑条件	仪器设备	计算机、CPLD 实验箱			
	软件工具	MAX＋PLUS Ⅱ 软件；CPLDDN 下载软件			
	主要器件	ACEX EP1K50QC208-3			

3-6 自主开放模式下频率计的设计与实现

1. 实验内容与任务

（1）实验内容

设计频率计，实现测频、显示、人机交互等功能。

（2）基础要求

测频范围 100 Hz～1 MHz；测频精度不小于 0.01 Hz；输入信号幅度范围为 50 mV～2 V；用八段数码管显示；按键设置参数；具有高输入阻抗；测频范围选择分挡；例如分 2 挡情况，×10、×100。在×0.1 挡，测量范围为 0.01 Hz～100 Hz；在×100 挡，测量范围为 100 Hz～1 MHz。

（3）功能扩展

1）测频范围不小于 20 MHz 或不大于 0.001Hz，测量频率不设上下限。

2）实现更加人性化的人机交互方式，可用 LabVIEW 做上位机界面、液晶屏等。

3）能实现在大于 15 V 电压或者低于 40 mV 电压情况下的测频功能。

4）频率计功能多样化，例如实现多种频率信号混合后信号的频谱点分析功能。

2. 实验过程及要求

1）查阅主流频率计功能、参数指标和应用背景，学生相互讨论，老师解惑。

2）学习 EDA 实验箱的软硬件特点及相关模拟、数字电路的设计方法。

3）查阅资料，将频率计的设计方法与理论归类，结合 EDA 实验箱的硬件条件设计实现。

4）构建与 EDA 实验箱匹配的外围电路，如放大、显示、测频等电路，利用 Altium Designer 绘制出原理图并制作 PCB。

5）对绘制好的 PCB 板进行雕刻、制版。

6）领取元器件并进行焊接和电路板调试。

7）编写基于 EDA 实验箱的频率测试、显示、人机交互等功能模块。

8）利用 ModelSim 软件对模块仿真，仿真后进行系统调试。

9）设计测试方法、测评频率计的精度、分辨率和范围等指标。

10）提交报告，包括背景分析、方案类比、系统设计、具体电路、测试过程、数据分析、心得体会。

3. 相关知识及背景

实验借助自主开放式教学管理系统平台，将融合了模数电、EDA 和电子工艺的设计性实验在课堂上快速完成。实验内容能培养学生自主学习、创新和工程实践能力。实验具体涉及电路设计、原理图和 PCB 绘制、焊接和调试、FPGA 软硬件、HDL 编程、测频原理、人机交互、数据分析等知识与方法。

4. 教学目的

1）培养学生实践和创新能力，独立分析、探索问题的精神，形成自主学习习惯。

2）掌握频率计的工作原理、测量方法、关键的参数和应用背景，用系统化、层次化的实验内容，递进式的教学方式。培养学生自主学习意识、创新精神和实践能力。

3）融合模电实验、数电实验、电子工艺等课程理论知识，掌握放大电路的设计、信号检测、信号测频、测频数据处理、数据显示、大规模数字时序电路设计、EDA 实现技术、电路焊接、原理图设计、测量误差的分析和处理以及报告书写等方面的工作。

4）掌握 Altium Designer、Quartus Ⅱ、ISE、ModelSim、LabVIEW 等软件使用；使学生加深对频率计原理、放大电路、同步时序设计、PCB 绘制与电路调试、EDA 开发等知识的认识，并掌握综合应用的技能。

5. 实验教学与指导

实验注重对学生自主学习的习惯和创新精神的培养。指导方面以引导学生为主，从资料查找、方案论证、系统设计、电路设计、模块设计、编程测试、焊接调试、数据记录、报告书写等环节进行节点测评。教学的要点在于，告诉学生方法和最后要达到的目标，教师负责节点把关和考核，最终实现"学生以听课为主，转变成自主学习为主；老师以授课为主，转变成引导考核为主"的模式。

（1）实验教学环节

1）资料查找

内容：引导学生利用图书馆和网上各类电子资源，掌握各类检索工具和检索方法。比如技术论坛、图书馆电子期刊、超星图书馆、百度文库等。

目标：了解频率计的指标、参数和应用背景，查阅频率计设计、EDA 开发、电路原理图和PCB 的绘制、仪器仪表使用等参考资料。

2）方案论证

内容：引导学生分类和整理不同的频率计设计方法，结合具体实验条件选择方法。

目标：分析课题要求、性能、指标及应用环境和外围电路等。

3）系统设计

内容：引导学生将频率计用自顶向下的方法，逐步细化，分解为可实现的技术点。

目标：形成频率计的系统设计框图，包括具体电路和软件模块，列出子系统完成时间。

4）电路设计

内容：引导学生学习 Altium Designer 绘图软件，强调电路布局布线的要点。

目标：绘制出 PCB。

5）模块设计

内容：列出每个模块要实现的方法，比如放大电路可以由共射、运算和差分放大电路等多种方式组成。

目标：明确设计方法，掌握软件和硬件工具的使用技能。

6）编程测试

内容：掌握 Quartus Ⅱ、ISE、ModelSim、LabVIEW 等工具的使用。利用 ModelSim 进行软件仿真测试。

目标：掌握开发工具。

7）焊接调试

内容：让学生理解焊接对产品的可靠性和质量很重要。学习示波器、信号源等测量仪器的使用方法。

目标：提高焊接技能，掌握常用测试仪表的使用方法。

8）数据记录

内容：使学生认识到数据记录是方便调试和问题分析的重要依据。记录内容包括对现象、电压、电流、仿真数据、观测数据的记录。

目标：形成测试报告、仿真分析报告。

9）报告书写

内容：记录方案论证、系统设计、电路设计、模块设计、编程测试、焊接调试、数据记录、报告书写。

目标：形成实验报告。

（2）实验指导

1）学生创新性的引导

① 测频范围实现不小于 20 MHz 或不大于 0.001 Hz，实验成绩加 10 分。测频范围实现不小于 40 MHz 或不大于 0.000 05 Hz，实验成绩满分。

② 能实现在大于 15 V 电压或者低于 40 mV 电压情况下的测频功能，实验成绩满分。

③ 能实现更人性化的人机交互方式。例如通过串口和网口传输数据、LabVIEW 做上位机界面显示、液晶屏动态显示等，实验成绩满分。

④ 频率计功能多样化。例如能实现多种频率信号混合后信号的频谱点分析功能，实验成绩满分。

2）自主学习方式的引导

① 学生自主管理实验室，掌握二极管、三极管、运放、AD、DA 等元器件的功能，熟悉实验示波器、信号源、EDA 实验箱、雕刻机、热转印、电烙铁等实验设施的使用方法。

② 根据学生自身发展需求（考研、就业、提高技能、科技创新），采用基本、综合、创新的频率计教学内容，满足学生的不同需求。

③ 学生必须通过频率计预习知识的预考核，否则不能进行实际实验。

④ 学生登陆自主学习网站，按照频率计设计过程的任务要求，按节点、有步骤地完成学习。

⑤ 教师制作动画、视频、课件、参考电路、参考程序等教学资源。

6. 实验原理及方案

（1）实验设计理念

实验内容和过程的设置让学生充分利用自主开放实验室，形成课前预习和准备的学习习惯，通过目标设定模式，让学生在具体实践工程中进行创新。

1）3 种实验教学层次

① 基本型。

② 综合型。

③ 创新型。

2）采用层次化实验教学模式满足不同学生的需求，与之对应 3 种教学方法

① 利用 EDA 实验箱构建。

② 系统集成方式。

③ 电子工艺创新方式。

实验难度的设计满足"略超过基本要求，上不封顶"的要求，让学生"心有多大，舞台就有多大。"

（2）实验系统组成原理（如图 3-6-1 所示）

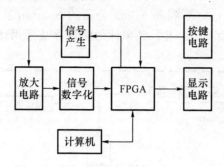

图 3-6-1　实验系统框图

系统主要有如下 7 个部分：

1）放大电路：利用三极管 3DG6 或 9013 或集成运放 LM324 或 UA741 等构建放大电路，将待测的频率信号放大和整形。

2）信号数字化：利用 AD0809、AD574（12 位）等 AD 变换芯片和集成运放 LM324 或 UA741 等芯片将模拟信号变换为数字信号。

3）FPGA：硬件采用 Altera 公司的 Cyclone 系列和 Xilinx 公司的 Spartan 系列芯片构建。系统主要完成频率计信号获取、信号处理、显示、人机交互、时序控制等工作。

4）按键电路：包括直接式按键、矩阵按键灯方式。主要完成频率计人机输入工作。

5）显示电路：显示方式包括八段数码管、点阵阵列、LCD、VGA 接口电脑显示器，还有利用 LabVIEW 开发的上位机界面等。完成将频率信号显示的工作。

6）计算机：安装 Quartus Ⅱ、ISE、ModelSim、LabVIEW 等开发软件。可以自行选择开发环境和方式。

7）信号产生：产生信号是为了验证频率计系统的正确性。最简单的方法是利用外部信号源，稍微复杂的方法是利用时钟分频输入直接来验证，复杂的方法是利用 DDS 产生信号，从而能形成测试回路。

（3）实现方案

1）基本型

① 方案与对象

该方案利用 EDA 实验箱构建。面对所有实验课程的学生。

② 实验过程（见表 3-6-1）

表 3-6-1　基本型实验过程

自主预习阶段					课堂实验阶段			报告总结阶段	
查资料 1 小时	交流、答疑	方案制定 1 小时	模块编写 1 小时	模块仿真 1 小时	模块调试 1 小时	总结问题 20 分钟	验收答疑 20 分钟	书写实验报告	分析实验报告问题

该层次实验分为 3 个阶段：自主预习阶段、课堂实验阶段、报告总结阶段。

• 自主预习阶段：分为课下进行完成资料查找、交流答疑、方案的设计与制定、FPGA 模块编写、模块调试等几个阶段。预计完成时间为 4 个小时。

135

- 课堂实验阶段:完成编写好的模块在实验箱调试,总结问题,数据记录和验收。
- 报告总结阶段:主要在课下进行,完成数据的分析和实验报告书写。

③ 实验组成

实验不需要专门搭接外部电路,而是利用 EDA 实验箱的现有硬件条件来实现,学生可以选择基于 Altera 公司的 Cyclone 系列和 Xilinx 公司的 Spartan 系列芯片的核心 FPGA 开发板,开发环境可选择 ISE 和 Quartus Ⅱ。频率计的实现算法采用计数这种基本方法。其主要完成的内容如图 3-6-2 所示。

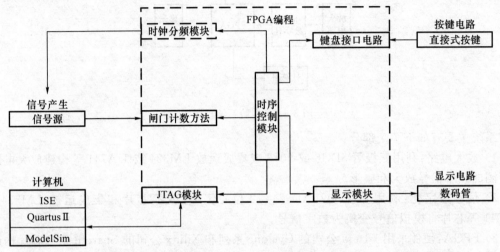

图 3-6-2 "基本型"实验内容组成

④ 数据记录

- 测试信号源输出信号或者 FPGA 时钟分频电路分频信号的测频效果,通过效果来验证频率计性能指标等参数。
- 系统方案要描绘出 FPGA 程序模块框图,分解成模块之间的关系。
- 实验的现象要和 ModelSim 仿真数据匹配。
- 对实验中的错误要分析原因。

⑤ 考核验收方法

- 分析和评估学生提出测试方案的完备性和可实现性。
- 学生设计过程中产生的方框图、定时图、逻辑流程图和 MDS 图等系统框图。
- 按照测试方案连接电路,观察实际测频率效果。
- 找出频率计能够测试的最大和最小频率、频率分辨率、人机交互性等指标。
- 学生对信号源、示波器、万用表的使用熟练程度。
- 考查学生对相关知识点的理解程度。

2) 综合型

① 方案与对象

该方案利用模拟电子、数字电子、电子工艺等实验内容组合穿插,将不同实验课程用到的内容和 EDA 融合,锻炼学生综合应用能力。面向 50% 的学生开设。

② 实验过程

综合型实验过程采用组合方式构建频率计系统。可用面包板搭接电路,例如放大电路可以利用模电实验中的共射放大电路、运算放大电路、差分放大电路等,然后和 EDA 实验箱构成频率计。实验过程见表 3-6-2。

表 3-6-2　综合型实验过程

自主预习					自主电路搭建					课堂实验时间				总结时间	
查资料	方案制定	交流、答疑	电路设计	FPGA编程	放大电路	信号数字化	显示电路	信号产生	按键电路	电路调试	功能调试	总结问题	验收答疑	书写实验报告	分析实验报告问题
1小时	1小时		1小时	2小时	1小时	1小时	1小时	1小时	1小时	20分钟	1小时	20分钟	20分钟		

③ 实验组成（如图 3-6-3 所示）

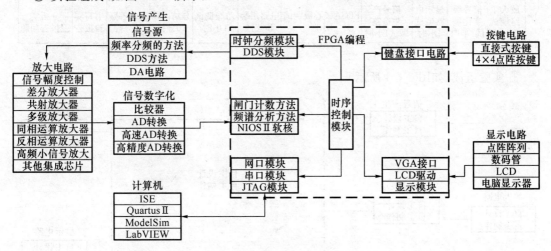

图 3-6-3　"综合型"实验内容组成

④ 数据记录

- 自主搭接电路的测试报告。
- 放大电路设计输出电流和电压的大小、放大倍数、通频带、输入、输出阻抗等参数。
- 信号产生电路的参数，输出信号幅度和频率的大小。
- 信号数字化、最小分辨率、温度特性等。
- 显示电路 LCD、VGA 接口的时序控制流程图。

⑤ 考核验收方法

- 对模电、数电、电子工艺等课程综合应用的能力。
- 对放大电路、信号数字化电路、显示电路、信号产生、按键电路的搭建情况。
- 对模电中的放大电路、信号数字化、信号产生使用熟练情况。
- 对数电中的按键电路、显示接口电路使用熟练情况。
- 对电子工艺中的电路制作水平、调试水平等。

3）创新型

① 方案与对象

该方案将创新和电子工艺设计相结合，让学生自行设计电路，利用 Altium Designer 绘制原理图、制版、焊接和调试，最后形成特定的功能模块，该实验面向 20% 的科技创新学生开设。

② 实验过程

创新型采用自主电路设计、制作、FPGA 开发编程的过程，更加逼近实际产品研发的过程。能让学生突破实验箱条件限制，制作电路，搭建实验条件。实验过程见表 3-6-3。

表 3-6-3　创新型实验过程

自主预习				自主电路设计、制作				FPGA编程		
查资料 2小时	创新点设计 1小时	可实现 性分析	系统设计 1小时	原理图设计 1小时	PCB设计 1小时	电路板制作 1小时	元件焊接 1小时	模块编程 1小时	模块仿真 1小时	系统联调 1小时

自主电路调试					课堂实验时间				总结时间	
放大电 路调试 1小时	信号数 字化调 试1小时	显示电 路调试 1小时	信号产 生电路 调试1小时	FPGA核心板调试 1小时	电路组装 20分钟	功能调试 1小时	总结问题 20分钟	验收答疑 20分钟	书写实 验报告	分析实 验报告问题

③ 实验组成(如图 3-6-4 所示)

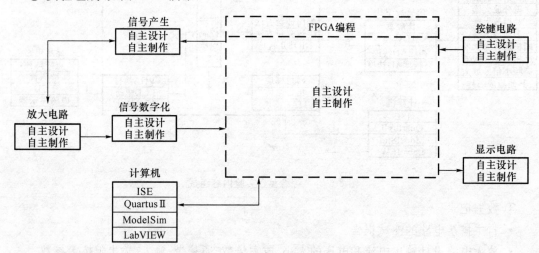

图 3-6-4　"创新型"实验内容组成

④ 数据记录

- 提交 Altium Designer 绘制的模块电路原理图和 PCB 图。
- 提交电路框图与设计思路。
- 提交电路调试报告。
- 记录频率计测量范围指标和幅度特性指标等。

⑤ 考核验收方法

- 利用 Altium Designer 绘制的模块电路原理图和 PCB 图绘图质量。
- PCB 制作和焊接质量。
- 要求设计更高的频率计、测量范围更大的频率计等。具有独特性。比如测量频率值。

7. 实验报告要求

实验报告需要反映以下工作。

1) 实验背景分析:包括频率计在国内外的主要生产厂家、重要品牌、主要功能和指标,当前主流频率测量设计实现方法,频率计在各个行业领域的使用情况。

2) 实现方案论证:找到两种以上的方案,将不同方案优缺点、实现难易度对比,说明最后选择某种方案的理由和思考过程。

3）系统设计：系统功能要求、指标要求，对系统进行模块分解，写出系统框图和实现的过程顺序。

4）电路设计与调试：说明电路原理、主要元件在电路中的作用，写明电路板布局思路，说明在电路焊接和调试过程中遇到的问题和解决方法。

5）FPGA 软件编程调试：绘出程序流程图、仿真时序图。

6）电路测试方法：明确需要测试的功能和指标，说明如何搭建测试系统，功能、指标的测试步骤和方法。

7）实验数据记录分析：用图表表示频率计能够测试的最大和最小频率、频率分辨率、人机交互性等指标。

8）实验结果总结

① 基础型：总结同步时序电路设计、八段数码管的设计、按键输入的设计、频率测量的方法等。

② 综合型：总结放大电路、信号数字化、显示电路、信号产生、按键电路的自主搭建方法。结合模数电、电子工艺具体说明设计步骤。

③ 创新型：说明创新点和创意点。说明自主电路设计、制作、FPGA 模块编程、自主电路调试等过程。

9）问题及解决的方法；详谈自己的体会、收获、建议。

8. 考核要求与方法

（1）考核要求

1）独立完成，禁止抄袭。

2）鼓励创新和独立思考。

3）注重实践过程与学生的学习态度。

（2）考核方法

1）预习效果：预习报告、预考核、频率计开发相关知识。

2）硬件实物效果：频率计的焊接组装质量、合理性、可靠性。

3）软件效果：系统框图分配的合理性、仿真的完备性、注释说明清楚。

4）频率计功能：实现测试频率、人机交互、功能多样化。

5）频率计指标：频率测量范围、精度和幅度大小，其他创新性设计。

6）学习效果：学生解答问题的水平，掌握开发过程的程度。

7）实验数据的处理：是否利用 Excel 或 MATLAB 进行频率计指标的边界条件数据统计。对实现效果优异和未实现功能的频率计，总结和分析原因。

8）实验报告的书写：按照报告模板书写，具有规范性和完整性。

9. 项目特色或创新

将频率计的设计和学生自身发展需要相结合，利用开放实验室管理系统，利用教师引导作用实现了如下特色：层次化的实验内容构建、自主开放的实验管理模式，鼓励创新的实验考核方式，工程化、实践化的教学环节，多门课程实验综合应用，实现方法的多样性，采用启发式教学方法激励学生自主学习。

案例提供单位	哈尔滨工业大学(威海)信息与电气工程学院		相关专业	电子信息类专业、自动化、测控技术
设计者姓名	张 敏	电子邮箱	1713602230@qq.com	
设计者姓名	李 锡	电子邮箱	lixi966@163.com	
设计者姓名	麻志滨	电子邮箱	zbm0820@163.com	
相关课程名称	数字电子技术、模拟电子技术、电子工艺实习	学生年级	3	学时	2+12
支撑条件	仪器设备	EDA 实验箱、示波器、信号源等		
	软件工具	Quartus Ⅱ、ISE、ModelSim、LabVIEW、Altium Designer		
	主要器件	三极管 3DG6 或 9013 或集成运放 LM324 或 UA741、AD0809、AD574、EP2C5 等		

3-7　单向脉冲电源脉冲信号生成电路

1. 实验内容与任务

设计一个脉冲宽度(脉宽)、脉冲间隔(脉间)可调的脉冲波发生器,要求脉宽、脉间调节方便,可见即可得(不包括功率输出级)。

1) 方波输出 (如图 3-7-1 所示)

输出脉冲宽度:$T_1 = 4(N+1) \mu s$,$N = 1, 2, 3, \cdots, 15$。

输出脉冲间隔:$T_2 = n T_1$,$n = 1, 2, 3, \cdots, 9$。

输出脉冲 u_0 幅值不小于 10 V。

2) 脉冲宽度设置方式:选择开关组合输出

K1:4 μs

K2:8 μs

K3:16 μs

K4:32 μs

$T_1 = $"K1"$+$"K2"$+$"K3"$+$"K4"$+ 4$ μs

3) 脉冲间隔设置方式

选用直读机械式码盘开关(十——8421BCD 编码)

$$T_2 = n T_1, n = 1, 2, 3, \cdots, 9$$

4) 分组波输出(如图 3-7-2 所示)

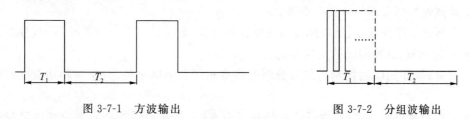

图 3-7-1　方波输出　　　　　　　图 3-7-2　分组波输出

满足上述参数条件,用 T_1 脉宽调制周期为 4 μs 方波输出。

5) 输出 u_0 必须是脉冲,禁止输出高电平信号。

2. 实验过程及要求

1) 学习了解线切割机床切割金属的工作原理,高频脉冲电源提供的脉冲宽度、脉冲间隔变化时对加工效率、加工表面光洁度的影响。

2) 查阅脉冲电源的设计相关资料,理解脉冲产生的机理,并根据课程内容、实验室提供的条件,考虑自己的设计方案。

3) 分析实验要求中提出的脉宽输出要求,计算时基频率,设计或选用振荡电路,选择石英晶体,注意最小时间步进量 4 µs。

4）复习、巩固计数器知识,注意不同进制计数器的自然计数长度,进位或借位输出信号特征,实现计数、置数的条件区别,正确选择器件。

5）做实物电路验证所设计单元电路功能。

6）构建脉冲测试环境,在要求范围内改变脉冲宽度,标定脉宽的误差,并分析误差产生的原因,改变脉冲间隔,测量脉冲占空比,分析误差原因。

7）撰写设计报告,并分组演示讲解,交流不同设计方案的特点。

3. 相关知识及背景

双向快走丝线切割机床应用广泛,尽管技术落后、加工精度低,但是优点也是难以替代的,如价格低、加工效率高、配套的脉冲电源也不需要较高和特殊的功能。目前这一类电加工设备使用最为普及的。

这是一个运用数字电子技术结合实际工程的设计型实验案例,需要了解电加工设备技术发展、工程应用中的特点,对比各种脉冲实现方案:555 时基、数字集成电路、单片机技术以及专用功能模块。不同时期的产品,依托着当时的知识背景,它们实现功能的技术方案都是被认可的。用不同的技术实现相同的功能,灵活应用课程理论知识,这正是本次实验教学所要达到的目的。

4. 教学目的

以高频脉冲电源中最基本的要求（脉冲生成）为题目,结合工程项目设计实验案例,引导学生初步认识数字电子技术涵盖了哪几类功能器件。实验要求阐述脉宽、脉间的形成及变换,信号产生误差的原因,并通过测试数据分析,对设计方案做出技术评价。这是一个课程知识结合工程实例的设计型实验,对于提高工程应用能力、提高专业认知度很有帮助。

5. 实验教学与指导

1）介绍电火花线切割机床的加工原理,了解高频脉冲的作用。

2）认识石英晶体及选择适合的振荡电路。

3）计数器如何实现信号宽度调节。

4）简略介绍脉冲宽度、脉冲间隔与占空比的含义,要求学生自学 PWM 原理,分析在给定条件下,控制脉宽、脉冲间隔的实现方式。

5）脉宽、脉冲间隔的控制与信号分频有哪些相同和不同之处,分析两种功能电路形式的区别。

6）在实验过程中,及时检查设计初稿是否合理（尤其是器件选择）,要求学生尽量选用实验室里已有的集成芯片,并尽可能多地利用已选集成芯片的片内资源及优化电路,避免造成集成电路品种过多,增加教学成本及管理难度。

7）在电路设计、搭试、调试完成后,必须要用标准仪器进行实际测量,标定所产生脉冲的误差,分析脉冲精度及误差原因。

8）在实验完成后,可以组织学生以项目演讲、答辩、评讲的形式进行交流,了解不同设计方案及其特点,拓宽知识面。

6. 实验原理及方案

（1）电路系统框图（如图 3-7-3 所示）

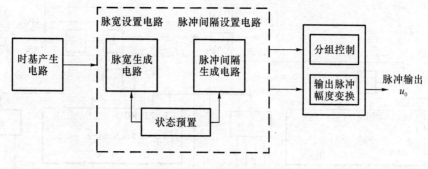

图 3-7-3　电路系统框图

（2）实现方案

1）选用 TTL 类型器件完成电路设计功能，数字集成电路总数量不超过 8 只。

2）时基电路设定：比较用 555 时基构成多谐振荡电路与石英晶体构成振荡电路的信号稳定性，考虑输出脉宽、间隔设置要求，选择基本振荡信号频率及电路形式，分频级数。

3）充分理解"实验内容与任务"中输出脉宽的标定方式（"选择开关组合输出"）和脉冲间隔指示方式（"直读式码盘开关"）的规定，这是为了让设备操作工能迅速掌握输出脉冲设置方法，必须以此为依据设计电路。通过实验使学生知道，应围绕用户提出的功能要求，合理优化电路设计。

4）计数器的选择：计数器分为十进制、二进制；加计数、减计数、可逆计数；产生进位、借位信号的时刻、电平、宽度也有不同；预置和清零操作功能也有同步和异步区别。计数器时序状态图如图 3-7-4 所示。

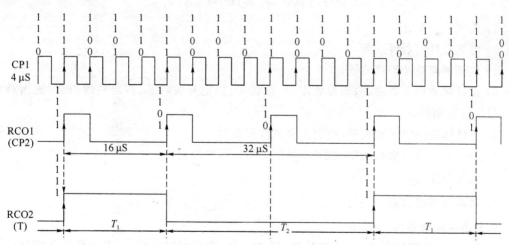

图 3-7-4　计数器状态时序图

5）由计数器实现任意进制计数电路的设计思路选择：反馈清零和反馈置数。注意脉宽设置计数器的计数长度减 1 决定了脉宽设置的步进级数。脉冲间隔设置计数器的计数长度减 1 决定了脉冲间隔设置的步进级数。示例电路如图 3-7-5 所示。

7. 实验报告要求

实验报告需要反映以下工作。

1）实验需求分析（为了让设备操作工能迅速掌握输出脉冲设置方法，规定输出脉宽的标定方式（"选择开关组合输出"）和脉冲间隔指示方式（"直读式码盘开关"））。

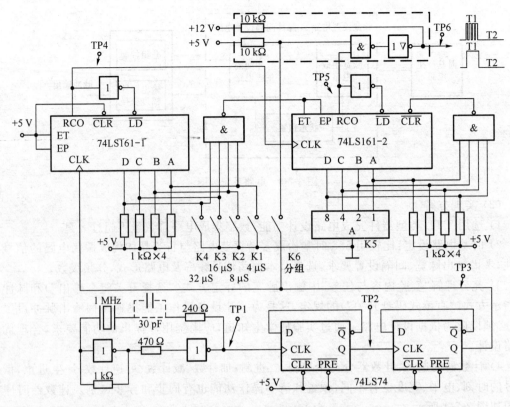

图 3-7-5 示例电路

2）实现方案论证。

3）电路设计与器件选择。

4）局部电路功能测试验证。

5）设计脉宽设置表格,包括设置序号、设置码、标定开关状态、标定时间组合、输出脉宽;按表格完成数据测试。

6）设计脉冲间隔设置表格,按表格完成数据测试。

7）任选一组测试数据绘制时序图,举例分析说明电路功能。

8）实验结果总结。

8. 考核要求与方法

（1）建立详细考核、验收表

记录、跟踪;设计方案构建、方案修正、器件选择、设计方案实施、局部电路功能实物验证、材料发放、损坏情况、完成进度(分为 A、B、C、D 四等,在总分里 A 加 5 分;B 不加分;C 扣 5 分;D 扣 10 分)。

（2）实物验收:功能与性能指标的完成程度及完成时间

实现电路功能(焊接方式完成)(40 分)

1）脉宽设置 15 分,设置与输出不符扣 5 分,不能设置,有脉冲输出扣 10 分。

2）间隔设置 15 分,设置与输出不符扣 5 分,不能设置,有脉冲输出扣 10 分。

3）分组输出 5 分。

4）输出脉冲幅度转换 5 分。

144

（3）实验质量：电路装配方案的合理性，焊接质量、组装工艺(20分)

1）整体布局：集成电路位置、方向，元件位置。（8分）

2）元件安装：所有元件贴板安装。（4分）

3）布线：水平、垂直，禁止交叉、架空。（4分）

4）焊点：形状、光泽。（4分）

（4）自主创新：功能构思、电路设计的创新性，自主思考与独立实践能力(20分)

1）设计新颖、简洁、明了。（6分）

2）电路功能理解透彻，局部电路能够反映自己的思维。（6分）

3）从拟订方案、设计、实物功能验证各个环节认真、严谨，原始设计资料、验证参数保存齐全。（8分）

（5）实验成本：是否充分利用实验室已有条件，材料与元器件选择合理性，成本核算与损耗。器件选择大众产品，应用广、成本低。（5分）

（6）实验报告：实验报告的规范性与完整性。（10分）

（7）文明操作。（5分）

9. 项目特色或创新

1）使用集成电路较少，实现135种波形输出。

2）指示输出脉冲信号（脉宽、脉间）方式简单、易懂。

3）专业基础课结合工程实例，提高学生学习兴趣，也促进了教师自身知识应用能力的提高，促进教学模式改革。

实验案例信息表

案例提供单位		成都工业学院电气与电子工程系		相关专业	电子信息类专业	
设计者姓名		李小平	电子邮箱	1205516752@qq.com		
设计者姓名		王冬艳	电子邮箱	909761859@qq.com		
设计者姓名		郑骊	电子邮箱	983206926@qq.com		
相关课程名称		数字电子技术	学生年级	2	学时	3
支撑条件	仪器设备	任意波形发生器、数字示波器、直流电源、万用表				
	软件工具	Multisim 仿真软件				
	主要器件	TTL 数字集成电路（门电路、触发器、计数器）				

3-8 两路方波脉宽实时测试仪

1. 实验内容与任务

（1）基本任务

1）采用 CMOS 器件设计一个可以自动测试两路方波信号的脉冲宽度（两路被测信号脉冲宽度单位相同，即被测信号 T_1、T_2 脉宽单位同为 ms 或 μs，被测脉宽信号的幅度要求为 3 V $\leqslant V_H \leqslant$ 5 V，$V_L \leqslant$ 0.5 V），并以数字方式将两路脉宽测试数据交替显示（3 秒）的实时测试仪。

2）测量脉冲宽度时当量程为 1～999 μs 时，其测量精度不低于 ±1 μs；量程为 1～999 ms 时，测量精度不低于 ±1 ms。

3）具有手动复位、超限指示、量程指示等功能。

（2）扩展任务

1）在脉宽测试的基础上，增加外接一路方波信号（被测信号脉冲幅度要求为 3 V $\leqslant V_H \leqslant$ 5 V、$V_L \leqslant$ 0.5 V）的频率测试功能（测频基准信号由外部提供，脉冲宽度为 1 ms 或者 1 s）。

2）测量脉冲频率时测频量程为 1～999 kHz，其测量精度不低于 ±1 kHz；量程为 1～999 Hz，测量精度不低于 ±1 Hz。

3）具有测脉宽、测频率的功能及量程指示。

2. 实验过程及要求

（1）基本功能要求

1）学习了解不同量程、精度要求下，时间和频率的测量方法。

2）学习、复习各种触发器、计数器的工作原理，注意触发方式、触发条件、计数原理、计数条件等基本概念。

3）分析测量量程的需求，计算完成实验需要的时基频率，选择时基获取方式，设计相关电路，注意测量精度、测量量程等特征参数。

4）弄清关键节点信号之间的"先后关系"，分析这一类功能电路的时序特征和控制方式，设计实时控制电路，注意脉宽测试时等待测试、测试、显示、复位等过程的理解和单元电路的功能与时序的配合问题。

5）设计两路测试方波选通电路及选通信号指示，注意选通要求、选通时刻、测试时间、显示时间等参数的匹配。

6）分析单脉冲或者连续方波信号的测试原理，分析脉冲宽度测量的条件，设计脉冲边沿检测电路、门控电路、时基计数电路，注意测试过程中的时序配合问题。

7）分析静态显示、动态扫描显示的工作原理与电路结构特点，构思脉宽测试数据的显示方式，设计数字译码、显示及其驱动电路。

8）为体现对时序的认识，要求注意两个通道测试数据均显示出复位为零，等待测试、测试

146

时显示测频计数过程、测试结束数据稳定显示的自动循环过程。

9）构建脉宽测试环境，以信号发生器提供的方波信号为被测脉冲信号，在量程范围内改变脉冲宽度，测定脉宽的测量误差，并分析误差产生的原因。

10）撰写设计报告，并分组演示讲解，交流不同测量方案的特点。

（2）扩展功能要求

1）分析频率测量需求，构建频率测量通路，注意测频精度、量程等特征参数。

2）构建测试环境，由外部提供脉冲宽度为 1ms 或者 1s 的测频基准信号，由任意波形发生器产生被测频率信号，在量程范围内改变被测信号频率，测定频率的测量误差，并分析误差产生的原因。

3. 相关知识及背景

这是一个运用数字电子技术基础知识解决电子测量实际工程中时间参数测试的典型案例，需要用到门电路、组合电路、触发器、计数器，数据显示、时序配合、误差分析等相关知识与技术方法，并涉及测量量程、测量误差、测量精度、仪器校准等工程概念与方法。

4. 教学目的

在较为完整的工程项目实现过程中引导学生了解时钟与时序配合、时间测量方法、电子测量技术等知识，并根据工程需求比较各类功能器件的同异性，选择技术方案；引导学生建立时序概念，培养时序控制思维，根据需要选择适合的数字集成芯片、设计电路，创建电路调试方案，构建测试环境与条件，并通过测试与分析对项目做出技术评价。

5. 实验教学与指导

本实验是一个比较贴近工程实例的实践项目，需要经历学习研究、理论分析与计算、方案论证、电路设计、调试、测试、数据分析、设计总结等过程。在实验教学中，应在以下几个方面加强对学生的引导。

1）学习时间和频率的测量方法，了解随着方波周期、占空比的变化带来测量精度、量程的不同，使学生掌握在测量方法、器件选择与使用等方面的不同处理形式。

2）不同触发器、计数器，其触发方式、触发条件、计数原理、计数条件等都有各自的特点，后续的时序配合、计数方式、显示方式也要根据前面单元电路的信号特点来设计。

3）学习在不同脉冲宽度与频率要求下为达到量程、精度的要求，对时基的要求及其实现方法。

4）由于两路方波信号交替测量、显示，因此检测有效的方波边沿去开关门以便对时基进行正确的计数尤为重要，所以常规门电路用来实现门控就不是很适合，采用触发器来识别上升沿、下降沿甚至完成门控功能才能保证测量的准确性与精度，而可供选择的触发器也很多，如 RS 触发器、JK 触发器、D 触发器等。

5）强调信号在电路各节点的具体工作要求，将测试过程分解为等待测试、测试、显示、复位等工作步骤以帮助学生理解时序在项目中的重要性，要求根据项目需求学习如何搭建适合的时序信号电路以实现实时控制。

6）可以简略地介绍动态扫描显示的基本原理，要求学生自学数据传输与显示方式之间的关系，以实现数据的正确显示。

7）在实验过程中，要求学生尽量选择实验室里已有的功能集成多的芯片，并尽可能多的利用已选集成芯片的片内资源，以实现成本控制。

8）在电路设计、搭试完成后，创建电路的调试方案，并按照步骤实施调试。

9）在调试完成后，构建测试环境，用标准仪器进行对比测试，标定所完成的两路方波脉宽实时测试仪的误差，分析测量精度及误差原因。

10）在实验完成后，可以组织学生以项目演讲、答辩、评讲的形式进行交流，了解不同解决方案及其特点，拓宽知识面。

6．实验原理及方案

（1）系统结构（如图 3-8-1 所示）

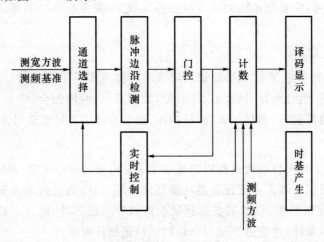

图 3-8-1　系统结构图

（2）实现方案（如图 3-8-2 所示）

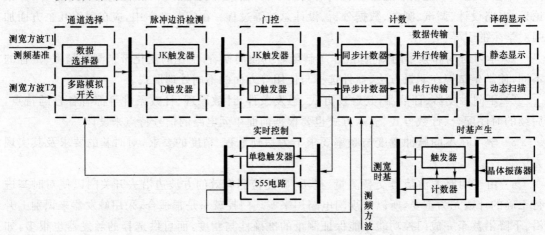

图 3-8-2　系统方案图

首先，选择合适频率的石英晶体振荡器组建基本振荡信号，然后根据测量量程的要求对基本信号进行分频，提供合适的时基。分频器可以选择触发器（JK 触发器、D 触发器）、计数器（二进制计数器、十进制计数器、二—五—十进制计数器等）等实现。

其次，两路测试信号通道的选通可以选用数据选择器、多路模拟开关等，注意测试过程中通道切换的时刻。

之后，需要将被测信号作为门控信号去控制时基的被计数，这要求选择合适的触发器（JK

148

触发器、D触发器)对脉冲进行边沿检测,以便开门、关门,但是只有有效的上升沿、下降沿才能构成门控信号。在触发器选择时注意电平触发、边沿触发的区别,注意上升沿、下降沿的检测及有效信号的选用,同时注意集成芯片中片内资源的使用(避免浪费,减少集成芯片数量)。

之后,考虑测试数据的输出方式,就是说必须注意到计数数据的个、十、百位输出方式是采用并行输出,还是串行输出,并行输出硬件成本高,串行输出需要注意数据输出的先后顺序和时间,选择合适的计数器(同步计数器、异步计数器、十进制计数器、多位集成计数器、计数译码集成芯片)完成对与量程相匹配的时基的计数工作,注意在通道转换时需要复位后对新通道信号重新计数。

接着,计数结果需要译码才能由 LED 数码管显示出十进制数据,并行输出数据显示可以采用静态显示、串行输出数据采用动态扫描显示,但必须注意的是如果动态扫描时频率过高,每个位显示的时间太短,数码管亮度就会不够,如果扫描频率太低,则会有明显的闪烁感。LED 数码管可以选择共阴、共阳两种,这要求选择相应译码器匹配,为简化电路可以考虑译码器与计数器集成的模式。

最后,根据自动测试过程:等待测试 → 测试 → 3s 显示 → 复位 → 通道切换→等待测试等步骤,分析控制时序,选择集成单稳电路或者 555 电路设计实时控制电路,提供通道转换信号、3s 显示时间、计数器复位等信号,解决各单元电路的时序配合问题。

7. 实验报告要求

实验报告需要反映以下工作。

1)实验要求分析。

2)理论分析与计算。

3)单元电路方案论证。

4)电路设计与信号匹配。

5)电路调试方案。

6)电路测试方案。

7)实验数据记录与比较。

8)误差计算与分析。

9)实验结果总结。

8. 考核要求与方法

(1)实物验收:项目功能与性能指标的完成程度(如脉冲宽度测量精度、测量误差),完成时间。

为培养学生的工程概念,项目内容可以分成 A、B 两大块进行,考核方法是按照标准调试流程制定的实物验收细则,强调步骤与方法。

(2)实验质量:电路方案的合理性,焊接质量、组装工艺。

1)集成电路选择。

2)计数、译码电路组成选择。

3)整体布局。

4)元件安装:所有元件贴板安装。

5)布线:水平、垂直,禁止交叉、架空。

6)焊点:形状、光泽。

（3）自主创新：功能构思、电路设计的创新性，自主思考与独立实践能力；实现功能电路是否简洁。

（4）实验成本：是否充分利用已有集成芯片，材料与元器件选择合理性，成本核算与损耗。集成电路选择是否为主流品种；易购、低成本；充分利用片内资源。

（5）实验数据：测试数据和测量误差。

1）设计制作过程中，单元功能验证获取的原始数据（原始设计图，测试结果）。

2）分析测试数据，所设计的电路工作状态可能出现的测量误差。不同时基（占空比不同）信号可能产生的测量误差，并用波形图比较描述。

（6）实验报告：实验报告的规范性与完整性。

通过上面 6 个方面的考核，其分值分配为：

1）完成 B 板计 40 分。

时基 10 分；计数 10 分；译码 10 分；显示 10 分。

2）完成 A 板计 45 分。

手动复位 5 分；脉冲沿识别、门控 15 分；实时控制功能 15 分；通道选择 5 分；超限指示 5 分。

3）扩展功能，调试方法创新 15 分。

9. 项目特色或创新

将数字电子技术中的基本知识结合电子测量技术中时间、频率的测试原理构成了具有工程背景的项目，不仅体现了数字电路基础知识的综合应用、实现途径多样性与测试技术的误差分析方法，同时本项目让测试过程（等待测试 → 测试 → 显示结果 → 复位 → 通道切换 → 等待测试 →）从"后台"走到"前台"，学生能从显示器上看见测试过程的步骤变换，对测试功能、时序认识，都有积极帮助，更有利于不同层次学生掌握、巩固课程知识，并为以后学习 FPGA、单片机原理及应用、电子测量技术等课程奠定工程基础。

实验案例信息表

案例提供单位		成都工业学院电气与电子工程系	相关专业		电子信息专业
设计者姓名		郑骊	电子邮箱		983206926@qq.com
设计者姓名		王冬艳	电子邮箱		909761859@qq.com
设计者姓名		李小平	电子邮箱		1205516752@qq.com
相关课程名称		数字电子技术	学生年级	2	学时	16
支撑条件	仪器设备	任意波形发生器、数字示波器、直流电源、万用表			
	软件工具	Multisim			
	主要器件	COMS数字集成电路（门电路、组合电路、触发器、计数器）			

3-9 数模转换器的认识及应用

1. 实验内容与任务

（1）基本要求

1）数模转换器 DAC0832 的功能测试，包括：

① 连接 D/A 转换的测试电路。

② 测试调零以及功能端 $\overline{CS}$、ILE、$\overline{WR1}$、$\overline{WR2}$、$\overline{XFER}$ 的作用，并观察输出端的变化。

③ 操作输入数据 $D_0 \sim D_7$，当 $D_0 \sim D_7$ 从 00000000～11111111 变化时，观察 D/A 转换后的输出电压的变化，测量输出电压的与理论值进行比较，计算误差，分析输出电压与输入数据 $D_0 \sim D_7$ 的关系。

2）数模转换器的应用。设计并制作一个简易数控稳压器。

① 输出电压大小随着输入的数字量的变化而变化，输出电压范围 0～9.9 V。

② 数字量的输入改由可逆计数器产生，计数器调节输出电压的大小只需两个按键，要求输出电压的大小与可逆计数器的数码显示值一致，步进为 ±0.1。

（2）发挥提高部分

设计一个数控增益放大器。

要求：输入正弦交流信号幅值 20 mv，输出电压幅值 10 V。

① 通过控制 DAC0832 的数字量的变化，使得放大器的增益可调。

② DAC0832 的数字量的变化通过计数电路实现，步进为 ±1。

（3）实验任务

实验任务包括：设计实验电路原理图，选择元器件。连接实验电路，测量输出电压的大小并与技术指标进行比较，分析实验结果。

2. 实验过程及要求

（1）实验前做好实验的预习

进入实验室前应提交预习报告，实验指导老师验收通过后，才能发放元器件，进行试验。实验前应完成的任务如下。

1）学习并查找所需集成电路的引脚图及技术参数。

2）明确稳压输出的概念，思考如何提高电路的带负载能力问题；选择数控单元电路时，应考虑调节数字量并进行数码显示输出的电压值的方法。

3）讲解综合性实验的预习报告的撰写规范，包括：

① 明确技术指标及要求，进行方案论证，画出甄姬框图，设计单元电路，进行电路仿真，并存储仿真结果。

② 选择元器件（包括集成芯片和电阻电容等）时，考虑集成运放的输入电阻、增益带宽积、电源电压等，列出元器件清单。

③ 拟定实验数据记录表,列出实验仪器设备清单。

(2) 实验过程及要求

1) 首先搭接实验电路,电路通电前应再次确认电源连接是否正确,然后再通电;通电后观察实验集成芯片有无异常,如发烫、冒烟等,确认无异常后再进行测试。

2) 认真观察数模转换是如何将数字量转换成模拟量的,记录实验原始数据。

3) 实验完成后,组织学生讲解自己的设计方案,回答实验指导老师提出的问题。

4) 撰写实验报告,分析与处理实验数据,总结实验中遇到的故障及解决的方法,提交总结报告,报告中明确对实验的建议和希望。

3. 相关知识及背景

这是一个综合运用数字和模拟电子技术的案例,涉及知识与背景如下。

1) 理论基础:涉及集成可逆计数及数码显示、数模转换、集成运算放大器组成的线性放大,以及纹波电压、电压调整率、电路的带负载能力的测量方法等。

2) 知识的综合应用:综合性实验的设计方法、方案论证、电子元器件的选择等。

3) 综合技能:学生要有电子技术知识的综合应用能力,包括:电路的仿真、布局、调试、排除故障的能力,以及设计报告、实验报告的书写能力及对实验的总结与创新能力等。

4. 教学目的

1) 在较为完整的项目设计过程中实现引导学生了解数控的方法和技术的应用,了解如何根据技术指标需求进行技术方案的比较选择。

2) 引导学生学习查找资料,根据需要设计电路、选择元器件,安装与调试设计电路,并通过测试与分析对项目做出技术评价。

3) 培养学生对模拟电子技术和数字电子技术综合应用能力,全面培养学生的电子电路制作的综合素质。

5. 实验教学与指导

本实验的过程是一个完整的模数转换器的认识和应用过程,需要经历学习研究、方案论证、系统设计、实现调试、测试标定、设计总结等过程。在实验教学中,应在以下几个方面加强对学生的引导。

1) 学习数字控制的基本方法,了解数控所需要的基本环节包括数字信号的产生、数模转换以及信号的放大处理。

2) 掌握如何利用集成运放的线性运算实现数码显示与输出电压的线性关系,利用跟随器实现提高电路的带负载能力。

3) 实验要求的精度并不高,因此将数字信号转换为模拟信号时可供选择的方式较多,如常规的权电阻网络 DAC、R-2R 倒 T 形电阻网络 DAC 和单值电流型网络 DAC 等。

4) 简介如何根据技术指标进行流程图的设计、单元电路的设计、方案论证及选择;撰写实验的预习报告,设计报告的规范性。

5) 在电路设计、搭试、调试完成后,必须要用标准仪器设备进行实际测量,分析误差原因;需要根据实验室所能够提供的条件,设计测试方法,选择测量仪器设备。

6) 引导学生掌握综合性实验电路调试的一般步骤,根据电路功能,分单元电路进行调试。比如:本次实验中 DAC0832 的应用的实验内容,第一步搭接并调试 DAC0832 组成的基本模数转换单元,第二步搭接并调试集成运放组成的加法器,前面两部分电路都正确后,第三步将两部分联机调试,第四步搭接并调试计数译码显示单元,检查无误后,再与前面电路联调。

7）故障的排除的一般步骤：在排除故障时，第一步检测电路的电源，第二步检测功能端，第三步按照"逆行法"（即由输出开始查起）一边查一边判断。判断是连接出了故障，还是集成电路损坏了，还是设计本身的问题。总之，故障的排除能力是长期实践过程中积累的经验与理论知识相结合的一种综合能力。

8）在实验完成后，撰写总结报告，组织学生以项目答辩、评讲的形式进行交流，了解学生通过实验是否达到教学目的，了解和交流不同解决方案及其特点，拓宽知识面。

6. 实验原理及方案

（1）数模转换的工作原理简介

数模转换器（DAC0832）用来将数字量转换成模拟量，D/A 转换器采用倒 T 形 R-2R 电阻网络，如图 3-9-1 所示。

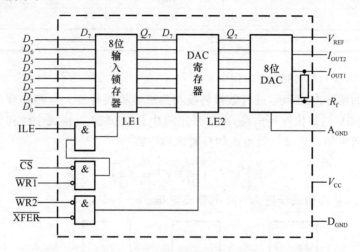

图 3-9-1　DAC0832 的功能示意图

它包含了一个 8 位数/模转换器和两个 8 位寄存器。8 位数字量从 $D_0 \sim D_7$ 输入，它是先输入锁存器，再转送到 DAC 寄存器，然后将寄存器内的数字量转换成模拟量。DAC0832 是电流输出（输出端为 I_{OUT1} 和 I_{OUT2}），需外加运算放大器。芯片中已经设置了反馈电阻 R_f，将第 9 脚与运算放大器的输出端相连。输出电压的数值和极性与参考电压 V_{REF} 有关。一般 V_{REF} 在$-10V \sim +10V$ 之间选定。

（2）数模转换器 DAC0832 的功能测试

实验电路图如图 3-9-2 所示，实验结果填入表 3-9-1。

输出电压 $V_O = -\dfrac{V_{REF}}{2^8}(D)_8 = -\dfrac{V_i}{2^8}(D)_8$，增益 $A_u = \dfrac{V_O}{V_i} = -\dfrac{(D)_8}{2^8}$，最大约为 1，最小为 1/256。

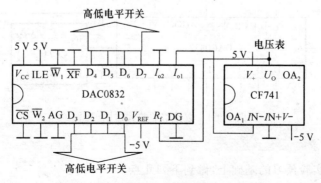

图 3-9-2　数模转换功能测试电路图

153

表 3-9-1　DAC0832 功能测试数据记录表

工作条件：$V_{DD}=5$ V；$V_{REF}=V_{i1}=-5$ V；$V_{o1}=V_{REF}(D)8/2^8$；$A_{U1}=V_{o1}/V_{i1}=(D)8/2^8$

数字量(D)8	理论输出 V_{o1}	理论放大 A_{U1}	实际输出 V_{o1}	实际放大 A_{U1}
11111111	4.98 V	0.996		
01111111	2.48 V	0.496		
00111111	1.23 V	0.246		
00011111	0.605 V	0.121		
00001111	0.293 V	0.058		
00000111	0.137 V	0.027		
00000011	0.058 V	0.012		
00000001	0.020 V	0.004		
00000000	0.000 V	0.0000		

（3）数模转换器 DAC0832 的应用

设计提示：如图 3-9-3 所示，进行数模转换与集成运算线性放大电路综合应用。要构成输出电压最大为 9.9V 的数模转换电路，可以采用两片 DAC0832 以构成个位和十位的模数转换的输出电压，然后采用由集成运放组成的反相求和电路

$$V_o = -\left(\frac{R_f}{R_1}V_{o1} + \frac{R_f}{R_2}V_{o2}\right)$$

取 $R_1=10R_2$，从而构成步进为 0.1 的输出电压。

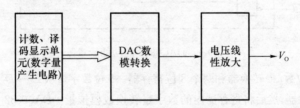

图 3-9-3　数控电压放大器的框图

（4）高精度增益数控放大器（如图 3-9-4 所示）

$$V_i = -\frac{V_o}{2^8}(D)_8 \qquad A_u = \frac{V_o}{V_i} = -\frac{2^8}{(D)_8}$$

当数字量 $(D)8=1$ 时有最大增益 256，最小约为 1，具有放大器功能。

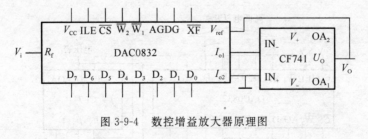

图 3-9-4　数控增益放大器原理图

7. 实验报告要求

实验报告要在实验预习的基础上，做到下列几点。

1）技术指标分析的基础上，进行方案论证，画出设计框图及单元电路设计图，并进行原理

描述。选择元器件,拟定实验记录表。

2) 详述实验电路的调试过程,记录详细的实验数据,并对其进行计算分析等,对每一实验内容应得出实验结论。

3) 通过实验调试电路方案,是否有新的设计方案或电路有没有改进? 如果有,请画出设计电路原理图。

4) 实验过程中遇到了哪些故障? 如何排除的?

5) 对本次试验有什么意见和建议?

8. 考核要求与方法

1) 每次实验成绩由三部分构成:预习 20 分、实验操作 50 分、实验报告 30 分。

2) 每次试验前学生一定要有预习报告,预习报告内容包括:实验目的、实验电路原理图、电路仿真的文档及数据记录、本次试验所需元器件的数量和型号、所需仪器设备清单,预习时的参考文献。进入实验室时,实验指导老师进行抽查,回答问题。老师进行详细情况记录。

3) 未进行实验预习者,不得参加本次实验,需要参加下一批实验或预约开放实验,其本次实验成绩按正常打分的 70% 计算。

4) 操作过程中,如不按操作规程造成实验设备局部轻微损坏者,应在本次实验操作的 50 分中适当扣分,直至为 0 分;造成设备严重损坏及其他事故者,除按规定进行赔偿外,本次实验操作为 0 分,该门课程实验成绩扣 10～40 分。

5) 在实验教学过程中,如果学生对实验有独到的见解或改进方案,根据情况予以创新奖励 5～20 分,直接计入实验最终成绩,但总和上限不得超过 100 分。

6) 实验报告应真实、完整地反映实验情况,若发现捏造、弄虚作假、抄袭等违规行为,本次实验报告作 0 分处理。

9. 项目特色或创新

1) 综合性强:将数字电子技术与模拟电子技术综合应用,提高了学生对电子技术的认知能力。

2) 针对不同层次的动手能力,实验内容由易到难,由简单到复杂,起到了选拔的作用。在进行试验的调试过程中,大大提高了学生对综合电路的设计与调试的素质。为后面课程设计及毕业设计打下基础。

实验案例信息表

案例提供单位		南京师范大学电气与电子工程学院		相关专业	电子信息类专业	
设计者姓名		郭爱琴	电子邮箱	491452711@qq.com		
设计者姓名		陈余寿	电子邮箱	chenyushou@njnu.edu.cn		
设计者姓名		高翔	电子邮箱	gaoxiang@njnu.edu.cn		
相关课程名称		模拟电子技术基础数字电子技术基础	学生年级	2	学时	12
支撑条件	仪器设备	电子实训综合实验装置(含稳压电源、函数信号发生器等)、双踪示波器、数字万用表				
	主要器件	数模转换器 DAC0832、集成运算放大器 LM324、三极管等				

3-10　基于可编程器件的微波炉控制器的设计与实现

1. 实验内容与任务

（1）基本要求

基于状态机设计一个具备定时和信息显示功能的微波炉控制器。要求该微波炉控制器能在任意时刻取消当前工作，复位为初始状态；可以根据需要设置烹调时间的长短，系统最长烹调时间为 59 min 59 s；开始烹调后能显示剩余时间的多少及微波炉的烹调状态。

（2）扩展要求

1）增加预约烹调、火力选择功能，最长预约时间为 6 h，有 4 个火力挡位可供选择。

2）烹调结束有音乐提示音。

2. 实验过程及要求

1）预习要求：明确设计任务要求，充分理解题目和各项指标的含义；画出微波炉控制器顶层原理框图；查阅资料，选择系统控制电路部分合适的状态机模型，画出状态关系转换图并用 VHDL 语言描述；确定受控电路各功能模块的实现方案。

2）软件应用过程演示：以简单的计数器系统作为案例，演示如何使用 EDA 工具完成数字系统自上而下的设计思想，强调软件操作过程中容易出现的问题，从而避免学生占用过多精力纠结于软件的使用方法而非数字系统如何设计上的问题。

3）系统输入及仿真。

4）下载调试：仿真成功后，下载到实验平台进行调试。

5）验收答辩：学生以答辩的形式展示实验结果，回答老师及同学提出的相关问题。

6）实验报告：按要求将系统设计方案、各模块实现原理、下载调试遇到的问题等内容写入实验报告。

3. 相关知识及背景

微波炉是加热食品的现代化烹调工具，微波炉控制器完成其各工作状态之间的切换。现代数字系统设计一般采用自顶向下的模块化设计方法，将系统划分为控制器和受控电路。受控部分电路设计较为容易，通常是设计者熟悉的功能电路。控制器是数字系统的设计重点，常用有限状态机实现，是 EDA 实践教学的重点内容。

4. 教学目的

1）掌握利用 EDA 软件进行数字系统设计、仿真、下载、调试的全过程。

2）掌握应用有限状态机实现数字系统控制电路设计的方法。

3）进一步掌握 VHDL 语言的编程方法和应用技巧。

4）提高学生综合运用专业知识及处理实际工程问题的能力。

5. 实验教学与指导

1）帮助学生明确设计任务要求,充分理解题目和各项指标的含义。

2）指导学生进行微波炉控制器系统的顶层设计:根据基本要求和扩展要求,构思各项功能的实现方法、操作和显示方式;决定构成系统的各功能模块、各模块间的接口与协调配合;分配 PLD 器件 I/O 端口。

3）指导学生选择合适的状态机模型描述控制部分电路,强调正确画出状态关系转换图、VHDL 语言描述状态机的方法。

4）受控电路各功能模块的设计与调试,强调数码管动态显示原理、按键的消抖电路、音阶电路的分频原理等问题。

5）指导学生进行微波炉控制器系统联调。

6）评选出优秀的实验作品,组织学生以答辩的形式展示实验结果,加强交流。

6. 实验原理及方案

（1）微波炉控制器的系统组成

微波炉控制器系统一般由五个电路模块组成(如图 3-10-1 所示)。状态控制电路,其功能是控制微波炉工作过程中的状态转换,并发出相关控制信号;数据装载电路,其功能是控制信号选择时间,测试数据或计时完成信息的载入;计时电路,其功能是对时钟进行减法计数,提供烹调完成时的状态信号;显示译码电路,其功能是显示微波炉控制器的各状态信息;信息输入电路,可以设定烹饪时间、火力挡位等。

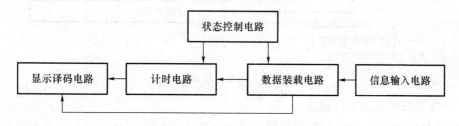

图 3-10-1　微波炉控制器系统组成

（2）微波炉控制器主要模块分析

1）状态控制电路

状态控制电路的功能是根据输入信号和自身当前所处的状态完成状态的转换和输出相应的控制信号。根据微波炉工作流程的描述,分析状态转换条件及输出信号,可以得到如图 3-10-2 所示的微波炉控制器状态转换图。其中,输出信号 LD_DONE 指示数据装载电路载入烹调完毕的显示驱动数据;LD_CLK 指示数据装载电路载入的设置的时间数据;LD_TEST 指示数据装载电路载入的用于测试的数据;COOK 指示烹饪的状态,并提示计时器进行减法计数。图中 RESET 信号有效时,系统复位清零;输入/输出对烹调时间设置、显示译码测试、完成信号显示和减法计数定时四个状态进行相应的转换。

2）数码显示模块

动态扫描形式的数码管原理如图 3-10-3 所示。动态显示的特点是将所有位数码管的段选线并联在一起,由位选线控制各位数码管,简化了硬件电路。轮流向各位数码管送出字形码和相应的位选信号,利用发光管的余辉和人眼视觉暂留作用,使人感觉好像各位数码管同时在显示。

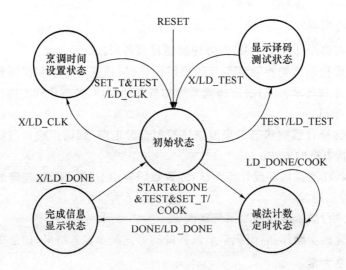

图 3-10-2　状态控制器状态转换图

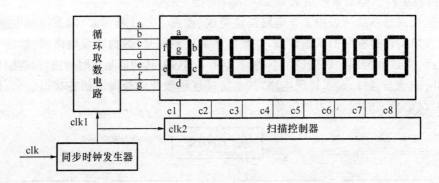

图 3-10-3　动态扫描显示原理

3）4×4 矩阵键盘的工作原理

矩阵键盘又称为行列式键盘,它是用 4 条 I/O 线作为行线,4 条 I/O 线作为列线从而组成的键盘。在行线和列线的每一个交叉点上,设置一个按键。这样键盘中按键的个数是 4×4 个。这种行列式键盘结构能够有效地提高 I/O 口的利用率。矩阵键盘通常用单片机控制,也可完全使用 CPLD/FPGA 控制。

4）按键消抖电路

通常的按键所用开关为机械弹性开关,当机械触点断开、闭合时,由于机械触点的弹性作用,一个按键开关在闭合时不会马上稳定地接通,在断开时也不会一下子断开。因而在闭合及断开的瞬间均伴随有一连串的抖动,如图 3-10-4 所示,为了使这种现象不对按键信号造成过度干扰,需要设计按键消抖电路。

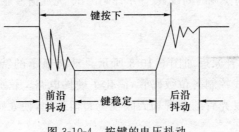

图 3-10-4　按键的电压抖动

158

按键消抖电路的设计原理为滤除前沿和后沿抖动毛刺,提取稳定按键信息。可通过对一个按键信号进行采样,如果连续两次采样都为低电平,则认为信号已经处于稳定状态,这时输出一个低电平的按键信号,否则只要一次取样不为低电平,则认为是抖动,将其丢弃。如图 3-10-5 所示,其中 x/y:表示输入和输出,左侧为输入信号,右侧为输出信号,当按键按下为低电平,松开为高电平。

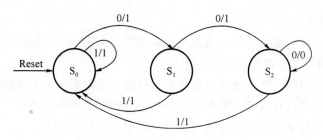

图 3-10-5　基于状态机的消抖原理

5) 音乐提示音相关原理

音乐上的十二平均定律规定:每两个八度音之间的频率相差一倍。在这两个八度音之间,分成十二个半音,每两个相邻半音有固定频率比。音名 A 的频率为 440 Hz。音名 B 到 C 之间、E 到 F 之间为半音,其余为全音。可计算得到从 A(简谱的低音 6)到 a1(简谱的高音 6)之间每个音名的频率,见表 3-10-1。可通过高频分得低频的方法产生任意频率的信号。

表 3-10-1　音阶频率对照表

A:440 Hz	a:880 Hz	a1:1760 Hz
B:493.88 Hz	b:987.76 Hz	
C:523.25 Hz	c:1046.50 Hz	
D:587.33 Hz	d:1174.66 Hz	
E:659.25 Hz	e:1318.51 Hz	
F:698.46 Hz	f:1396.92 Hz	
G:783.99 Hz	g:1567.98 Hz	

7. 实验报告要求

实验报告应包括以下几部分内容。

1) 实验项目名称、实验内容及要求。

2) 系统功能设计和操作方法的说明。

3) 系统顶层逻辑设计与仿真。

4) 功能模块与单元电路设计方案与设计过程(详述原理、实现思路、完整的程序语言、仿真结果)。

5) 详细叙述调试中遇到的问题及解决办法。

6) 系统完成情况及结果分析,系统有待完善之处及改进方法。

7) 实验收获与心得。

8) 参考文献。

8. 考核要求与方法

成绩评定标准参考:

1）分阶段对学生表现进行评估,包括前期资料搜集及整理情况、方案选择的理论依据及创新性、顶层模块及单元电路的仿真结果(20%)。

2）实验项目基本要求的完成情况(40%)。

3）实验项目扩展要求的完成情况(30%)。

4）项目实验报告(10%)。

9. 项目特色或创新

1）基础性:学生可以重点掌握状态机的设计方法,还可以学习计时器、分频器、显示控制、键盘控制、去抖电路等基本电路的实现方法。

2）可行性:本实验项目作为数字系统综合设计前 4 学时的过渡性实验,难易程度适宜。

3）研究性:学生通过查找参考资料,自行设计系统框架、程序流程等。

4）趣味性:本实验项目来源于生活,具有声音、显示等感官体验。

5）互动性:通过优秀实验成果公开答辩的形式,扩宽学生的视野,实现举一反三的教学目标。

实验案例信息表

案例提供单位		大连海事大学 信息与科学技术学院	相关专业	电子信息与通信等专业		
设计者姓名		吴迪	电子邮箱	woody0612@163.com		
设计者姓名		谭克俊	电子邮箱	Tkejun@dlmu.edu.cn		
设计者姓名		翟朝霞	电子邮箱	zhaizhaoxia@163.com		
相关课程名称		EDA 技术与应用	学生年级	3	学时	4+4
支撑条件	仪器设备	示波器、频率计、逻辑分析仪、稳压电源				
	软件工具	Quartus II 或 ISE				
	主要器件	LED 数码管或 LCD 数码显示器,显示驱动器件,按键及开关,LED 指示灯,喇叭或蜂鸣器等				

第4部分 电子电路综合设计实验

4-1 中频自动增益控制数字电路的研究

1. 实验内容与任务

（1）基本任务

1）用加法器实现2位乘法电路。

2）用2片4位加法器实现可控累加（加/减，－9～9，步长为3）电路，最大数字是99。

3）用2片4位移位寄存器实现可控乘/除法（2～8，步长为2n）电路，最大数字是64。

（2）发挥部分

1）用DAC0832实现8～10 kHz(300 mV)模拟信号和8位数字信号输入，8～10 kHz(2 mV～3 V)模拟信号输出的可控乘/除法电路。

2）设计一个电路，输入信号50 mV～5 V峰峰值，1～10 kHz的正弦波信号，输出信号为3～4 V的同频率，不失真的正弦波信号，精度为8位，负载500 Ω。

3）发挥部分2）中，若输出成为直流，电路如何更改。

2. 实验过程及要求

本实验学生1～3人一组，以小组为单位进行。在实验过程中，学生应自行复习之前学习过的电路分析、模拟电子技术、数字电子技术、单片机技术等相关课程的内容，搜集资料。小组成员通过分工设计和讨论等方式设计出符合要求的电路，通过Multisim、Proteus等仿真软件对电路进行仿真验证，自行选择和购买元器件并制作电路实物。实物制作完成后，根据设计任务要求，自行设计测试方法及测试表格，通过测试得出所做电路的性能指标。每名小组成员分别单人独立撰写设计报告。

3. 相关知识及背景

自动增益数字控制电路是一种在输入信号变化很大的情况下，输出信号保持恒定或在较小的范围内波动的电路。在通信设备中，特别是在通信接收设备中起着重要的作用。它能够保证接收机在接收弱信号时增益高，在接收强信号时增益低，使输出保持适当的低电平，不至于因为输入信号太小而无法正常工作，也不至于因为输入信号过大而使接收机发生堵塞或饱和。

4. 教学目的

掌握中频自动增益数字电路设计可以提高学生系统地构思问题和解决问题的能力。通过自动增益数字电路实验可以系统地归纳掌握用加法器、A/D和D/A转换电路设计加法、减法、乘法、除法和数字控制模块电路技术，培养学生通过现象分析电路结构特点，进而改善电路的能力。

5. 实验教学与指导

介绍本课程的目的和任务,讲解电子系统设计的基本方法和一般步骤,明确本题目的设计任务,分析系统工作原理,简要给出参考设计方案(仅给出框图)及参考元器件,列出参考书目,通过图片和视频演示教师制作好的作品实物,提出设计报告的内容和格式要求,明确设计任务完成时间、实验室场地开放时间、教师答疑安排、实物验收及答辩要求、课程成绩评定方法及标准。

课程期间任课教师轮流值班答疑,解答学生关于题目设计制作的各种问题。

6. 实验原理及方案

(1) 两位二进制乘法电路

1) 实验原理

若实现二位的乘法,可将两个乘数分别用二进制表示为 A_1A_0 和 B_1B_0,乘法展开分析如图 4-1-1 所示。

因此,两位二进制数的乘法可以看成是每位之间先做逻辑"与"运算,再按图中的顺序相加,故采用 4 个与门和一个四位加法器即可实现。

2) 实验方案

方案是把乘法转为加法进行,利用计数器控制加法的次数,得到结果如图 4-1-2 所示。

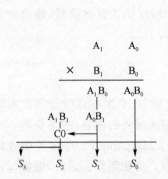

图 4-1-1　二位乘法运算

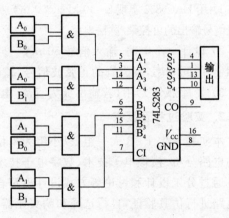

图 4-1-2　电路结构示意图

(2) 可控累加电路

要用四位加法器实现可控累加或减电路,可分为以下四部分考虑。

第一部分:要产生要求中的可变步长 B,即考虑通过 D 触发器来输出 0,3,6,9 步长。

第二部分:要实现累加或减,可以考虑将得到的结果通过锁存器进行锁存,再转为被加数或被减数,与步长 B 相加或相减即可。

第三部分:要实现加法及减法,考虑到 $A-B=A+(-B)=(A+(-B))_{补}=A_补+(-B)_反+1$,即可设计电路实现。

第四部分:由于输出结果为两位十进制数,因此应考虑如何巧妙设计电路将十六进制转为十进制。

方案一:在电路逻辑运算中直接将十六进制的运算转为十进制的运算,直接输出 BCD 码结果。

162

方案二:输出后通过逻辑电路将十六进制转换为 BCD 码。

系统结构设计如图 4-1-3 所示。

（3）可控乘除法电路

若用四位移位寄存器实现 8 位二进制数的乘除法需要两片 4 位移位器构成 8 位的移位寄存器。进行乘除法时,可以采用乘法进行左移,除法进行右移的方法。所以,要在一个系统中同时实现乘除法就必须用双向移位寄存器 74LS194。

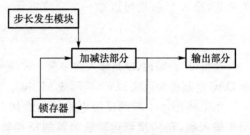

图 4-1-3　可控累加电路原理框图

除此之外需要预置数,因为 0 不能做乘除法。

再利用分频的思想,通过锁存器,将乘除进去的结果锁住后通过控制时钟在特定的时间把结果取出来,即可实现电路的功能。

方案一:采用 74LS161 计数器对时钟信号分频实现乘除法的步长控制。缺点是虽然使用时钟信号自动乘除显示是正确的,但是如果使用人工触发,乘四、乘八等得按 2 次、3 次开关。

方案二:采用多种波形发生电路。通过不可重复触发器,可输出 1～3 个方波实现乘除 2,4,8。输出信号则通过数据选择器给移位寄存器,因此实现可控乘除法。

系统结构图如图 4-1-4 所示。

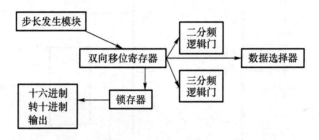

图 4-1-4　可控乘除法系统结构图

（4）模拟信号可控乘除法电路

1）实验原理

根据对 DAC0832 的数据锁存器和 DAC 寄存器的不同的控制方式,DAC0832 有三种工作方式:直通方式、单缓冲方式和双缓冲方式。DAC0832 是采样频率为八位的 D/A 转换芯片,D/A 转换结果采用电流形式输出。若需要相应的模拟电压信号,可通过一个高输入阻抗的线性运算放大器实现。运放的反馈电阻可通过 R_{FB} 端引用片内固有电阻,也可外接。DAC0832 逻辑输入满足 TTL 电平,可直接与 TTL 电路或微机电路连接。

通过利用 DAC0832 的 $D_1 \sim D_8$ 引脚进行数字信号输入,U_{REF} 为基准电压,u_i 从 U_{REF} 输入时为乘法电路,u_o 从 U_{REF} 输出时为除法电路。

图 4-1-5 所示电路中的 ILE 接高电平,其余控制端 $\overline{CS}$、$\overline{WR1}$、$\overline{WR2}$、$\overline{XFER}$ 均接低电平,使两锁存器处于常开通状态,输入的数据直接经过锁存器件、D/A 转换器进行数/模转换,输出跟随数字输入变化而变化,所以电路处于直通工作方式。

当参考电压 U_{REF} 为正时,电流由 U_{REF} 经支路电阻流入 I_{OUT1} 或 I_{OUT2};当参考电压 U_{REF} 为负时,则电流 I_{OUT1} 或 I_{OUT2} 经支路电阻流入 U_{REF},从而在 I_{OUT2} 接地情况下,输出电压

$$u_o = i_{OUT1} R_f = \frac{-U_{REF} R_f}{2^8 R} \sum_{i=1}^{7} D_i 2^i \qquad (4\text{-}1\text{-}1)$$

163

当参考电压 U_{REF} 为正时，u_o 为负；当参考电压 U_{REF} 为负时，u_o 为正。参考电压 U_{REF} 既然可负可正，那么 U_{REF} 端可以加一个交流电压 u_i（工作于四象限），从而得到

$$u_o = \frac{-u_i}{2^8} \cdot \frac{R_f}{R} \cdot \sum_{i=1}^{7} 2^i D_i = K u_i D \tag{4-1-2}$$

这里，K 是系数，D 是输入数字量。式(4-1-2)表明，u_o 正比于 u_i 和 D 的乘积。因此图 4-1-5 所示 DAC 电路称为乘法 DAC，简写成 MDAC。

如果将图 4-1-5 的反馈电阻输出端加上交流输入信号 u_i，I_{OUT2} 接地并接到运算放大器的同相输入端，I_{OUT1} 接到运算放大器的反相输入端，参考电压 U_{REF} 同时接到运算放大器的输出端，则把 R-2R 型电阻网络变成了运算放大器的反馈元件，用 R-2R 型网络和运算放大器实现了模拟信号被数字 D 除的除法器如图 4-1-6 所示。即

$$u_o = u_i \frac{-R \cdot 2^8}{R_f} \cdot \frac{1}{\sum_{i=1}^{7} 2^i D_i} = K u_i / D \tag{4-1-3}$$

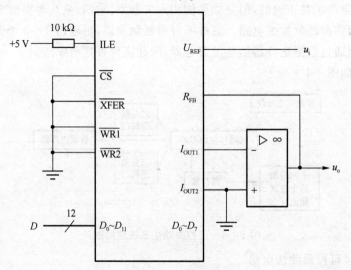

图 4-1-5　乘法电路

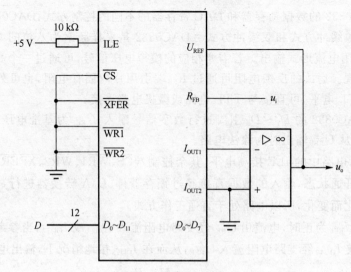

图 4-1-6　除法电路

2) 实验方案

方案一:利用 DAC0832 的 $D_0 \sim D_3$ 四个数字输入接口,可以实现从 $1 \sim 15$ 的乘法或除法,然而缺点在于无法进行大倍数的乘法或除法运算。

方案二:大倍数的乘或除法需要利用 DAC0832 的高四位。可先用 Proteus 软件进行了仿真,发现电路确实能够实现其应有的功能。琴键开关的改变反映在了输出模拟信号的幅度上。如图 4-1-7 所示。

另外,发现当输入为峰峰值 300 mV 时,通过调整 R_{EF} 的电阻,使得整个乘除法变化都处在 2 mV $\sim$ 3 V,实现八位精度控制。另外电路采用了几个单刀双掷开关来实现对乘除的控制。

系统结构设计如图 4-1-8 所示。

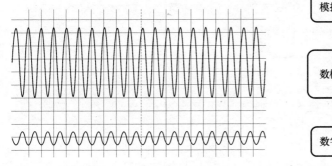

图 4-1-7　信号幅值图

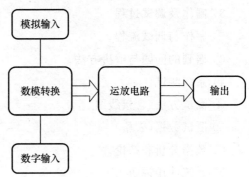

图 4-1-8　系统结构图

(5) 中频自动增益控制电路

运用 ADC0809 采集正弦波信号,时钟频率 1 MHz,START 信号频率 7 Hz,由于采样出的数字量是零到正弦波峰值电压之间的随机值,故在后面添加锁最高数字量的电路,得到数字量即与正弦波峰值成正比,最后将数字量送入 DAC 除法电路,实现可控增益。

设输入正弦波为 $u(t)$,设最高数字量为 D_{max},有

$$\frac{u(t)_{max}}{5} \times 255 = D_{max} \tag{4-1-4}$$

再由可控除法电路可知,

$$u_o = K \frac{u_i(t)}{D_{max}} = \frac{5K}{255} u'(t) = K'u'(t) \tag{4-1-5}$$

K' 为等效比例系数,$u'(t)$ 为幅值为 1 的正弦波,通过控制 K' 值即可控制输出范围,最后的输出误差应取决于 ADC 转换误差与取整误差。

ADC0809 采样出的数字量后接两个 74LS85 比较器的级联,用比较信号控制 373 锁存芯片,锁存输出接回比较器,进行循环比较,直至锁住最高数字量,由于正弦波幅值变小时无法重新锁定,故可以在比较信号与 373 控制信号之间加上手动直通电路。

系统结构设计如图 4-1-9 所示。

图 4-1-9　自动增益系统结构框图

7. 实验报告要求

内容要求如下。

1）设计任务要求。

2）设计方案及论证

① 任务分析（文字说明及理论计算）。

② 方案比较（至少两种方案）。

③ 系统结构设计（文字说明及原理框图）。

④ 具体电路设计（完整的电路原理图及文字说明）。

3）制作及调试过程

① 制作与调试流程。

② 遇到的问题与解决方法。

4）系统测试

① 测试方法（含接线图）。

② 测试数据（表格）。

③ 数据分析和结论。

5）系统使用说明

① 系统外观及接口说明。

② 系统操作使用说明。

6）总结

① 本人所做工作。

② 收获与体会。

③ 对本课程的建议。

7）列出参考文献

8. 考核要求与方法

（1）基本要求（见表 4-1-1）

表 4-1-1　基本要求考核表

类型	序号	测试项目	满分	测试记录	评分	备注
设计要求	（1）	2 位乘法电路	8	有（　）无（　）		
	（2）	累加电路	8	有（　）无（　）		
		可控电路	8	有（　）无（　）		
	（3）	乘/除法电路	8	有（　）无（　）		
		可控电路	8	有（　）无（　）		
		总分	40			

（2）发挥部分（见表 4-1-2）

166

表 4-1-2 发挥部分考核表

类型	序号	测试项目	满分	测试记录	评分	备注
设计要求	（1）	乘/除法电路	10	对		
	（2）	可控电路	10	对		
	（3）	电路输出信号	25	有（　）无（　）		
		负载 500Ω	4	有（　）无（　）		
		失真	4	有（　）无（　）		
	（4）	能否实现直线	3	能（　）否（　）		
	（5）	其他	4			
		总分	60			

9. 项目特色或创新

1）给出不同功能数字电路，设计数字控制电路，体现数字系统数字控制性能。

2）以模拟信号输入和输出波形为条件，设计控制增益数字电路，展开思路，体现开放性。

3）加法，减法，乘法，除法，A/D 转换电路，D/A 转换电路，控制电路和数字信号补偿电路。

4）克服竞争冒险现象、失真现象，精度与速度矛盾，A/D 转换和 D/A 技术等。

实验案例信息表

案例提供单位		北京交通大学电子信息工程学院国家电工电子实验教学中心		相关专业	电子信息类
设计者姓名		李赵红	电子邮箱	Zhhli2@bjtu.edu.cn	
设计者姓名		马庆龙	电子邮箱		
设计者姓名		朱明强	电子邮箱	mqzhu@bjtu.edu.cn	
相关课程名称		数字电子技术	学生年级	3	学时 16
支撑条件	仪器设备	直流稳压电源、函数信号发生器、示波器			
	软件工具	Multisim、Proteus			
	主要器件	电阻、电容、电感、二极管、三极管、集成运算放大器、集成加法器、计数器、移位寄存器等			

4-2 红外线心率计设计与制作

1. 实验内容与任务

红外线心率计的设计与制作分为两个环节，采用分组方式，2 位同学一个小组，3～4 个小组组成一个大组，并选举一个小组长负责该小组的各项事宜。该环节实验内容和任务如下。

1）模拟电路部分的设计与制作（见表 4-2-1）

表 4-2-1　模拟电路部分任务

实验内容	任务
系统电源的设计与制作	制作一个满足系统需要的电源，输出±12V
心率信号采集电路的设计与制作	制作一个能够采集心率信号的传感器电路
心率信号调理电路的设计与制作	制作一个放大、滤波、整形电路

2）单片机最小系统的设计与制作（见表 4-2-2）

表 4-2-2　单片机最小系统部分任务

实验内容	任务
单片机最小系统的设计与制作	制作一个 51 单片机的最小工作系统
显示模块的设计制作	制作一个能够显示心率值的模块
单片机程序的编写和调试	编写和调试能够计数、定时的程序

说明：根据每个小组的层次，程序可以采用老师提供的、编写部分或者编写全部程序。

2. 实验过程及要求

实验过程按照表 4-2-3 安排的顺序进行。在所有的实验结束后，要求学生写一份总结报告，报告内容包括所有电路的测试数据。每个大组制作一个 PPT，汇总交流该大组出现的问题和解决方法及心得体会等。

表 4-2-3　实验过程安排表

序号	实验过程	要求	所需软件
1	电源部分	要求学生查阅相关资料并进行仿真、制作、调试	Multisim 10
2	信号采集部分	要求学生查阅相关资料并进行仿真、制作、调试	Multisim 10
3	信号调理部分	要求学生查阅相关资料并进行仿真、制作、调试	Multisim 10
4	单片机系统部分	要求学生查阅相关资料并进行设计、制作、调试	/
5	显示部分	要求学生查阅相关资料并进行设计、制作、调试	/
6	程序编写部分	要求学生看懂并编写部分或者全部程序	Keil

3. 相关知识及背景

实验涉及的知识点有：直流电源设计基础、小信号运算放大电路的设计、低通滤波电路的设计、信号整形电路的设计和单片机编程方法。

实验采用分块调试、分块制作的方法，即学生做完一个电路马上对其调试，直至正常工作后才能进入下一个电路的制作。学生应该具备手工焊接技能、仪器的基本操作技能和元器件的识别与测试技能。

4. 教学目的

教学的主要目的是使学生通过该项目的制作,学习到电路的设计方法、电路的调试方法、电路故障的排除方法、单片机编程的基本方法,更重要的是学会以团队的方式解决各种问题。

5. 实验教学与指导

实验前,首先对整个系统做个介绍,让学生了解所要制作的电路构成;接下来提出所要解决的问题,学生根据老师的引导设计电路的参数、完成电路的焊接和调试。

学生在焊接电路板的时候会遇到很多问题,为了锻炼他们解决问题的能力,采取如下的方式:电源、传感器和放大电路部分,如果电路不能够正常工作,首先让学生以大组的方式讨论、检查电路的错误,如果解决不了,指导老师帮助解决问题,同时给学生分析故障出现的原因和故障的排除方法;单片机部分如果出现问题,则完全由学生自己解决,指导老师只是做问题上的解答,不再具体地帮助学生排除电路上的故障,这样能够很好地锻炼学生的能力。

6. 实验原理及方案

(1) 系统框图(如图 4-2-1 所示)

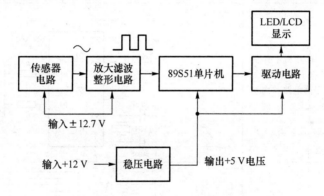

图 4-2-1 红外线心率计系统框图

(2) 实现方案(见表 4-2-4)

表 4-2-4   实现方案详情表

序号	实验名称	实验原理、思路和方法	可选方案
1	系统电源的设计与制作	±12.7 V 的直流电经过极性保护,电路输出±12 V	电源极性保护电路

序号	实验名称	实验原理、思路和方法	可选方案
2	心率信号采集电路的设计与制作	红外传感器的发射管发出红外线,经过手指被反射回来,接收管接收到反射回来的红外线,输出微小的电信号	
3	心率信号调理电路的设计与制作	"毫伏级"的信号经过两级线性放大5 000倍后送入低通滤波器滤除干扰信号,再通过单限比较器输出方波	
4	单片机最小系统的设计与制作	51单片机工作的最低条件:电源、复位、振荡电路和内部程序	
5	显示模块的设计制作	方案1:三位共阳数码管,采用动态扫描的方式,由三个三极管驱动三位数码管	
		方案2:1602液晶显示模块,资料参考LCD厂家提供的资料	

序号	实验名称	实验原理、思路和方法	可选方案
6	单片机程序的编写和调试	计数：检测某个 IO 口的电平高低，每检测到变化一次，数字加 1	心跳信号可以接普通 IO 口，通过判断该 IO 口的电平来计数；或者接单片机的定时器引脚，由计数器计数
		定时：定时器 T0 工作在定时中断方式，每 100ms 中断一次，中断 600 次为 1 分钟	

7. 实验报告要求

实验报告主要是要求学生填写表 4-2-5 和表 4-2-6。学生在设计、制作的电路的时候，要每做完一个功能模块的电路便检测电路的好坏，同时把测得的数据记录在实验报告中，老师实时批改报告，把发现的问题及时反馈给学生。

8. 考核要求与方法

该实验环节的考核主要分为如下几个部分。

1) 实物验收：测试其性能，看是否达到实验的要求，并记录完成的时间。

2) 实验质量：焊接的质量、排版布局的质量作为布局质量分，电路功能正常与否作为质量分。

3) 自主创新：主要看学生参与到设计电路、程序编写的程度来适当加减分。

4) 实验数据：主要看学生实验报告中记录的数据，每错 1 个扣 1 分。

5) 实验报告：实验报告的规范性、完整性和真实性。

6) 陈述答辩：实验结束，每个大组做一个 PPT，根据答辩的情况适当加减分。

9. 项目特色或创新

项目不同于普通院校的电子实习课，能够在短短的时间内，让学生综合模电、数电和单片机的技术知识，从本课中学习到电路的设计方法、电路的调试方法、电路故障的检测方法和单片机的编程方法，同时以大组的方式锻炼了学生的团队协作精神。

表 4-2-5　红外线心率计电路调试数据波形记录表（1）

学生姓名　　　　　　学号　　　　　　班级

极性保护电路			
测量项目	V_1、V_2（1N4007）正向压降	C_1、C_2 两端电压	V_3、V_4（发光二极管）正向压降	制作过程产生的故障及解决方法
测量值（V）				

171

血液波动检测电路			
测量项目 （不通电）	红外线传感器正向压降	红外传感器 C、E 间阻值	绘制传感器的外形
测量值			
测量项目 （通电）	U_+ （红外发射管） （正极电压）	U_C （红外接收管） （C 极电压）	手指触摸传感器测 C 极的波形
测量值（V） （通电）		手指不触摸传感器： $U_C=$ 手指触摸传感器： $U_C=$	
放大、滤波、整形电路			
测量项目	IC$_2$ 的 7 脚与 4 脚 之间的电压值	IC$_3$ 的 7 脚与 4 脚 之间的电压值	IC$_4$ 的 7 脚与 4 脚 之间的电压值	IC$_4$ 的 2 脚电压
测量数据				
测量项目	IC$_2$ 的 6 脚 的波形	IC$_3$ 的 6 脚 的波形	IC$_4$ 的 3 脚 的波形	分压后 A 点的波形
画出被测量波形 并标出幅度与周期				
第一级放大倍数： $A=$		第二级放大倍数： $A=$	试分析总的放大倍数 是如何计算的	制作过程产生的故障 及解决方法

表 4-2-6　红外线心率计电路调试数据波形记录表（2）

学生姓名　　　　　　学号　　　　　　班级

测量项目	单片机 28 脚、26 脚、24 脚 示波器双踪测量 DC 5 V/1ms	V$_4$、V$_5$、V$_6$ 的 C 极电压波形 示波器双踪测量 DC 5 V/1ms
画出被测量波形并 标出幅度与周期		

测量项目	单片机 28 脚、26 脚、24 脚 示波器双踪测量 DC 5 V/1ms	V$_4$、V$_5$、V$_6$ 的 C 极电压波形 示波器双踪测量 DC 5 V/1ms
画出被测量波形并 标出幅度与周期	V$_4$、V$_5$、V$_6$ 的 b 极电压波形 示波器双踪测量 DC 2 V/1ms	单片机 18 脚波形 DC 5 V/100ns 晶振频率为： 测量时间　所测的心率值

实验案例信息表

案例提供单位	中国计量学院工程训练中心		相关专业	电子信息专业	
设计者姓名	唐建祥	电子邮箱	tctc@cjlu.edu.cn		
设计者姓名	朱朝霞	电子邮箱	hjpzcx@cjlu.edu.cn		
设计者姓名	廖根兴	电子邮箱	liaogx@cjlu.edu.cn		
相关课程名称	电子实习	学生年级	3	学时	6＋24
支撑 条件	仪器设备	示波器、信号发生器、频谱分析仪、IC 测量仪、数字万用表			
	软件工具	Multisim 10、Keil、Altium Designer			
	主要器件	各种电阻、电容、常用运放、单片机等			

4-3 心电信号检测系统的设计、焊接及调试

1. 实验内容与任务

完成心电信号检测系统的设计、焊接及调试,实现心电信号的测量及显示。

(1) 基本内容

1) 以人体心电信号为检测对象,选择医用一次性电极片来检测心电信号。

2) 以单元电路设计心电信号检测系统的各级电路,将微弱的心电信号放大到合理的范围,同时设计合理的有源滤波电路,实现 $0.05\sim100\,\mathrm{Hz}$ 的带通滤波、$50\,\mathrm{Hz}$ 陷波等。

3) 根据设计好的电路进行软件仿真。

4) 在万用板上合理布置元器件,实现检测系统的安装、焊接、调试,用示波器观察心电信号波形。

(2) 扩展内容

1) 使用 MSP430 单片机实现对液晶显示器的扩展。

2) 利用单片机自带的 A/D 转换器实现对心电信号的采集与测量。

3) 在示波器上实现对心电信号的波形显示以及在单片机开发系统的液晶屏上显示心率值。

2. 实验过程及要求

1) 了解心电医学方面的知识,根据心电信号的特点、环境的干扰及频率的高低等因素,选择合适的运算放大器。

2) 根据实验要求,设计放大电路,选择元器件,通过仿真验证元器件的合理性。

3) 根据设计的电路,在万用板上安装、焊接、调试,将医用电极片贴在学生身体上进行信号采集,记录各级放大电路的输入输出数据,用示波器观察输出的波形,通过对系统仿真与实测数据的误差分析,找出设计中存在的问题,给出解决的办法。

4) 学习 MSP430 单片机系统,熟悉设计方法;实现单片机对心电信号的数据采集,并完成对心率的显示。

5) 撰写总结报告,通过小组讨论、交流提出改进的不同的方案。

3. 相关知识及背景

心电图是临床诊断中常用的辅助手段。心电信号检测系统就是运用模拟电子和数字电子技术解决工程实际的典型案例,也是学生感兴趣的课题,学生运用放大器,设计电路将信号放大、模数转换、数据显示等相关知识制成一个小装置的同时,也掌握了一些工程设计方法和技巧,学生针对具体问题提出具体的可行的方案。

4. 教学目的

本实验来自生活,学生通过简易设计制作,掌握基本电子电路的设计方法,同时激发学生

的学习兴趣,培养学生工程设计的思维方式及创新精神,以小组为单位加强学生的团队精神,通过对系统调试与分析对做出技术评价。

5. 实验教学与指导

本实验是一个较完整的电子工程实践,学生需了解医学信号的检测特点,对实验内容进行方案论证,完成具体电路设计、调试、测试及总结等过程。

特别要在以下几个方面加强对学生的引导。

1) 要求学生掌握心电信号的特点,根据心电信号的微弱性、不稳定性、随机性等方面的特点,对检测信号寻找最佳的检测方式。

2) 运算放大器种类较多,适用的范围也有区别,引导学生正确选择运算放大器。如掌握 AD620、OP07、LM324 等运放的特点,失调程度,输出信号的形式、幅度、驱动能力、带宽、线性度等,要根据具体信号的特征来设计电路。

3) 要求学生了解体表电极传感器的特点,掌握该电极传感器的使用方法。

4) 简略地介绍心电信号的干扰因素特点,引导学生确定消除干扰的思路。

5) 扩展要求中需要采集心电信号,因此将使用模/数转换器。引导学生了解多种方式的 ADC,如常规的逐次逼近型、双积分型、V/F 转换等多种方式。有专门的 ADC,也有集成到微处理器内的,等等。

6) 在电路设计、仿真、焊接、调试完成后,需要根据实验室所能够提供的条件,用示波器进行实际测量。

7) 在实验完成后,可以组织学生以项目演讲、答辩、评讲的形式进行交流,了解不同解决方案及其特点,拓宽知识面。

8) 在设计中,要注意学生设计的规范性;如系统结构与模块构成,模块间的接口方式与参数要求;在调试中,要注意工作电源、体表电极等因素对系统指标的影响,注意电路工作的稳定性与可靠性;在测试分析中,要分析心电信号波形的误差来源并加以验证。

6. 实验原理及方案

(1) 心电信号的主要特征

1) 微弱性:从人体体表获取的心电信号一般只有 10 μV～4 mV,典型值为 1 mV。

2) 不稳定性:人体信号处于不停的动态变化当中。

3) 低频特性:人体心电信号的频率多集中在 0.05～100 Hz。

4) 随机性:信号容易随着外界干扰的变换而变化,具有一定的随机性。

5) 心电信号是微弱信号,在信号测量中常遇到一些干扰因素,主要包括:

① 50 Hz 工频干扰。

② 基线漂移:主要由人体呼吸及电极接触不良等造成的,频率变化范围 0.15～0.5 Hz。

③ 运动伪迹:是由于电极脱落或电极和接触皮肤之间的移动引起的短暂基线改变,其持续时间为 100～500 ms,幅度较大。

④ 肌电干扰:常见的如肌肉紧张引起的肌电干扰,其频率范围较宽,为 10～300 Hz,幅度为毫伏级,持续时间约为 50 ms。

⑤ 电子元器件噪声。

(2) 系统结构

心电信号检测系统的结构框图如图 4-3-1 所示。

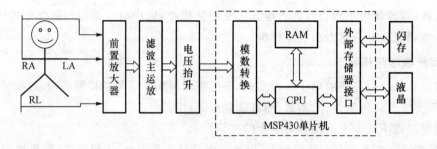

图 4-3-1　心电信号检测系统的结构图

系统总体设计要求对微弱的心电信号进行放大和滤波等必要的信号调理。之后进行 A/D 转换完成数据采集,并进行波形显示及心率值得测量。

(3)实现方案

1)体表电极的选择

本实验采用表面镀有 Ag-AgCl 的可拆卸的一次性软电极,如图 4-3-2 所示。这种电极移动导致的基线漂移比其他极化电极要小很多。心电信号的波形如图 4-3-3 所示。

2)信号调理电路模块设计

调理电路模块包括前端放大和右腿驱动电路、带通滤波和 50 Hz 陷波电路、主放大和电平抬高电路等。

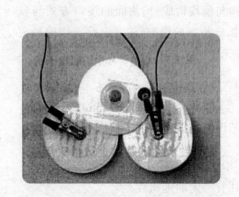

图 4-3-2　体表电极

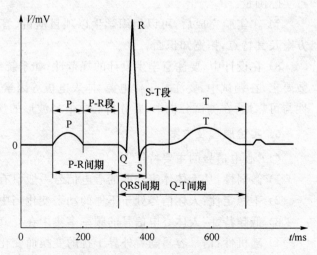

图 4-3-3　心电信号

右腿驱动电路通常用于生物信号放大器,以减少共模干扰。由于心电信号通常只有几个微伏。而人体电信号又容易受到 50 Hz 家用供电噪音等的电磁干扰。

前置放大电路放大的是微弱信号,要求选用输入电阻大,共模抑制比高的精密放大器,故采用医用放大器作为输入级。电路的放大倍数可以选 10 倍左右。

有源滤波器及主运放的设计,应包括有 0.05～100 Hz 的带通滤波及 50 Hz 陷波器;主放大器的设计应使得电路的放大倍数为 100 倍左右。

电平抬高电路是使心电信号放大后能适合 A/D 转换器对输入的模拟信号要求。

电路输出的心电信号利用示波器进行显示及心率测量。

3）心电信号的采集及心率的计算（扩展要求）

现在国际上的心电数据库一般数据位数为 10 位以上，所以也要满足此要求；根据采样定理，采样频率要是心电频率的 2 倍以上，所以 A/D 转换的采样频率至少要达到 200 Hz 以上。

本实验采用 MPS430 单片机，该单片机内含有 A/D 转换器，通过编程实现对心电信号采集。心率的计算可以通过对 R 波检测与分析实现。

4）心电信号波形及心率值的显示（扩展要求）

利用单片机扩展液晶显示器，通过编程显示出采集到的心电信号波形，并显示出心率值。

（4）仪器设备清单

单片机：MSP430。

显示器：LED 液晶屏。

放大器：AD620(1 只)，OP07(3 只)，LM324(若干)。

电容：1000 pF，0.1 μF，0.22 μF，10 μF，2.2 μF，1 μF，0.1 μF。

电烙铁、万用板、电阻和电位计、导线等若干。

7. 实验报告要求

实验报告需要反映以下工作。

1）报告中要简述心电信号检测系统的发展与现状。

2）提出实现心电检测系统的方案论证。

3）写出心电检测系统中的相关的理论推导和计算公式。

4）系统中的电路设计和元器件的参数选择及元器件清单。

5）分析电路仿真的测试结果。

6）记录各级输入输出实测的数据，将示波器输出的波形转存 U 盘打印输出。

7）对测试的数据处理分析，对出现的问题提出解决的方法。

8）写出实验的总结报告。

8. 考核要求与方法

1）实物验收：每组的学生合作完成实物验收，一个学生将心电贴片贴在身体的各个部位，另外一个学生开始在他们自制的万用板上测试，以单元的形式逐个单元验收，验证系统的功能与性能指标的完成程度，同时利用实验室的示波器显示输出波形等。

2）实验质量：针对学生的测试结果，评价实验电路方案的合理性，电路板的焊接质量、电路板的布置合理性。

3）自主创新：各个测试单元的功能构思、电路设计的创新性，自主思考与独立实践能力。

4）实验数据：是否有测试数据、输出波形以及测量误差分析（仿真和实际测量值）。

5）实验报告：以论文的形式书写实验报告，让学生尽早掌握科学论文的书写规范。

9. 项目特色或创新

1）实验的特色：培养了学生在知识综合应用、设计、工程实践等方面的分析问题、解决问题的能力。实验的信号来自学生自身，是真实可见的实验，学生从开始的茫然到实验完成，很有成就感。

2）实验的创新：将电子技术与单片机等多门课程知识相融合，为学生提供了更大的发挥和创新的空间。

实验案例信息表

案例提供单位	东北大学信息学院		相关专业	生物医学工程、电子科学与技术专业
设计者姓名	李景宏	电子邮箱	lijinghong@ise.neu.edu.cn	
设计者姓名	杨华	电子邮箱	yanghua@ise.neu.edu.cn	
设计者姓名	杨丹	电子邮箱	yangdan@ise.neu.edu.cn	
相关课程名称	模拟电子技术、数字电子技术、单片机	学生年级	3	学时	6+4
支撑条件	仪器设备	数字万用表、示波器、信号发生器、计算机等		
	软件工具	Multisim 仿真软件		
	主要器件	运算放大器 AD620、OP07、LM324、电烙铁、电阻、电容、导线若干		

4-4 传感器技术研究型综合设计实验

1. 实验内容与任务

以日常生活或生产中一个具体的应用如智能家居、安防为切入口,将传感器技术与电子电路、微机原理、自动控制原理、无线通信等多种技术有机结合起来,从而形成一个较为实用的传感器自动检测与控制系统。

将一个安防应用项目分成若干个小的任务,包括温度测量、亮度检测、人体感应、车辆进入检测、重量超标检测、可燃气体泄漏检测、保险柜报警、窗户防扒警戒等任务,每个任务可以由学生自己选择合适的传感器完成实验。

以班级为单位,分成若干个大组,各个大组所完成的任务相同。每个大组自己又分成若干个小组,每个小组只能承担上面所述小任务中的一个。每个大组要求成立一个总体与集成组,负责组内任务的分配,并完成各个小任务所制作的作品集成,形成一个综合的可演示作品。最终,由老师和学生代表一起组成验收组对各个大组的作品进行验收考核。

2. 实验过程及要求

1) 根据班级人数按照学生学号进行大组的划分,保证大组内每个小任务可以有 2~3 人,大组内的小组人员组成采用自由组合的方式确定,同时大组内由学生自己推举成立总体与集成组。

2) 由总体与集成组确定各个小任务的供电接口、电流电压输出或数字通信接口规范,并形成一个总体方案报告,提交给老师,由老师审核批准后正式进行实验环节。

3) 各个小组完成方案的设计、电路仿真、电路焊接与调试,制作完成后交总体与集成组进行集成联调。联调完成后,大组向老师提交最终作品和实验报告。

4) 由老师和学生代表一起组成验收组,对各个大组提交的作品进行评比和验收考核,同时老师对各个小组的实验报告和作品进行审核,形成最终成绩。

3. 相关知识及背景

(1) 涉及知识:传感器技术、电子电路、微机原理、自动控制原理、无线通信等。

(2) 涉及方法:

1) 将各种不同的传感器基础实验与其他电子相关课程基础实验相结合,实现综合知识的运用。

2) 采用团队合作的方式进行实验,各个小组必须精诚合作才能取得成功。

3) 各个大组之间形成竞赛,通过竞技的方式,有利于项目的高质量完成。

(3) 涉及技能:电路仿真、电路设计、焊接、调试、联调。

4. 教学目的

1) 能够综合运用已学的传感器技术、电子电工相关基础知识,解决日常生产生活中的实际应用问题,学以致用。

2) 培养学生养成思考问题的习惯,并锻炼其动手能力。

3) 培养学生的研究型学习本领。

4）强化学生的团队合作意识。

5. 实验教学与指导

（1）实验前讲课内容

1）以一个具体的安防项目，与学生一起进行需求分析。

2）根据需求分析，列出若干个小的制作任务，并就各个任务的特点进行分析，给出一个示例性的相关传感器背景知识讲解，注意事项等。

3）根据人数，按照学号，完成大组的划分，保证每个小的任务有2～3人。

4）对每个大组的要完成的任务、进度、最终进行程度，实验注意事项等进行具体要求。要求各个大组完成总体方案的设计后，提交给老师进行评审，通过后，方可进行实验。

（2）实验中的指导或引导

1）对大组提交的总体方案进行评审，给出具体的指导修改意见。

2）实验进行中，回答学生实验过程中存在的疑问，对学生存在的明显偏差进行纠正，并对学生无法解决的问题进行指导。

3）学生作品提交后，与学生一起完成作品的评比和验收。

6. 实验原理及方案

传感器技术是现代信息产业的三大支柱之一，几乎涉及日常生活以及工业生产的任何领域，因此，在实验设计上应紧密结合日常生活，注重利用传感器技术解决日常生活中的实际问题，做到学以致用。

实验前的准备工作如图4-4-1所示。本项目以一个具体的日常生活安防应用为切入口，将《传感器技术》课程中所涉及的一些传感器引入到这个应用当中，要求学生能够选择合适的传感器，能够搭建相应的电路模块，并完成调试。以大组为单位，将各个不同的传感器模块进行集成，形成一个简单的可以演示的安防监测系统。

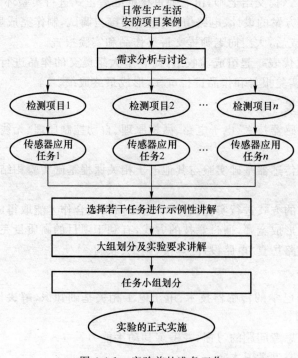

图 4-4-1　实验前的准备工作

所涉及的检测目的包括：温度测量、亮度检测、人体感应、车辆进入检测、重量检测、可燃气体泄漏检测、保险柜报警、窗户防扒警戒等，每个小组完成一个的检测任务。

将学生分成若干个大组，如图 4-4-2 所示，根据人数，按照学号，完成大组的划分。每个大组又由一个总体与集成小组以及若干个任务小组组成。总体与集成组要完成总体方案的设计以及每个任务小组作品的集成，每个任务小组完成一个单一的传感器检测模块。

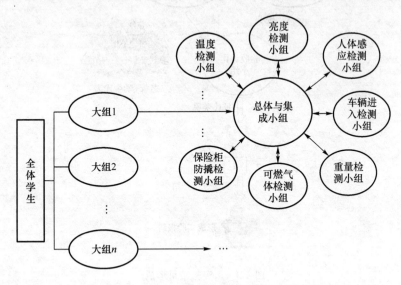

图 4-4-2　学生任务分组图

整个实验完成过程如图 4-4-3 所示。学生要根据应用要求，选择合适的传感器，并搭建电路，完成传感器微弱信号的放大、滤波，以及检测结果的输出（电压输出、电流输出或数字化输出）等。最终提交给总体与集成组后，形成一个可演示的系统。

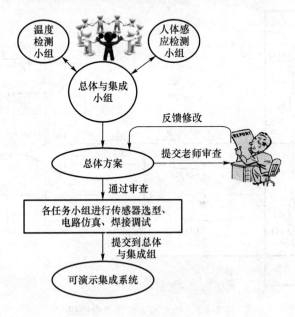

图 4-4-3　实验过程图示

图 4-4-4 为实验结果的形成过程。各个大组的可演示集成系统形成后,提交到由老师和学生代表组成的验收评比小组进行评比和验收,评出优秀作品。评比完成后,各个组对实验过程和结果进行总结,形成最终的实验报告。

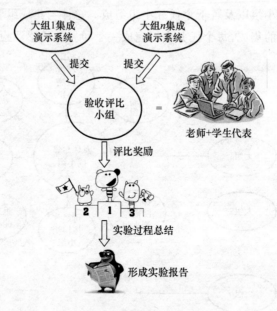

图 4-4-4　实验结果形成

本实验可涉及《传感器技术》课程里面几乎所有的传感器件,包括热电阻、热电偶、热释电传感器、霍尔传感器、光电阻、光敏二极管、压电传感器等多种传感器。

由于所涉及的传感器很多,且每种传感器可采用的电路图也很多,在这里,仅列出温度和可燃性气体传感检测的参考电路图,如图 4-4-5 和图 4-4-6 所示。

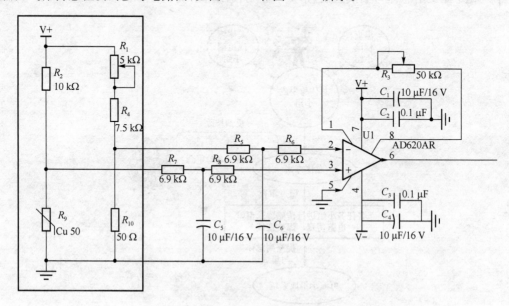

图 4-4-5　铂电阻温度测量电路图

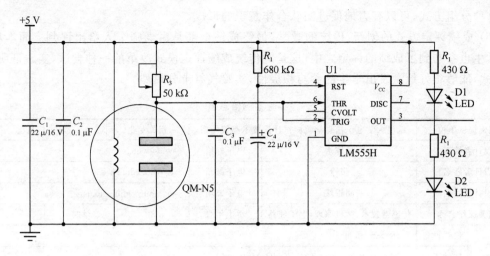

图 4-4-6　可燃性气体检测报警电路

7. 实验报告要求

1) 实验报告务必翔实完整,数据必须真实。

2) 需要有需求分析、具体的方案实现、理论推导计算、器件选型、设计仿真、电路参数选择等。

3) 需要有电路的制作焊接调试记录、调试的数据测量记录、数据处理分析、实验结果分析等。也需要详实地记录存在的问题、解决方法、自己的体会等。

8. 考核要求与方法

1) 方案设计与方案论证:两周,学生提交总体方案报告,老师进行评审,学生根据评审意见进行修改,老师根据报告进行评分,占个人最终成绩 20%。

2) 电路制作和调试、集成联调:两周,以大组为单位整体提交实物,完成现场测试,由老师和学生代表组成验收组共同打分。老师评分占 25%,学生评分占 25%,其中学生评分部分,组内学生评分占 20%,大组之间按照完成时间和效果占 5%。

3) 实验报告:一周,实验报告是实验总结的重要依据,占最终成绩的 30%。

9. 项目特色或创新

1) 实现了多门电子电工课程知识的有机融合:以传感器为主线,以系统集成为纽带,将《传感器技术》课程中所学的各种不同传感器知识有机结合起来,同时将电子电工相关多门基础课程如电子线路、微机原理等课程融会贯通,有利于学生对专业知识的全局性把握。

2) 注重实用,趣味性强:以日常生活中的实际应用项目为切入点,紧密联系生活与工业生产应用,注重实用,解决日常生活中比较常见的应用需求,有利于锻炼学生解决问题的能力,促进学生进行探索的热情和兴趣。

3) 研究型实验方法的训练:采用研究型任务驱动方法,实验注重实际应用,趣味性和研究性相结合,有利于培养训练学生进行科研的能力和习惯。

4) 学生可获得强烈的成就感:各个大组通过集成,最终可形成一个可演示的传感器系统集成,使学生具有强烈的成就感。

5) 培养了学生的集体荣誉感和团队协作意识:大组之间形成一个竞赛比拼关系,哪个大组最先完成,完成得最好,将决定着该大组的整体荣誉感和成绩,因此,在集体荣誉感的促进下,这种分组方式,可以有力地促进团队合作意识的形成。

6）成绩评定方式的创新:传统的教学,最终成绩全部是由老师个人给出评判。而本项目中,学生也参与到了成绩的评定之中,这是对传统成绩评定模式改革的一种尝试,实践证明,这种方式,能够很好地激发出学生的参与积极性,实验气氛十分热烈。

实验案例信息表

案例提供单位	武汉大学电子信息学院测试计量技术与仪器系		相关专业	电子信息类	
设计者姓名	吴琼水	电子邮箱	qswu@whu.edu.cn		
设计者姓名	张铮	电子邮箱	zz@whu.edu.cn		
设计者姓名	胡耀垓	电子邮箱	yaogaihu@whu.edu.cn		
相关课程名称	传感器技术、微机原理、电子线路	学生年级	3	学时	18
支撑 条件	仪器设备	示波器、微机			
	软件工具	Microsoft VC++,IAR,KeilC,Multisim			
	主要器件	单片机、运算放大器、应变式传感器、温度传感器、光电传感器、可燃气体传感器、热释电传感器、RS232 芯片、运算放大器、激光器			

4-5　太阳能热水器水温水位智控系统设计

1. 实验内容与任务

实验任务：以水温水位传感器装置为对象，设计一个太阳能热水器水温水位智能控制系统。

（1）基本功能

1）LED 屏显示太阳能热水器当前的水温和水位。

2）设定"设置"键，可以设定所希望的太阳能热水器水温水位。

3）设计电加热功能：当水温低于设定值时，可以自动启动电加热，并将温度控制在设定值的 ± 1 ℃范围内。

4）手动上水功能：点按"上水"键，启动上水，到达设定水位时自动停止上水；上水过程中点按"上水"键，系统停止上水。

5）自动上水功能：当水箱内没有水时，延时 5 min 启动电磁阀自动上水，到达设定水位时自动停止上水。

（2）扩展功能

1）防干烧功能：当水箱中的水位过低时，不允许启动电加热，以免因干烧而引起火灾。

2）漏电保护功能：当检测到有漏电情况发生时，要立即切断 AC 电源并发出声光警报，直到漏电故障消除或切断系统电源方可停止。

3）用水时自动停止电加热功能：在电加热的过程中，一旦检测到有人正在使用太阳能中的水，应立即切断加热的 AC 电源。

4）间歇式搅拌功能：考虑到电加热时的水箱中水温的均衡性问题，加入搅拌功能。

2. 实验过程及要求

1）任务分析：充分了解系统的功能、指标及要求。

2）方案选择：将系统划分为若干相对独立的单元电路，画出完整框图。

3）单元电路设计：要设计合理，各单元电路间也要互相配合，注意各部分的输入、输出和控制信号的关系。

4）器件选择：根据技术指标要求来合理选择元器件种类及其相关参数。

5）实验电路图绘制和仿真：可用 Multisim 软件或 Proteus 软件进行。要求布局合理，特别要注意单元电路间的衔接。

6）PCB 板设计和制作：PCB 板可用 Protel 软件设计和制作。注意做到布局合理，信号完整。

7）安装调试：按先局部后整体原则，根据信号流向逐块调试，最后联调和系统测试。

8）撰写总结报告：按统一格式书写，包括封面、任务书、目录、正文、参考文献和附录等。

9）实物验收，分组答辩。

实验开展流程如图 4-5-1 所示。

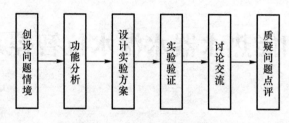

图 4-5-1　实验开展流程

3. 相关知识及背景

这是一个运用模拟、数字和单片机相关知识解决现实生活和工程实际问题的典型案例，需要运用检测技术、信号处理技术、数据显示、参数设定、反馈控制等相关知识，并涉及测量精度、线性度及抗干扰等工程概念与方法。实验需要具备较强的动手能力和分析解决问题的能力。

4. 教学目的

利用较为完整的工程项目把学生从理论学习引向实际应用，通过引导学生根据需求选择方案、设计电路、构建测试环境与条件、通过测试与分析对项目作出技术评价、撰写报告等，使学生逐步掌握工程设计的步骤和方法。

5. 实验教学与指导

本实验的过程是一个比较完整的工程实践过程，需要经历需求分析、方案论证、系统设计、电路仿真、组装调试、设计总结等过程。

（1）实验前知识讲解

1）温度和水位测量的基本方法。

2）测量信号的处理方法。

3）模数转换和数模转换的原理。

4）反馈控制的基本原理。

5）数据显示方法。

6）漏电检测原理。

7）抗干扰措施。

（2）实验中指导

1）传感器的选择：不同传感器输出信号的形式、幅度、驱动能力、有效范围、线性度都存在很大的差异，要注意传感器的类型、水温水位的测量范围及测量精度、输出信号形式和线性范围等关键的特征参数。

2）测量信号的处理：信号调理和放大电路要根据所选传感器输出信号的特征来设计。

3）模数转换方法：将模拟信号转换为数字信号时可供选择的方式较多，如常规的逐次逼近型 8 位 ADC、双积分型 MC14433、ICL7106/07 等都可以采用；也可以采用 V/F 转换的方式等。

4）漏电检测电路故障分析：如为什么在漏电时检测不到信号等。

5）选择合适的抗干扰措施。

6）调试完成后用标准仪器设备进行实际测量，检查电路是否符合设计指标要求。

（3）实验后课程评价

实验完成后,组织学生以演讲、答辩、评讲的形式进行交流,了解不同解决方案及其特点,拓宽知识面。

6. 实验原理及方案

（1）实验系统组成原理（如图 4-5-2 所示）

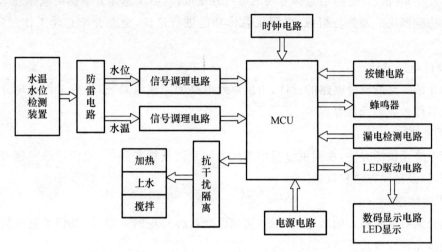

图 4-5-2　实验系统框图

（2）实验方案

1）水温水位测量

可供选择的温度传感器有热敏电阻、PT 系列热电阻、以热敏二极管为核心的集成传感器（如 LM35、LM45）,基于绝对温度电流源型 AD590,数字式集成传感器（LM75、DS18B20）等;可供选择的水位传感器有超声测距式水位传感器、红外线式水位传感器、浮球连续式水位传感器、干簧管式水位传感器、投入式静压水位传感器等。目前,此类产品绝大多数使用的是水温水位一体化传感器。

2）信号调理电路

不同传感器输出信号形式（数字、模拟,电流、电压）、信号幅度各异,与之相应的信号调理与控制电路也各不相同。选择数字式集成传感器时,宜采用单片机或在 PLD 器件中设计控制器,以串行总线的方式获取数据。在将模拟信号转化成数字量时,可以采用常规的 A/D 转换器、电压/频率（V/F）,或比较器等方式,也可以使用 MCU 内部集成的 A/D 转换器。

3）数码显示电路

在温度的数字显示形式上,有数码管、字符型 LCD 等形式。水位常用 LED 显示。

4）辅助电加热及漏电检测电路

电加热控制可以采用继电器通断控制电热丝的供电来实现。漏电检测可采用一个线圈来实现,发生漏电时,流过线圈的电流不平衡（流入电流和流出电流不相等）,使得线圈会输出一个电信号,送给 MCU 处理。

5）抗干扰隔离

可采用光电耦合器件将电源系统隔离。

6）电源电路

可以直接购买市场上成品电源,也可以用 220 V/15 V 和 220 V/6 V 工频变压器降压后整流滤波稳压提供。

7. 实验报告要求

实验报告需要反映以下工作。

1）系统概述

简单介绍系统设计思想与总体方案的可行性论证,应给出总体方案框图或原理示意图,要明确指出功能模块的划分与组成;要围绕总体功能进行论证,全面介绍总体工作过程或工作原理。

2）硬件电路设计

详细介绍各部分硬件电路的设计,给出单元电路的原理电路图,进行工作原理分析,并介绍有关元器件参数的选择等。

3）系统调试

介绍系统调试的方法,在调试过程中遇到的问题以及排查经过,包括记录问题现象、分析存在原因,以及排除方法和效果。

4）实验结论

简单介绍对实验项目的结论性意见,明确设计最终实现的功能,以及相关测试数据,给出系统进一步完善或改进的意向性说明。

5）实验总结

对完成实验的收获、体会,以及对如何进行综合实验(包括实验方法、要求、验收等方面)提出建议和要求。

8. 考核要求与方法

（1）实物验收(占总成绩50%)

1）功能与性能指标的完成程度(如温度和水位测量、控制精度)。

2）电路焊接质量、组装工艺。

3）实验的成本。

（2）PPT答辩(占总成绩20%)

1）电路方案的合理性。

2）实验数据:测试数据和测量误差。

3）表达能力:通过答辩学生对其他学生或者老师的提问,判断答辩学生回答问题的表达能力。

（3）实验报告(占总成绩30%):从报告的规范性和完整性考核。

9. 项目特色或创新

1）项目和生活密切相关,能激发学生设计的兴趣和热情。

2）项目综合了多种知识的应用,如检测技术、信号处理技术、数据显示、参数设定、反馈控制等相关知识。

3）项目在实现上可有多种设计方案。

4）在此项目的基础上,学生有进一步创新和发挥的空间(如采用模糊控制等)。

实验案例信息表

案例提供单位		中国矿业大学信息与电气工程学院	相关专业	电子信息类、电气工程
设计者姓名		袁小平	电子邮箱	xpyuankd@163.com
设计者姓名		牛小玲	电子邮箱	niuxiaoling76@163.com
设计者姓名		蔡丽	电子邮箱	clflow@163.com
相关课程名称		电子技术综合设计	学生年级	2	学时	4+12
支撑条件	仪器设备	计算机、示波器、信号发生器、万用表、电子技术实验箱
	软件工具	Multisim 软件、Proteus 软件、Protel 软件
	主要器件	电压电流互感器、二极管、继电器、电容、电阻、运算放大器等

4-6 宿舍电力负荷监测装置设计

1. 实验内容与任务

（1）基础部分：设计一款学生宿舍电力负荷监测装置。要求：

1）能够完成电源的电压、电流、有功功率、无功功率、功率因数的测量及显示并具有过载断电、功率监视功能。

2）当出现异常时，能及时切断电源，通过对用电高峰和低谷功率和功率因数的实时监测。

3）根据测量记录的数据，按照经济安全用电的准则，制定相应的安全用电规范，为提高宿舍清洁、安全用电提供依据。

4）存储功能：电量数据自动存储、电源打开关闭等事件记录。

（2）提高部分：扩展通信接口，可连接无线、无线通信设备，达到物联网的组网条件，可上传存储数据。

2. 实验过程及要求

1）了解常用的采样和测量方式、掌握如何满足采样和测量过程中对精度和速度的要求，并能选择合理的传感器，快速准确采集被测对象的电压、电流的幅值和相位等信息。

2）对采集数据进行处理，计算被测对象的电压、电流有效值，有功功率、无功功率，功率因数；判断功率是否超过设定阀值。

3）选择数据显示方式，在考虑整体功耗的基础上，能快速合理地显示电压、电流、功率、功率因数、警报等信息，并能以醒目的方式对故障警报给予显示。

4）以市电作为被测对象，以示波器为判断依据，检验设备性能是否符合要求。

5）撰写开题、结题设计报告，分组演讲讨论方案，学习交流不同解决方案的特点。

3. 相关知识及背景

需要学生对模拟电路、信号采集、传感器及电能质量有相关的了解，具备一定的单片机编程能力，对信号的调理、模拟量数据的采样处理、有效值计算等数值处理方法有所了解。实验涉及知识、方法、技能。

4. 教学目的

通过实验，培养学生电路设计、器件选型、方案论证选取、电路仿真搭建、调试改进等能力，进一步提高学生的程序读写能力，拓展学生的动手实践能力，学会从工程实践的角度，对成品进行验证。

5. 实验教学与指导

本实验是较为完整的实践工程，需要学生和老师从如下几方面配合完成。

（1）学生方面

1）拿到选题后积极进行学习，对信号的采集、处理，传感器的选型、单片机技术等方面做好前期准备。

2）尽可能多的提出解决方案,分组讨论后,决定最佳方案。

（2）教师方面

1）学习信号测量的基本方法,在传感器选择、测量方法等方面不同的处理方法。

2）不同型号传感器输出信号的形式、幅度、驱动能力、有效范围、线性度都存在很大的差异,后续的信号调理和放大电路也要根据信号的特征来设计;学习使用选择传感器中给出的参考电路。

3）交流电信号经过对应的互感器,将其转换为小信号,一方面经过整流-滤波后,得到其有效值;另一方面,电压、电流信号分别经过过零比较器,将过零比较器输出的方波进行比较,得到电压、电流的相位差。

4）在电路设计、搭试、调试完成后,必须要用标准仪器设备进行实际测量,标定所完成的计量误差;需要根据实验室所能够提供的条件,设计测试方法,搭建可控且较为稳定的测试环境。

5）在实验完成后,组织学生以项目汇报、答辩、评讲的形式进行交流,了解不同解决方案及其特点,拓宽知识面。

6）在设计中,要强调学生注意设计的规范性;如系统结构与模块构成,模块间的接口方式与参数要求;在调试中,要注意系统指标的影响因素,电路工作的稳定性与可靠性;在测试分析中,要分析系统的误差来源并加以验证。

6. 实验原理及方案

（1）系统结构

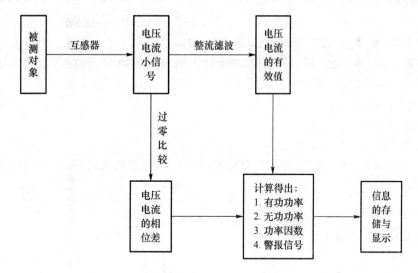

图 4-6-1　系统结构框图

（2）实现方案

1）处理器的选择

采用 K10 作为核心处理器,该单片机具有集成度高、功耗小、性能高、兼容性好等特点。内置丰富的处理单元,可以完成模拟信号、数字信号的高精度处理。接口丰富,可为完成扩展功能做好充足的准备。

2）电压、电流互感器的选取

由于市用电采用交流电压、安培级电流回路供电方式,线路上的电压、电流都比较高;如果直接测量是非常危险的。互感器的作用就是将交流电压和大电流按比例降到可以直接测量的数值,便于电量的测量。选用变比为 2mA : 2mA 的 HPT205NBJ-1 电压型互感器和变比为 5A : 2.5mA 的 HCT206NB 电流互感器,二者的测量精度和数据等级可以满足电量采集的要求。

3) 整流滤波电路的实现

考虑到小信号整流滤波的失真问题和抑制直流脉动的问题,选用精密整流电路和二阶有源低通滤波电路。

运算放大器配上二极管可组成精密的非线性电路。普通非线性二极管电路受二极管正向压降、非线性伏安特性和温度的影响,误差很大。把二极管置于运算放大器的反馈回路中,就能大大削弱这种影响,提高非线性电路的精度。

4) 信号的调理

对于正弦信号,周期性地出现过零点,测出过零点的时间即可以测出该信号的相角。通过电压互感器和电流互感器得到低压交流信号,然后通过双路比较器 LM393 整形电路将交流信号转换为 TTL 方波脉冲。利用输入两路信号过零点的时间差,以及信号的频率来计算两路信号的相位差,得到系统功率因数。

5) 信号的计算、存储与显示

通过电流互感器和电压互感器取样交流信号,经以运放 LM358 为核心的调理电路,将其都转化成小电压交流信号,小电压交流信号通过整流滤波后,经 A/D 采样得到电压、电流的有效值。CPU 经 A/D 采样得到的电压、电流对应的小电压值为 U_1、U_2。

电压有效值:$U = U_1 \cdot 110$。

电流有效值:$I = 2 \cdot U_2$。

功率因数角(相位差):$P_D = n/BusClock/T \cdot 360$。

其中,BusClock 为 CPU 的时钟频率,T 为输入信号的周期,n 为电压、电流信号的上升沿分别触发计数器的差值。

功率因数:$P_F = \cos(P_D)$。

有功功率:$P = U \cdot I \cdot P_F$。

无功功率:$Q = U \cdot I \cdot \sin(P_D)$。

参数的显示用 LCD 液晶屏;数据的存储选择 SD 卡,测量间隔时间为一分钟,记录周期为 3 天(72 小时)。

7. 实验报告要求

实验报告需要反映以下工作。

1) 需求分析。

2) 方案论证。

3) 电路设计与参数选择。

4) 电路测试方法。

5) 实验数据记录。

6) 数据处理分析。

7) 实验结果总结。

8. 考核要求与方法

1) 实物验收:功能与性能指标的完成程度,完成时间。

2）实验质量：电路方案的合理性，焊接质量、组装工艺。

3）自主创新：功能构思、电路设计的创新性，自主思考与独立实践能力。

4）实验成本：材料与元器件选择合理性，成本核算与损耗。

5）实验数据：测试数据和测量误差，做出误差分析及改进。

6）实验报告：实验报告的规范性与完整性。

9. 项目特色或创新

实验从实际问题出发，激发学生的学习兴趣，提高学生学科综合能力、动手能力、团队协作能力。项目成果可以在家庭和学生宿舍中使用，真正达到了学以致用、用以促学的目的。

实验案例信息表

案例提供单位		中国矿业大学徐海学院信电系	相关专业		
设计者姓名		刘建华	电子邮箱	firstyljh@163.com	
设计者姓名		杨林莉	电子邮箱	mmyangll@163.com	
设计者姓名		夏晶晶	电子邮箱		
相关课程名称		单片机的综合应用	学生年级	3	学时	40
支撑条件	仪器设备	示波器、台式电表、函数信号发生器			
	主要器件	电压电流互感器、二极管、继电器、电容、电阻、运算放大器等			

4-7 超声波测距系统

1. 实验内容与任务

利用超声波传感器,设计脉冲振荡器、信号放大电路、脉冲整形及计数显示等电路,实现物体间距离的测量。

(1) 基本要求

1) 利用超声波传感器,实现测量距离不小于 0.5 m、显示精度不低于 0.01 m,并以数字方式显示测量距离。

2) 超声波传感器可选用 1640,为电压输出型器件(中心频率为 40 kHz,外径 $\phi16$ mm),动态更新数字显示测量结果,更新时间约 0.5 s。

3) 用示波器显示并测量出接收波与发射波的时延,计算出测量距离。

(2) 提高要求

1) 距离小于 0.2 m 时,产生报警信号。

2) 提高测量距离到 2 m。

3) 分析产生测量误差的原因,并采取有效办法解决。

4) 优化硬件电路,追求用最少的器件达到最优的性能。

备注:要求设计中不能采用单片机或 FPGA,所有电路必须用模拟或数字电路完成。

2. 实验过程及要求

1) 查找满足设计要求的超声波传感器的类型,了解超声波传感器特性、工作原理及使用方法。

2) 学习超声波测距系统的工作原理,自行查找资料设计出方案,构建系统的原理框图;熟悉仿真软件的使用方法。

3) 了解各单元电路功能的多种实现方法,根据题目要求及信号的特点,选取最合适的实现方法,构思各电路的结构,制定各单元电路的技术参数指标。

4) 通过理论计算和电路仿真结果对电路的结构及元件参数进行调整,如遇困难,可与教师进行方案讨论。

5) 写出预习报告(含设计方案和每个单元电路的设计过程、器件参数选取、仿真波形、元器件清单),交教师签字。

6) 搭建调试硬件电路,调整系统参数,考查测量范围及精度,观察实验现象,记录测量原始数据,同时需教师签字。

7) 撰写设计总结报告(包括实验设计、实验原始数据、数据整理与分析、总结),并通过分组演讲,学习交流不同解决方案的特点。

3. 相关知识及背景

这是一个应用传感器和检测技术、模拟和数字电子技术,以电路设计仿真为辅助手段,解决现实生活和工程实际问题的典型案例。由模拟和数字电路的基本单元电路(如模拟和数字信号放大,微分或积分,滤波,比较,振荡器,各种门电路、触发器,计数与显示电路等)来构成综合系统的各独立单元,需要运用相关知识和方法完成信号的提取、处理和执行。

4. 教学目的

引导学生了解电路系统的多种测量方法以及传感器技术在生活和工程实际中的应用,体验电路功能实现方法的多样性及根据工程需求进行技术方案选择的过程;通过自行分析、设计、安装、调试,掌握一般电子电路设计的思想与方法。

5. 实验教学与指导

电子电路课程设计是一门综合应用模拟电路和数字电路理论进行电子系统设计的课程,要求设计并制作具有较完整功能的小型电子系统,它侧重于模拟、数字电路基本理论知识的灵活运用和设计的创新,需要经历学习研究、方案论证、系统设计、实现调试、测试标定、设计总结等过程。针对本题目的要求,在实验教学中,应在以下几个方面加强对学生的引导。

1)学习利用超声波进行距离测量的基本原理及方法,了解随着距离测量范围与测量精度要求的不同,在传感器选择、电路设计等方面不同的处理方法,如根据传感器的特性参数,确定超声波振荡器的频率;根据显示精度,确定标准脉冲源的频率。

2)引导学生了解振荡器的多种设计方案方法,如可采用传输速率较高的运放(如 LF347)组成方波振荡器、施密特触发器(如 CD40106)组成的方波振荡器、555 组成的多谐振荡器等。

3)可以给出实现超声波测距系统各单元典型电路的实现框图,并针对容易出现问题的地方进行重点强调,如闸门脉冲源电路可通过调整元件参数,获得三个脉冲频率相同,脉宽不同的窄脉冲,分别是发射调制脉冲、计数启动脉冲和计数清零脉冲。三个脉冲的前沿必须对齐,清零脉冲脉宽应尽量窄,以减小误差;选择适合的超声波发送放大器的类型(如可采用能放大脉冲信号的电压比较器),且应注意运放的传输速率参数的选择;超声波接收放大器设计时要注意运放存在的直流失调电压,为避免其淹没回波信号,放大器之间应采用交流耦合,还有每级放大器放大倍数的选择要考虑运放的增益带宽积,选用的压电陶瓷传感器接到放大器的输入端时有无直流通路的问题;构思产生计数结束脉冲信号的方法时,要注意考虑该脉冲前沿尽量陡峭且与回波前沿对齐,可采用有源滤波(如中心频率为 40 kHz 的带通滤波器)、整形(如比较器)、单稳态(如 555 构成)电路,另外要注意模拟电路与数字电路电平的匹配问题;要得到三位数码管显示,可以采用三片十进制计数器,分别用来显示距离的个位、十分位、百分位等等。

4)引导学生思考,为什么数码管会出现闪烁,是否可以通过译码器锁存功能解决问题。

5)当学生对报警电路设计没有思路时,可引导学生根据数码管显示对应距离的计数译码器的输出状态,设计报警电路,可以采用继电器通断控制(蜂鸣器或灯光)等形式报警。

6)在调试硬件及测量数据时,受环境和测量角度等多种因素的影响,可能会出现固定值的误差情况,可提示学生采用有置数功能的计数器,或通过调整计数器启动脉冲时间解决问题。

7)在电路设计、搭接、调试完成后,必须要用标准仪器设备进行实际测量,标定所完成结果的误差;根据实验室所能提供的条件,设计测试方法,搭建测试距离可控且较为稳定的测试环境,注意测量的角度及墙角 2 次反射后带来的测量误差。

8)在实验完成后,组织学生以项目演讲、答辩、评讲的形式进行交流,了解不同解决方案及其特点,以拓宽知识面。另外在设计中,要注意引导学生设计的规范性;如系统结构与模块构成,模块间的连接方式与参数要求;在调试中,要注意工作电源、参考电源品质对系统指标的影响,电路工作的稳定性与可靠性;在测试分析中,要分析系统的误差来源并加以修正。

6. 实验原理及方案

（1）超声波测距系统原理框图（如图 4-7-1 所示）

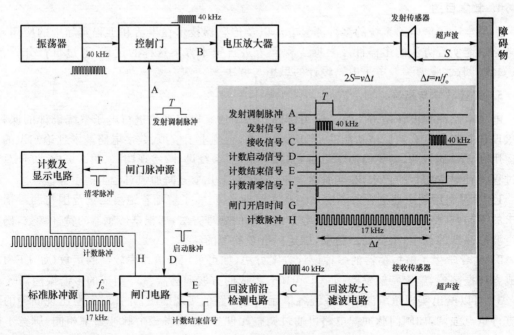

图 4-7-1 超声波测距系统原理框图

（2）基本要求的实现方案

超声波测距系统的信号示意图如图 4-7-2 所示。

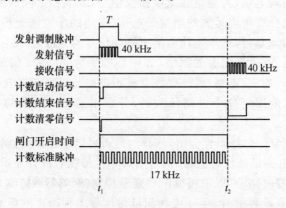

图 4-7-2 超声波测距系统的信号示意图

实验中将距离 S 转化为时间差 Δt，根据 $2S = v\Delta t$，可计算得到距离，其中 v 为超声波在空气中的传输速度（340 m/s）。

1）由于超声波发射和接收传感器的中心频率均为 (40 ± 1) kHz，为了提高传输的效率，40 kHz 的信号最好是正弦波或方波，这样它的基波分量最多。

2）由于要求显示精度为 0.01 m，即到目标的距离为 1 cm 时，计数器恰好计 1 个数，故要求标准脉冲源的频率应为 $340/(2 \times 0.01) = 17$ kHz。

3）闸门脉冲源需要产生发射调制、计数结束、计数清零三个窄脉冲。电路构成及各点的波形如图 4-7-3 所示。

图 4-7-3 中 V_i 为 2 Hz 的脉冲振荡器产生的脉冲，V_{out} 可为产生的发射调制、计数结束、计数清零三个窄脉冲。可见，可通过调整 R、C 值来改变脉宽。为了减小误差，计数清零脉冲脉宽要尽量窄，其极性根据计数器定，通过理论分析、计算、仿真，确定三个脉冲源的不同 R、C 值，最终确定的闸门脉冲源参考电路如图 4-7-4 所示。该电路可获得发射调制脉冲脉宽约 1 ms，计数启动脉冲脉宽约 20 μs，计数清零脉冲约 6 μs。

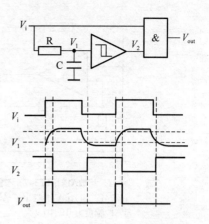

图 4-7-3　产生三个窄脉冲的结构电路及波形

发射调制脉冲宽度为 T（图 4-7-2 所示）的信号开启控制门，每隔一定时间发射一簇 40 kHz 的超声波信号。发射调制脉冲的频率受探测最大距离的限制（如

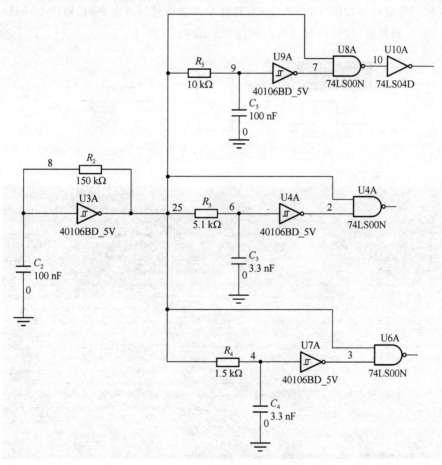

图 4-7-4　发射调制、计数结束、计数清零脉冲电路

探测最大距离为 3.4 m，那么从发射超声波到接收到回波的时间为 $t = \dfrac{3.4\text{m} \times 2}{340\text{m/s}} = 20$ ms，所以周期应小于 50 Hz），为保证刷新时间为 0.5 s，可以选择频率为 2 Hz 的脉冲源，即发射端每隔 0.5 s 发射一簇超声波信号。v_i 的产生方式可以同设计 40 kHz、17 kHz 信号的方法相同，可通过多种方式产生，如 555 构成的多谐振荡器，运放或施密特触发器构成的振荡器，如图 4-7-5 所示。

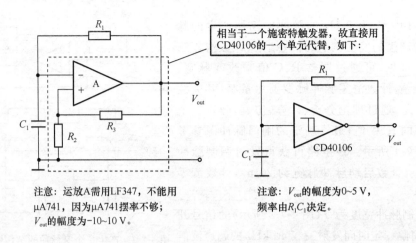

注意：运放A需用LF347，不能用
μA741，因为μA741摆率不够；
V_{out}的幅度为−10~10 V。

注意：V_{out}的幅度为0~5 V，
频率由R_1C_1决定。

图 4-7-5　运放或施密特触发器构成的振荡器

4）控制门完成功能如图 4-7-6 所示，发射脉冲调制信号为低电平时，输出 40 kHz 的方波，否则输出为 0。经测试，控制门输出的发射信号如图 4-7-7 所示。

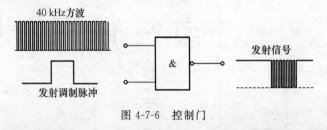

图 4-7-6　控制门

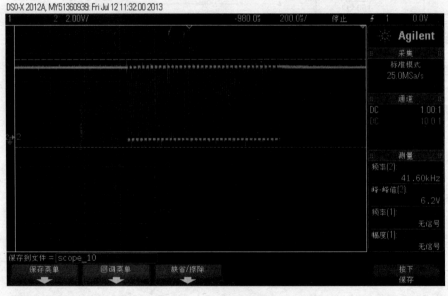

图 4-7-7　发射信号

5）超声波发送放大器

为满足测量距离要求，发射的超声波信号功率要足够大，而调制后的信号幅度约为 3 V 或 5 V，如果用它直接驱动超声波发射探头，驱动功率过小，所以必须增加超声波放大器，可用运放将其放大为正负对称的信号（如可采用比较器），注意保证运放的传输速率要较大，图 4-7-8 为超声波发送放大器参考电路，图 4-7-9 为经过放大后的发射信号。

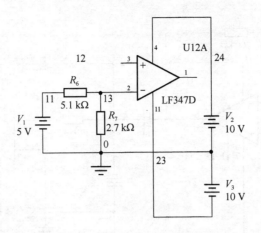

图 4-7-8　超声波发送放大器

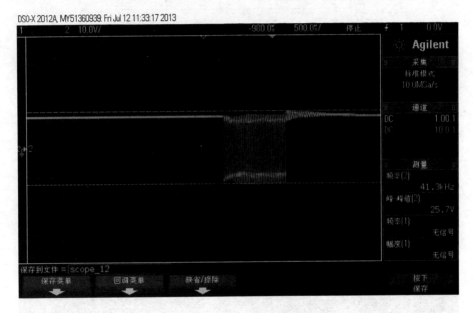

图 4-7-9　经过放大后的发射信号

6）超声波接收放大器与滤波器

7）由于回波电压的数量级为毫伏,并且在距离较远的情况下,回波更弱,故必须将信号放大。因驱动电路需要 5 V 左右,则放大器的放大倍数需要几百倍,通常要采用二级放大,参考电路如图 4-7-10 所示。注意:

① 放大器之间采用交流耦合,原因是运放存在直流失调电压,其大小为几毫伏,与回波电压是一个数量级的。如果不通过交流耦合将其消除掉,则失调电压在第二级放大电路中也会放大,后续电路无法处理。

② 考虑到 741 运放的增益带宽积为 1 MHz,作用与 40 kHz 的超声接收放大器,放大倍数不要超过 20 倍。因此取两个电阻分别为 10 kΩ、200 kΩ,放大倍数约为 20 倍。两级放大总放大倍数约为 400 倍。

经放大后的信号如图 4-7-11 所示。频率为(38~42) kHz 带通滤波器的参考电路如图 4-7-12 所示。经过实验验证,不用带通滤波器,其测量误差反而更小,这可能与超声波传感器自身具有选频

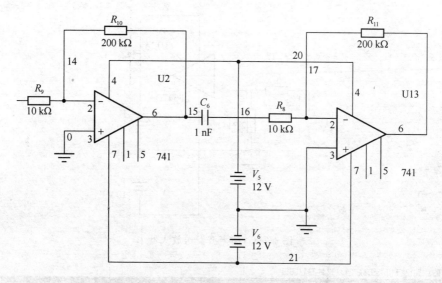

图 4-7-10　超声波接收放大器

功能,而普通滤波器的选频能力不强有关,故在这一模块中可以不用专门的选频电路。

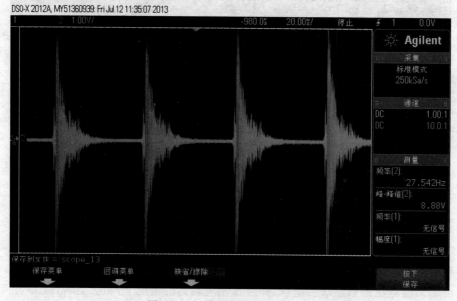

图 4-7-11　接收并放大后的信号

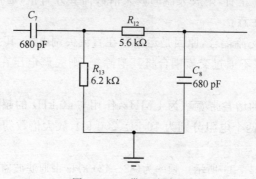

图 4-7-12　带通滤波器

200

8）回波前沿检测电路

完成回波信号的整形,并在回波前沿产生计数结束脉冲信号。考虑模拟电路与数字电路电平的匹配问题,该电路可由以下框图组成,为了消除干扰信号,可以用电压比较器来对信号进行整合,其构成框图如图 4-7-13 所示。参考的电压比较器、电平匹配和整形电路及单稳态电路如图 4-7-14 所示,电压比较器运放选取时要选用传输速率大的(请分析原因),5.1 kΩ 电阻与 CD40106 输入电阻(约 5.1 kΩ)完成电平匹配,整形电路可用 CD40106 两个反相器单元实现,单稳态由 555 定时器完成。在超声测距 25 cm 情况下,测得接收信号(绿色)与发射信号(黄色)如图 4-7-15 所示,可见,两者之间存在延迟。

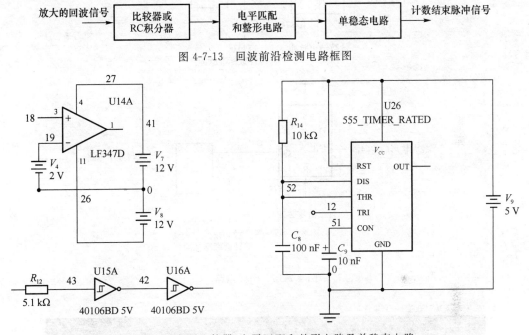

图 4-7-13　回波前沿检测电路框图

图 4-7-14　电压比较器、电平匹配和整形电路及单稳态电路

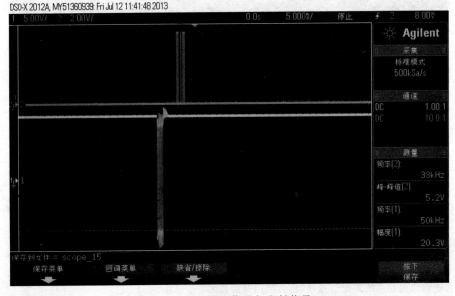

图 4-7-15　接收信号与发射信号

201

9)闸门电路

闸门电路结构如图 4-7-16 所示(两种参考接法)。图 4-7-17 为超声波发射信号和闸门的输出信号(即闸门开启信号),图 4-7-18 中为超声波接收信号与闸门开启信号。

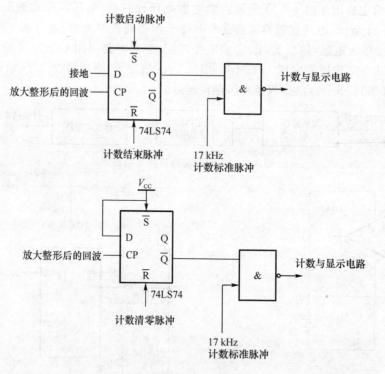

图 4-7-16　闸门电路

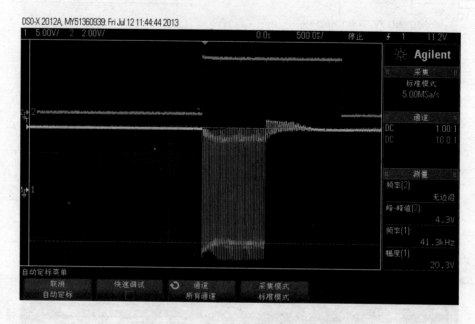

图 4-7-17　超声波发射信号和闸门开启信号

注:其中黄色为超声波发射信号,绿色为闸门开启信号。

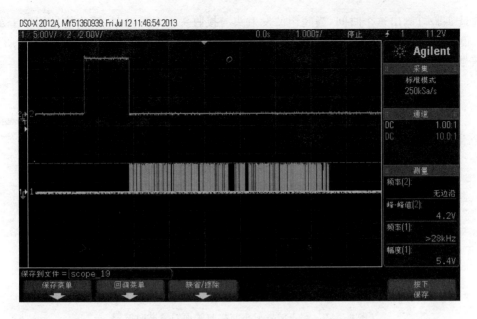

图 4-7-18　超声波接收信号和闸门开启信号

注：其中黄色为超声波接收信号，绿色为闸门开启信号。

10）计数显示电路

对于测试的距离，要求采用两种显示方式，即数字显示（根据题目的精度要求，可采用三个数码管）和示波器波形显示，如图 4-7-19 所示。可见，可以通过测量计数脉冲信号的时间计算出测试的距离，也可以由接收波与发射波的时延，计算出测量距离。

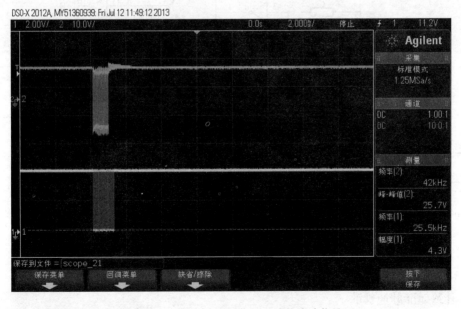

图 4-7-19　超声波发射信号和计数脉冲信号

注：绿色信号为超声波发射信号，黄色信号为计数脉冲信号。

（3）提高要求的实现方案

1）测量误差

超声波接收头收到信号后有个反应时间，使得正常电路显示距离与实际距离存在固定误差。通过实验可测出这个时间,当超声波发射头与接收头面对紧贴时,接收信号相对于发射信号有 180 μs 左右延迟,使得正常电路显示距离比实际距离多 3cm 左右,如图 4-7-20 所示(1:发射信号,2:接收信号),解决方法如下。

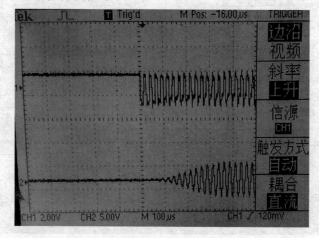

图 4-7-20　超声波发射头与接收头面对紧贴时波形

① 基准误差校准

在调试时,会发现测量显示距离与实际不符,如可以采用有置数功能的计数器,或通过延迟计数启动脉冲的方法消除这个误差。图 4-7-21、图 4-7-22 为通过调整清零脉冲宽度(利用清零脉冲的上升沿触发计数启动脉冲产生),即微调电位器 RV3 来解决固定误差的电路与波形。

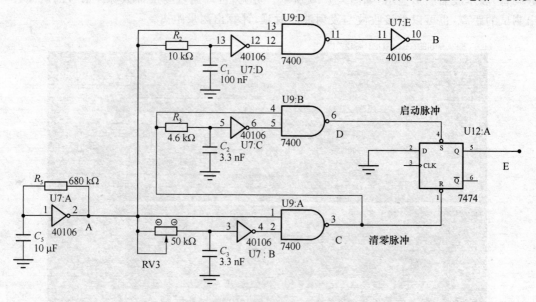

图 4-7-21　解决固定误差的电路

② 计数标准脉冲校准

微调电位器 RV2,完成了 17 kHz 计数标准脉冲的校准。另外超声波发射头与接收头安装在一块电路板上,可以保证发射头与接收头轴线平行,工作稳定,提高测量精度。

2)提高测量距离

① 超声波发射头与接收头安装在一块电路板上,可以保证发射头与接收头轴线平行,延长工作距离。

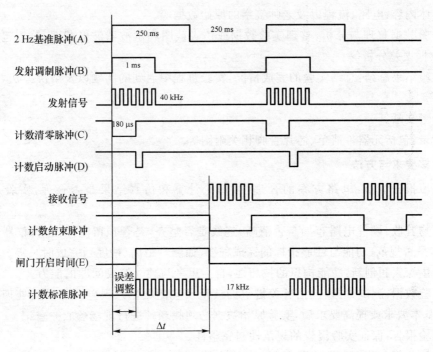

图 4-7-22 解决固定误差后的波形

② 通过电路参数调整,如调整运放的放大倍数、微调 40 kHz 频率来解决。由于超声波发射、接收头制作技术工艺等问题,使其最佳工作频率可能与 40 kHz 有偏差,为了提高测量距离,需要微调 40 kHz 发射频率,使同样大小的发射信号下,接收信号最大。

校准方法:将 U9:C 的 10 脚与其他电路间连线断开,然后将 U9:C 的 10 脚接 +5 V,使发射闸门一直打开,40 kHz 信号连续加到超声波发射头。在发射头前 10 cm 左右放置障碍物,然后用示波器测量超声波接收头的信号幅度,缓慢调节电位器 RV1,使示波器显示的信号幅度最大为止。此时的 40 kHz 是最适合超声波发射、接收头的,发射频率校准完成。

3) 距离小于 0.2 m 时,产生报警信号

根据数码管显示对应距离的计数译码器的输出状态,设计报警电路。

4) 优化硬件电路,追求用最少的器件达到最优的性能

① 虽然接收放大器对运放的传输速率没有要求,可以采用普通的 741 芯片,但在发送放大器中必须采用传输速率高的芯片,而 LF347 内有 4 个运放,故用一个 LF347 就可以解决接收放大器和发送放大器所需要的 4 个运放;另外,系统中需要多处频率不同的振荡器,振荡器的实现方法有多种形式,为了追求用最少的器件达到最优的性能,采用 CD40106 可以充分利用其资源。

② 为保证刷新时间为 0.5 s,则发射调制基准脉冲的频率选为 2 Hz,因为频率低,所以数码管会出现闪烁,可通过基准脉冲去控制译码器锁存功能解决此问题。

7. 实验报告要求

实验报告需要反映以下内容。

1) 题目介绍:设计背景、实验要求。

2) 实验设计:包含总体方案设计、电路框图设计、电路设计和仿真分析,画出完整的最终电路原理图,说明电路中关键元器件的作用等。

3）具体内容：电路、流程以及老师签字的原始数据等。

4）实验数据整理与分析：整理实验数据或仿真截图和示波器波形截图，分析包含实验现象分析、数据误差分析等。

5）实验结果总结：总结实验的完成情况，实验过程中遇到的问题以及解决办法，自己的收获与体会等。

6）参考文献。

7）附录：包括元器件清单、芯片管脚相关附图等。

8. 考核要求与方法

1）预习报告检查：电路方案的合理性，理论计算和仿真结果是否合理，实验表格是否完整。

2）实物验收：硬件电路布局是否清晰，连线是否整齐，是否预留测试接口；仪器使用是否熟练、操作是否规范，功能与性能指标的完成程度（如测量距离、精度），完成时长等。

3）自主探索和创新：功能构思的技巧性，自主思考与独立解决问题的能力。

4）实验数据：测试数据（包括各关键点的波形及实测数据）、误差测量及其处理方法。完成设计的基本要求或提高要求后，实验原始数据必须找老师进行现场验收并登记。

5）实验报告：保证实验报告的规范性与完整性。

6）考核分值分配：预习报告 20%，实验成绩 60%（其中基本要求占 80%，提高要求占 10%，创新占 10%），实验报告 20%。

9. 项目特色或创新

1）知识结构的综合性和探索性：该系统体现了多知识点融合，涵盖了电子电路课程中的典型实用的单元电路，实现了由单元到系统的综合目的。

2）学生的自主性：培养学生独立解决问题的意识和能力。

3）主要电路模块实现方法的多样性及数据测量方法的多样化。

4）项目的系统性和工程性。

5）考核方式的公正和全面性。

实验案例信息表

案例提供单位		长春理工大学电子信息工程学院基础部	相关专业	电子信息类
设计者姓名		杨晓慧	电子邮箱	yangxiaohui1963@sina.com
设计者姓名		刘云荣	电子邮箱	lyr69@sina.com
设计者姓名		韩太林	电子邮箱	hantl@cust.edu.cn
相关课程名称		电子技术基础（模拟部分、数字部分）	学生年级	2	学时	2+30
支撑条件	仪器设备	台式万用表、数字示波器、信号发生器、毫伏表、多路稳压源				
	软件工具	Multisim，Proteus 7				
	主要器件	传感器、运算放大器、各种触发器、计数器、基本门电路、蜂鸣器、数码管、面包板、连接导线等				

4-8 语音信号放大及存储与回放

1. 实验内容与任务

设计并制作一个语音信号放大及存储与回放系统,其示意图如图 4-8-1 所示。

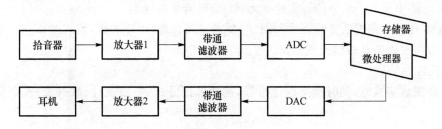

图 4-8-1 语音信号放大及存储与回放系统示意图

(1) 要求一

1) 设计并制作语音信号放大电路,通过拾音器和放大电路完成声电转换以及小信号的放大,要求放大器的增益可调,最高增益不低于 40 dB。

2) 设计并制作带通滤波器,−3 dB 带宽为 300～3400 Hz,与前级放大电路级联时,保证输出电压范围为 0～5 V。

3) 设计并制作功率放大电路,驱动 8 扬声器。要求输入交流耦合,增益 0～20dB 可调。

4) 观察有带通滤波器和无带通滤波器输出声音的区别。

(2) 要求二

1) 设计并制作 A/D 转换电路,通过 51 单片机的控制采集信号并存储;ADC 型号为 ADC0809,默认采样频率 $f_s = 8$ kHz,改变采样频率 $f_s = 4$ kHz,输出时进行插值(直线或抛物线拟合),比较输出效果。

2) 设计并制作 D/A 转换电路,通过 51 单片机的控制回放存储的声音信号,DAC 型号为 DAC0832。

3) 设计并制作带通滤波器。要求同基本要求一中 2)。

4) 通过 LCD1602 显示单片机工作状态以及采集、回放的时间。

5) 对零阶抽样保持信号做傅里叶分析,对回放信号进行 $(1/\mathrm{Sa}\left(\frac{\pi f}{f_s}\right))$ 校正。

说明:

1) 在完成要求一的前提下,再完成要求二。

2) 存储空间为 32 KB,要求存储时间不低于 4 s,并使用压缩算法尽可能提高存储时间,比较各种压缩算法的效果。

3) 每个独立模块制作时应留有相应的测试端口、接口,方便与后级连接。

2. 实验过程及要求

学生以二人一组的形式进行实验,密切配合,充分理解题目要求,利用所学模电、数电、单片机等相关知识,认真设计,用心制作,完成调试。在课内 18 学时内完成本次实验任务。

(1) 预习部分

复习运放原理及其相关应用电路。熟悉 ADC0809、DAC0832 和 LCD1602 的工作原理和接口信息,了解并熟悉单片机最小系统及 51 单片机的指令系统。

(2) 电路设计

1) 完成拾音器声电变换。

2) 根据所用运放特性及增益要求计算放大电路的电阻阻值。

3) 根据滤波器的截止频率要求设计巴特沃斯最平坦滤波器所需电阻、电容参数。

4) 在电路中加入一级 AGC,比较有无 AGC 时音质的区别。

5) 在多孔板上完成系统的焊接和测试,要求布局合理,焊接美观,留有测试点。上电测试之前需用万用表检测是否错接或短路。

(3) 报告总结

每组在完成实验时,同时提交设计报告,包括理论分析、电路设计、软件流程、数据表格等相关信息。

3. 相关知识及背景

这是一个运用单片机和模拟电子技术解决现实问题的典型案例,理论知识包括单片机原理与接口技术、数字电路、模拟电路、信号与系统等基础课程;软件知识主要有单片机开发软件 Keil 的基本使用方法、电路原理图绘制软件 Altium Designer 的基本使用方法、电路仿真软件 Multisim 的基本使用方法。电路包括滤波器、小信号放大器、功率放大器、模数转换、数模转换、压缩算法。

4. 教学目的

通过综合实验使学生掌握系统设计的方法,促进学生对小信号放大、功率放大、滤波、模数转换、数模转换、压缩等知识的理解,培养学生的设计能力、调试能力、交流沟通能力、协作能力、自学能力。

5. 实验教学与指导

本实验的过程是一个比较完整的小系统设计工程,需要经历学习研究、方案论证、系统设计、电路焊接、单元电路调试、整体电路联调测试、设计总结等过程。在实验教学中,应注意以下几个方面。

1) 了解小信号放大器的工作原理、多级放大器的增益分配、级间耦合方式、功率放大器的主要参数指标。

2) 熟悉最平坦有源带通滤波器的设计方法,根据截止频率及陡度要求确定滤波器的阶数。

3) 根据语音信号的特点选择采样频率及 A/D、D/A 的分辨率。

4) 提高存储时间可以采用压缩和降低采样频率回放进行插值的方法,比较各种方法的优劣。

5) 在实验完成后,学生以项目演讲、答辩、评讲的形式进行交流,了解不同解决方案及其特点,拓宽知识面。在进行作品测试时要求学生一起观看,了解其他学生作品的特点。

6) 作品验收时,要注意学生设计的规范性,如系统结构与模块构成,模块间的接口方式与参数要求,测试点的预留,电路工作的稳定性与可靠性。在报告的测试分析中,要分析系统的误差来源并加以验证。

6. 实验原理及方案

（1）系统结构

系统结构图如图 4-8-2 所示。

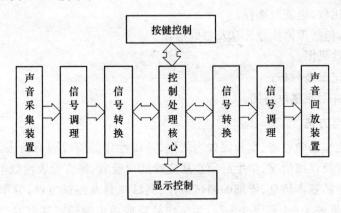

图 4-8-2　系统结构图

（2）实现方案

系统实现方案图如图 4-8-3 所示。

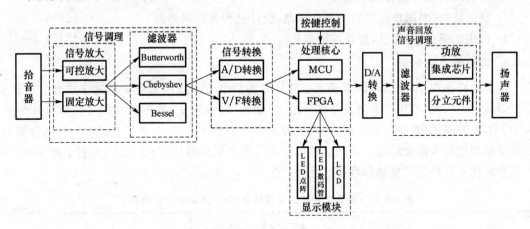

图 4-8-3　系统实现方案图

前级信号处理可分为放大电路和滤波器电路两部分。其中信号放大可以采用可控放大电路实时调节信号幅度,或者根据实验要求采用固定的放大倍数放大前级信号。滤波器的选择关键在于滤波器的形式,有 Butterworth、Chebyshev 和 Bessel 等多种形式的滤波器可供选择。

信号转换部分可以采取经典的 A/D 转换或者选用 V/F 转换方案,信号转换方案的选择影响处理核心的选择,A/D 转换之后采用 MCU 或者 FPGA 进行处理都较为方便,V/F 转换之后更适合选用 FPGA 进行处理。

在系统功能显示上,LED 点阵、LED 数码管或字符型的 LCD 都是不错的选择。采集到的信号处理之后经 D/A 转换输出模拟信号,模拟信号经过滤波处理并进行功率放大后由扬声器播放。功放电路可以直接选择集成芯片搭建简单电路,也可以通过分立元件搭建合适的功放电路。

7. 实验报告要求

实验报告需要反映以下工作。

1) 实验需求分析。

2) 实现方案比较、论证及选择。

3) 模块设计,包括理论推导计算及参数选择。

4) 电路仿真效果图。

5) 测试数据记录及分析。

6) 设计总结并附完整电路图。

8. 考核要求与方法

考核以阶段性作品验收表、实验报告为依据,阶段性作品验收表有两张,分期考核学生不同阶段的实验进度及详细情况,学生必须在规定时间内验收,每人验收次数不得超过两次。验收表格须含有学生的基本信息、详细的测试条件、测试项目及测试方法,分学生填写和教师填写两栏(验收表格见表 4-8-1 和表 4-8-2),学生作品完成后由教师或助教验收。教师或助教必须根据学生的实验作品情况如实填写验收表格,对实验作品的优缺点必须有详细的记录,验收完后要认真填写总体评价、验收时间及签字三栏。

成绩评定:

1) 测试系统的功能和技术指标 (65%)

2) 设计报告(书面报告作品的设计思路、设计过程及结果等) (20%)

3) 口头汇报(讲解作品,验收答辩等) (15%)

9. 项目特色或创新

项目的特色在于:项目来源于现实生活具有实用性、综合性,实现方法的多样性。本次实验知识面较为广泛,其中主要涉及了信号放大、滤波、压缩算法、抽样保持信号的傅里叶分析、A/D、D/A 转换原理、单片机原理,并且需要学生动手设计电路,有利于考验学生的综合能力,使其学会理论与实践相结合。本次实验以二人一组的形式进行,分工合作,有利于激发每个学生潜在的优点和培养团队协作意识。

表 4-8-1 《语音信号放大及存储与回放》作品验收记录表 I

实验项目名称	语音信号放大及存储与回放				
学生分组信息	学生姓名		学号		联系电话
验收数据记录	模块	测试条件	测试项目	实验记录(学生填写)	验收结果(教师填写)
	拾音器输入单元	正常距离 真人语音测试(10 分)	输出信号直流分量(mV)		
			输出信号交流分量(mV)		

实验项目名称	语音信号放大及存储与回放			
验收数据记录	语音放大单元	输入信号:信号源产生 10 mV，1 kHz(请按实际放大器级数记录即可)(10分)	第一级放大器输出电压/放大倍数	
			第二级放大器输出电压/放大倍数	
			第三级放大器输出电压/放大倍数	
	滤波器	输入信号:信号源 $V_{pp}=1$ V 信号(15分)	3dB 带宽	
			20dB 点(两点)	
			带内纹波	
			中心频率	
			带内增益	
	放大器 2（功放前）	输入信号:信号源 $V_{pp}=1$ V,1 kHz(10分)	放大器输出电压/放大倍数	
	功放	自主选择(5分)	增益	
	整机效果	真人语音输入或者音乐播放(10分)	音量可调	
			零输入时输出噪声	
			音效	
			布局	
			焊接	
	电源方案（5分）	放大器电源电压:_____V,功放电源电压:_____V		
		其他电源使用情况		
总体评价				
验收时间		验收教师/助教(签字)	验收成绩	

表 4-8-2 《语音信号放大及存储与回放》作品验收记录表Ⅱ

实验项目名称	语音信号放大及存储与回放				
学生分组信息	学生姓名	学号	联系电话		
验收数据记录	模块	测试条件	测试项目	实验记录	验收结果
	放大器模块(10分)	输入 1 kHz,500 mV_{pp} 的正弦波，改变放大器增益,测量输出电压范围	输入放大器的增益调节范围		
	带通滤波器模块(10分)	输入 500 mV_{pp},频率 100~4000 Hz 的正弦波,测量滤波器通带	通频带		

实验项目名称		语音信号放大及存储与回放				
验收数据记录	ADC/DAC（20分）	输入 1 kHz,500 mV_pp 的正弦波,测试 DAC 输出波形	ADC/DAC 模块的工作状态(采样频率等)			
	语音存储（5分）	系统采集播放时间长于 15 s 的音频,记录系统回放的时间	大于或等于 4 s			
			大于或等于 8 s			
	语音回放（5分）		语音质量			
	噪声处理（5分）	采集输入端对地短路,测试输出端噪声波形	系统输出端噪声			
	压缩算法（10分）		存储压缩算法			
总体评价						
验收时间		验收教师/助教(签字)			验收成绩	

实验案例信息表

案例提供单位		武汉大学电子信息学院		相关专业	电子工程,通信工程,电子科学与技术	
设计者姓名		黄根春	电子邮箱	hgc@whu.edu.cn		
设计者姓名		张望先	电子邮箱	zwx@whu.edu.cn		
设计者姓名		王琦	电子邮箱	wq@whu.edu.cn		
相关课程名称		单片机原理,模拟电子技术	学生年级	2、3	学时	18+18
支撑条件	仪器设备	信号源 DG1022,泰克数字示波器 1002,直流稳压电源				
	软件工具	Multisim、Altium Designer、Tina、Keil				
	主要器件	uA741,LM386,ADC0809,DAC0832,8Ω1/4W 扬声器,mini 麦克风				

4-9 干式气体密封检测装置

1. 实验内容与任务

1) 本次实验以气密检测装置为对象,设计用于测量气源压力的压力计,测量范围0~40 kPa,测量精度不低于±2%;另外设计用于测量测试管路和标准管路上压力衰减的压差计,测量范围0~25 Pa,测量精度不低于±0.1%FS(FS:满量程);以数字方式显示压力值或者压差值。设计要求使用逻辑芯片,显示模块使用数码管。

2) 提供有气密性要求的散热器、油冷器、水泵、缸盖或其他测试成品和标样成品,提供气密检测的工作原理图和电磁阀动作流程图,请自行完成基于 STC89C51 单片机的干式气体密封检测装置电气系统总体设计方案,完成传感器、传感器放大电路、电源电路、单片机最小系统、键盘电路、显示电路、继电器驱动电路、抗干扰电路、报警电路、显示灯电路、软件编程等主要部分的选型、设计、制作及测试。参数设定输入模块可以采用键盘输入或者拨码开关输入;显示模块不局限于数码管,LCD、LED 或者 TF 屏均可。

2. 实验过程及要求

1) 了解压力传感器原理与压力测量方法;掌握压力信号采集、放大、转换、处理、显示等方法;了解电磁阀工作原理与应用。

2) 尽可能多地查找满足实验要求的压力或压差传感器,注意传感器类型、压力测量范围和精度、输出信号形式和线性范围等特征参数。

3) 根据压力传感器类型选择放大器类型,设计放大电路,注意放大电路输入阻抗和增益,选择压力模/数转换方式,设计数字信号显示电路。

4) 设计单片机控制电路,具有驱动、声光报警、数字显示等功能。

5) 构建测量压力的气路环境,实现压力计对气源压力、压差计对测试管路与标样管路之间压差的测量。

6) 构建气体密封检测装置的气路环境,实现压力值和压差值的自动检测与成品气密性分析。

7) 撰写总结报告,分组讨论不同设计方案的特点和实现方法。

3. 相关知识及背景

这是一个综合运用电子线路、信号与处理、单片机、电子系统设计等工程基础课解决工程实际问题的典型案例,涉及桥式整流、振荡器、倍压整流、传感器及检测技术、信号放大与信号转换、数据显示、参数设定、数据分析、自动控制等相关知识与技术,同时涉及测量仪器精度、线性度、仪器设备标定、抗干扰及工程项目管理等工程概念。

4. 教学目的

在较为完整的工程项目实现过程中引导学生了解现代测量方法、传感器技术,掌握单片机原理与应用;引导学生制定设计方案与技术路线、设计电路、选择元器件、构建测试环境,并对项目做出技术评价,培养科研素质。

5. 实验教学与指导

本实验案例是一个比较完整的实际工程项目,包含文献阅读、方案设计与论证、系统设计与制作、软件编程与调试、分析总结与交流等实践环节。在实验教学中,应在以下几个方面加强对学生的引导。

1)学习压力、压差测量的基本方法,了解随着压力、压差测量范围与测量精度要求的不同,在传感器和测量方法上选择不同的处理方法。

2)不同传感器输出信号的形式、幅度、驱动能力、有效范围、线性度都存在很大的差异,后续的信号调理和放大电路也要根据信号的特征来设计;一般来说,传感器的使用说明中都有参考电路。

3)实验要求的精度并不高,主要取决于传感器;气压又是一个缓变信号,因此将模拟信号转换为数字信号时可供选择的方式较多,如常规的逐次逼近 8 位 ADC、双积分型 MC14433、ICL7135 等都可以采用;也可以采用 V/F 转换的方式,或采用由控制器输出 PWM 波,经整流滤波后与气压信号比较的方式等。

4)实验将采集好的气压和压差信号存入单片机进行分析,具体的分析方法可以采用查表法、直方图法、ANOVA 分析法等。可以先将数据进行 MATLAB 仿真分析,确定正确后再移植到单片机处理。

5)闭环气路设计搭建完毕后,通气测量气路有没有堵塞,有没有泄漏等。电路设计、搭试完成后必须要用标准仪器设备进行实际测量,标定所完成的气压计的误差。

6)在单片机系统搭建完成后,根据流程图构建一个整体的系统架构,并且人为输入测量数据,测试所测量的结果是否正确。

7)在实验完成后,可以组织学生以项目演讲、答辩、评讲的形式进行交流,了解不同解决方案及其特点,拓宽知识面。

在设计中,要注意设计的规范性;在制作中,要注意制作工艺和安全操作;在调试中,要注意气源压力不能超过传感器测量量程;在测试分析中,要注意分析系统误差来源并加以排除。

6. 实验原理及方案

(1)工作原理图

图 4-9-1 为干式气密检测装置工作原理图。该气密检测装置对有气密性要求的零部件或测试成品及标样成品自动地加入压缩空气,根据加压后泄漏减压的工作原理,对泄漏发生的流量采用高效率、高精度压力传感器测量其微量压力差变化,并输入计算机自动分析,检测产品合格与否。

(2)电气原理图

图 4-9-2 为干式气密检测装置电气原理框图。其中传感器代表压力传感器及压差传感器。

(3)方案流程图

图 4-9-3 为方案流程图,图中给出了系统各功能模块,供学生参考。

1)传感器模块

方案一:MPX2300 压力传感器和压敏电阻配合 H 桥压差模块。本方案采用压敏电阻后接 H 桥模块,成本低,但是外围电路的设计较复杂,零点失调、受压不均和 H 桥电阻精度等影响因素过多,且后续放大电路的调节配合太多。

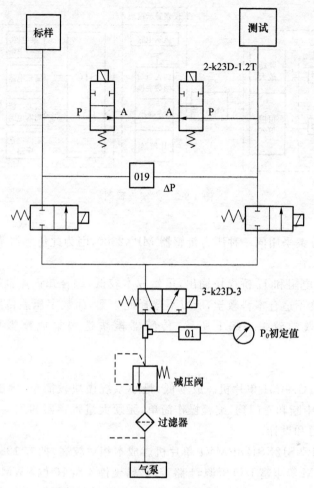

图 4-9-1　工作原理图

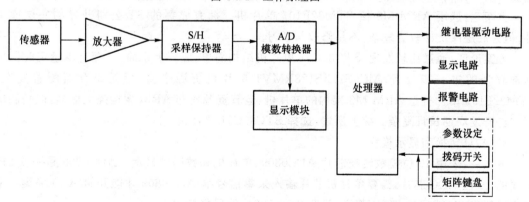

图 4-9-2　电气原理框图

方案二：MPX2300 压力传感器和集成模拟压差传感器 Model 268/268MR。本方案采用市面上做好的差动压差传感器模块。设计外围差动放大电路，电路简单，调节因素少，受外界条件干扰少。

方案三：MPX2300 压力传感器和数字压差传感器。成本高，输出并行数字信号。不需要外围放大电路。

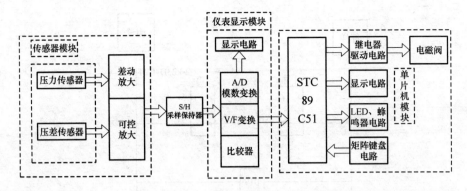

图 4-9-3　方案流程图

方案论证：

本传感器三个方案采用同一种压力传感器 MPX2300,因为此传感器精度和测量范围满足实验要求且成本低。

压差模块：压敏电阻和 H 桥模块输出,虽然成本较低,综合知识点也很多,但是考虑到设计复杂度和制作难度不适合本科教学,所以不选择此方案,而数字压差传感器成本高,没有后续电路,不能保证教学效果。综上所述,传感器模块选用集成模拟压差传感器 Model 268/268MR。

2）单片机模块

方案一：选用 STC89C51 单片机。成本低,最小系统模块较简单,内部集成 3×8 路通用 I/O 口,拥有定时器中断和看门狗,编程操作简单,无须大量寄存器的配置,只需掌握通用 I/O 操作就可以开始学习和设计。

方案二：选用 MC9S12XS128RMV1 单片机。成本相对较高,拥有 128KB Flash 掉电存储空间,A、B、H、J、K、M 等丰富 I/O 资源,4 路定时器,硬件 4 路 16 位 PWM 输出,8 路外接输入捕捉与输出比较,内部 8 路 12 位 ADC。没有底层库,需要大量配置寄存器。

方案三：选用 ARM-M3 核 STM32F107 单片机。拥有成熟的 ST 公司开发的底层库文件,但是底层库文件较为复杂,不易修改与学习。

方案论证：通过比较发现,STC89C51 单片机结构简单,编程上手简单,拥有少量定时器中断寄存器的进一步设置;MC9S12XS128RMV1 单片机资源丰富,但是寄存器配置复杂;STM32F107 单片机是 ARM-M3 架构的单片机,运算资源比非 ARM 架构强大得多,但是底层库文件开发周期长且复杂。综上所述,选择 STC89C51 单片机。

3）A/D 转换和显示模块

方案一：采用 10 位模数转换芯片 ADC0809、单片机和数码管显示。ADC0809 是一款 SPI 时序的 10 位 ADC 芯片,需要单片机芯片输入采集信号给 ADC0809 才能开始 A/D 采集。采用串行输出,ADC0809 拥有 10 位（基准电压/1024）的采集精度。

方案二：采用 4 位半 ADC ICL7135 和数码管显示。外围电路相对复杂,直接模拟输入,内部 ADC 为逐次逼近型电路,采用并行输出,并且由 5 路 D 引脚输出控制 4 位半的具体位,8 路输出直接通过数码管显示。

方案论证：ADC0809 的外围电路简单,但是需要单片机显示,且采集和输出都是串行操作,相对复杂;ICL7135 的外围电路复杂,但是无须外加信号控制采集,输出自动接入数码管输出即可显示出当前 A/D 转换值。综上所述,选择 ICL7135 作为仪器仪表显示模块。

216

7. 实验报告要求

实验报告需要反映以下工作。

1）实验研究背景及需求分析。

2）实验设计与实施方案论证。

3）理论分析与计算。

4）电路设计与参数设定。

5）电路测试方法。

6）实验数据记录、处理与分析。

7）实验结果总结与展望。

8. 考核要求与方法

考核表见表 4-9-1。

表 4-9-1　考核表

考核节点		考核时间	考核标准及考核方法	
实物验收	压力计	第 4 周	测量范围 0～40 kPa，测量精度不低于±2%	验收设计图纸、提交硬件实物、测试各模块功能
	压差计	第 5 周	测量范围 0～25 Pa，测量精度不低于±0.1%FS	
	电源模块	第 5 周	输出±15V/1.5A、±5V/1.5A、24V/4A、12V/1.5A	
	单片机系统	第 15 周	人为设定输入数据，检查输出或显示结果与设定数据的一致性	
实验质量		第 4～第 16 周	电路设计方案合理性，检验电路板焊接质量、组装工艺质量	
自主创新		第 16 周	电路设计的创新性，独立实践能力	
实验成本		第 16 周	合理选取材料，有效利用实验中心的仪器设备	
实验数据		第 16 周	进行数据处理和分析，分析电路故障产生原因，寻找排除故障方法	
实验报告		第 16 周	符合规范性、完整性	

9. 项目特色或创新

1）具备较强工程应用背景，案例设计完整，实现方法多样。

2）模块化、分层次的技术方案，实现功能循序渐进，适于不同层次学生需求。

3）综合应用专业知识，培养学生工程意识，服务专业培养目标。

4）注重团队合作、协同创新的科研素质培养。

实验案例信息表

案例提供单位		长春理工大学电子信息工程学院电工电子基础教学部		相关专业		电子信息类	
设计者姓名		王春阳	电子邮箱	wangchunyang19@163.com			
设计者姓名		刘妍妍	电子邮箱	Liuyy306@163.com			
设计者姓名		陈宇	电子邮箱	assma@163.com			
相关课程名称		电子线路(模电、数电)，数字信号处理、微机原理	学生年级	2	学时		32
支撑条件	仪器设备	万用表，示波器，信号源，直流稳压电源					
	软件工具	MATLAB、Keil、Protel、Stc-isp、Visio					
	主要器件	电路板、电阻、电容、模数转换器、导线、矩阵键盘、拨码开关、显示器件、发光二极管、光电耦合器、继电器、蜂鸣器、传感器、放大器、三极管、二极管、电磁阀等					

4-10 低压直流电机驱动、转速控制及报警系统

1. 实验内容与任务

（1）在提供的低压直流电机模块、光电检测模块的基础上，设计一个低压直流电机驱动、转速控制及报警系统，对该小型直流电动机在0～全速范围内进行调速控制。可设定报警转速，当实际转速超过报警转速时报警。

（2）在设计电路时，要求首先通过仿真软件对所设计的电路进行仿真，然后进行实际模块电路实现，学生需要观察并比较各个模块的输入输出仿真信号和真实信号，并不断调整电路结构和参数。

（3）拓展要求

1）在 LabVIEW 环境中实现波形显示、转速控制、报警等功能。

2）数码显示电机转速。

2. 实验过程及要求

1）了解低压直流电机的原理，了解光电检测模块的原理和电路实现。

2）设计直流稳压电源，考虑采用串联型稳压电路，提供±12 V电源和5 V电源。

3）设计直流电机调速电路及驱动电路，学习采用不同形式的脉宽调速方案实现电机调速控制，设计信号发生电路、脉宽调制电路和电机驱动电路。

4）设计光电转换整形电路和频率/电压转换电路。

5）设计报警电路，实现声光报警功能。

6）拓展要求：将各节点的输入输出信号接入至 LabVIEW 环境，设计友好的 GUI 界面，实现波形显示、转速控制、报警等功能。

7）拓展要求：设计数模转换电路和译码电路，将电机转速信号通过数码管显示。

8）要求学生自行选择元器件种类和参数（充分利用实验室现有条件），焊接电路板，实现各种功能电路，并联机实现。

9）撰写设计总结报告，并通过分组演示，学习交流不同解决方案的特点。

3. 相关知识及背景

实验涉及晶体管和运算放大器的基本原理、波形发生器的原理和实现、脉宽调制电路原理及实现、集成定时器基本应用、直流电机控制、红外光电传感器应用、稳压电源设计等电工学课程中的基本理论及应用。

通过实验，学生能掌握常用元器件的识别及应用，电路设计以及仿真实现，电路板布局以及搭建实现等技能。

4. 教学目的

突出非电理工科学生的特点，积极和工程实践相结合，加强对学生创造性思维方式的培

养,突出对学生科学研究工作的方法、规律和手段的训练,激发学生自主学习的积极性,促进学生动手实践和增强创新意识。

5. 实验教学与指导

本实验的过程是一个比较完整的工程实践项目,需要经历学习研究、方案论证、系统设计、实现调试、设计总结等过程。在实验教学中,应在以下几个方面加强对学生的引导。

1)要求同学们进一步熟悉实验室常用的仪器设备操作。

2)直流稳压电源设计可采用7812、7912、7805、CW117等三端集成稳压器。要根据电机消耗的额定电流等指标估算电源的容量。

3)学习直流电机脉宽调速的多种方法实现,如三角波脉宽调制器、锯齿波脉宽调制器、多谐振荡器单稳态触发调速、PWM集成芯片脉宽调制等原理及电路实现,根据电路实现难易程度和已有元器件选择合适的脉宽调速电路。

4)注意集成运放组成的信号发生电路和555集成定时器组成的基本应用电路可应用于本实验的模块电路。

5)根据实验过程的不同阶段,采用不同的辅导方式,如在实验电路理论设计阶段,引导学生掌握设计电路、分析电路的能力;在交互式仿真阶段指导学生如何正确使用仿真软件,根据结果修改电路设计;在原型化实现与比较阶段则重点指导学生如何正确布局电路,如何对具体电路进行查错等。

6. 实验原理及方案

本实验由直流稳压电源模块、直流电机驱动及调速电路(包括信号发生电路、脉宽调制及电机驱动电路)、转速测量电路(包括光电转换及整形电路、频率/电压转换电路)和报警电路组成,系统部分结构如图4-10-1所示。

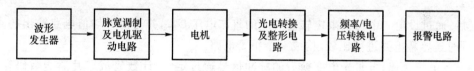

图 4-10-1　系统结构图

直流稳压模块提供+5 V和±12 V电压,可采用固定或可调式集成稳压管组成的电路实现。

有多种波形发生器的设计方法可实现电机调速的目的,如锯齿波脉宽调制、方波和三角波脉宽调制、555集成定时器产生多谐振荡器和单稳态触发器脉宽调制,以及PWM集成芯片实现等,学生可选择其中一种加以实现。

压控脉宽调制电路可以用运算放大器构成的三角波发生器和比较器组成。把周期为T幅度恒定的三角波电压信号U_S从比较器的同相端输入,把作为控制信号的直流电压U_C从反相端输入,在输出端可以得到宽度随U_C变化的方波电压U_O,如图4-10-2所示。

由比较器输出的电压,其电流较小不足以直接带动电机转动,必须在驱动电机前加上足够功率的驱动级。

光电转换电路的原理图如图4-10-3所示。电机转动

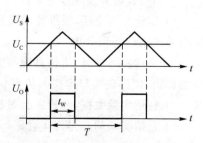

图 4-10-2　压控脉宽调制电路

219

时,发光二极管 D 发射的红外光透过转盘上的圆孔后被光敏三极管 T 吸收,则光敏三极管呈现饱和导通状态。而当红外光线无法透过转盘被光敏三极管吸收时,光敏三极管截止,致使转换电路输出连续的脉冲信号。

若转盘的圆孔有 63 个,电机旋转一周,转换电路输出 63 个脉冲信号。对于转速为 n 的电机来说,输出的脉冲频率为 $63n/\min$。

从转盘经光电变换后的脉冲信号是一种周期和脉宽随转速发生变化的脉冲,如图 4-10-4 所示。该信号的 T 和 t_w 随转速的提高而减小,但是它们的比值 t_w/T 却基本上保持不变,因而无法从这种信号中提取与转速有关的信息来检测转速的高低。

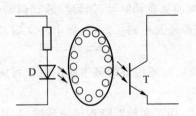

图 4-10-3 光电转换电路

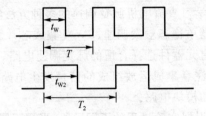

图 4-10-4 经光电变换后的脉冲信号

但是通过频率/电压转换电路对这种信号进行转换,即对 t_w 进行处理,使这种信号当周期由于转速变化而发生变化时,其 t_w 始终保持不变。由于波形的直流分量为

$$U=\frac{t_w}{T}U_m$$

当 t_w 和 U_m 恒定时,直流电压的值仅与 T 成反比,即与频率(或转速)成正比,这样就可以用 U 的大小来判断转速 n 的高低。这里恒 t_w 处理电路可采用 555 定时器构成单稳态触发器电路来实现。

最后,通过设定一个与某限定转速对应的直流电压 U_{RF},并与由平均值电路输出的直流电压 U 同时送鉴幅电路进行比较,构成一个报警电路。

为显示电机转速,可将光电变换后的脉冲信号通过定时/计数集成芯片后送数码管显示,也可将经频率/电压转换电路之后的转速信号通过模数转换芯片后再经译码,最后送数码管显示。

可将处理后的转速信号通过实验平台内置的定时/计数输入端子或模拟量输入端子进入计算机,在 LabVIEW 环境中实现显示、报警和控制等功能。

7. 实验报告要求

实验报告需要反映以下工作。

1)实验方案论证,根据要求提出设计方案,通过理论推导确定电路参数,根据仿真结果调整实验电路结构和参数。

2)搭建实际电路,将仿真值与实际的测量值进行比较,观察两者之间的差异,寻找差异产生的原因,使得现实与理想的仿真状态更加接近。

3)整理实验数据,分析实验过程中的现象或故障。

4)总结实验的心得与体会。

8. 考核要求与方法

本综合实验需要课内 12 学时,课外 12 学时,总共 24 学时。具体的考核要求与方法如下。

1）实验平台的熟悉及应用：课外 4 学时。考核要求：对实验平台的熟悉程度。

2）理论设计：课外 6 学时。考核要求：电路设计的合理性。

3）交互式设计与仿真：课外 2 学时，课内 6 学时。考核要求：仿真电路，部分电路模块的原型实现，材料元器件选择的合理性。

4）原型化设计与比较：课内 5 学时。考核要求：电路模块的原型实现，与仿真电路结果的比较，考核学生分析电路的能力，独立实践的能力等。

5）验收：课内 1 学时。考核要求：功能与性能指标的完成程度，布线、焊接质量，完成时间，实验报告的规范性和完整性，是否充分利用实验室已有条件，材料与元器件选择合理性，成本核算与损耗等。

9. 项目特色或创新

实验将理论设计、交互式设计和仿真、原型化设计与比较相结合，在虚拟技术与现实环境之间灵活切换。学生在计算机上自行设计实验方案，通过虚拟仪表测量原型化实际电路信号，将仿真与实际测量结果比较，保证了理论分析设计的灵活性。该实验设计极大地提高了学生的学习效率，改进了学生的学习方法并调动了学生的学习积极性。

实验案例信息表

案例提供单位		浙江大学电气工程学院电工电子基础教学中心		相关专业		能源、机械等非电类专业
设计者姓名		孙晖	电子邮箱	sunroam@188.com		
设计者姓名		张冶沁	电子邮箱	yeqinzhang@163.com		
相关课程名称		电工电子学实验	学生年级	2	学时	12＋12
支撑条件	仪器设备	万用表、示波器或 Elvis 实验平台内置万用表、示波器等				
	软件工具	Multisim，Elvis 驱动（可选），LabVIEW（可选）				
	主要器件	集成运放（如 324、741 等）、555 集成定时器、稳压块、电阻、电容等				

4-11 智能车的设计与竞技

1. 实验内容与任务

（1）实验内容：要求设计出一种基于单片机控制的简易自动寻迹小车系统，包括小车系统构成软硬件设计方法。小车以 STC90C52 单片机为控制核心，用单片机产生 PWM 波，控制小车速度。利用红外光电传感器对路面黑色轨迹进行检测，并将路面检测信号反馈给单片机。单片机对采集到的信号予以分析判断，及时控制驱动电机以调整小车转向，从而使小车能够沿着黑色轨迹自动行驶，实现小车自动寻迹的目的。

（2）实验要求

1）基本要求

学生自行完成硬件焊接和软件编程后，加装传感器，小车顺利地在指定黑色轨迹赛道上行驶，并顺利走到终点。

2）提高要求

在基本要求的基础上，制作美观的外壳和车体，在比赛专用赛道上行进用时最短。

2. 实验过程及要求

1）学生复习 STC90C52 单片机的编程环境及代码的编写、硬件的连接及调试。

2）学生尽可能多地查找满足实验要求的各种传感器，注意传感器的类型、固定形式、安装方法、测量精度、输入输出信号形式和动态范围等关键的特征参数以及典型应用。

3）设计传感器输出信号与实际控制小车行走、角度调整、停止行进等信号的控制方式。

4）设计小车顺利沿着黑色轨迹行进的编程算法、逻辑框图。

5）学生学会自己采购元件，并进行传感器的调试。

6）当电路出现故障时，学生学会用实验室的各种仪表检测电路板上的各种信号，判断产生故障的原因以及排除故障的方法。

7）调试成功后要进行验收答辩，答辩需准备 PPT，答辩内容包括设计思想、设计电路、介绍本车的特色、成本控制、竞速比赛以及在实验中出现的故障及解决方法等方面。

8）实验完成一周内，学生按报告要求提交电子版和纸质实验报告各一份。

3. 相关知识及背景

（1）理论知识方面

这是运用数字电路与逻辑设计、模拟电子电路、单片机编程技术以及各种传感器的知识来解决现实生活和工程问题的典型案例；运用传感器及检测技术、信号放大、模数信号转换、数据显示、参数设定、反馈控制、脉宽控制及参数设定等相关知识与技术方法。

（2）基本工程技能

焊接电路板的各项技能、装配小型车的工程技能、各种检测仪表的熟练使用。

（3）背景

大家在新闻中都看到过登月小车或者听说过无人驾驶车，在那些人类很难适应或无法进入的工作环境中，可以看到智能车的身影，本题就是基于这种思想而设计的。

4. 教学目的

1）通过一个行走小汽车的制造过程，学会制造一个产品的各种工艺技术流程。

2）学会电子电路安装和调试的方法，提高工程设计和实践动手能力。

3）把一门课程的学习变成一个赛场，可以大大提高实验课程的生动性和灵活性，很好地调动学生的积极性，极大地培养学生创新实践的兴趣，全面提高学生的工程实践素质。

5. 实验教学与指导

本实验的过程是一个比较完整的工程实践项目，需要经历市场研究、方案论证、系统设计、元件采购、硬件焊接、元件组装、程序编写及下载、车辆运行、循迹调试、设计总结等全过程。在实验教学的前前后后，应在以下几个方面加强对学生的引导。

（1）实验前讲解

1）电子元件的性能及使用、PCB板的基本知识及应用。

2）现代电子工艺加工技术、制造技术、焊接工艺的种类及现代焊接知识。

3）实验室焊接工具的种类、技术、焊接标准及要求。

4）循迹传感器的基本知识、类型、技术参数及典型应用。

5）利用一个简单的单片机控制类程序给学生复习单片机控制方面的知识。

6）循迹程序的基本算法、方案的设计及控制框图。

7）直流电机驱动、脉宽调制方法及精度。

8）布置本次实验内容、要求、呈现形式、比赛及颁奖。

① 内容：设计制作一个自动循迹行走的小车，小车能够自动按指定路线运行，并实现灵活前进、转弯、倒退、停车等功能，甚至可以自动记录时间、里程和速度等信息。

② 要求：两人一组，自由组合并分工，最终完成小车软、硬件的全部调试、焊接工作。

③ 呈现形式：自行制作的小车能在规定的线路上行走，并顺利到达终点。

④ 比赛及颁奖：采用预赛和决赛制，班内进行预赛，每班选出5名优胜者后最后进行决赛，从而得出本次比赛的冠、亚、季军。

9）本次实验的总体框图。

① 系统控制流程（如图4-11-1所示）

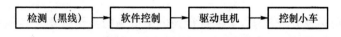

图4-11-1　系统控制流程

② 整个系统包括单片机控制模块、驱动模块、液晶显示模块、键盘、红外采集模块和小车车体，如图4-11-2所示。

③ 小车安装图片（如图4-11-3所示）

10）实验的进度要求及阶段检查内容。

11）实验焊接工具的借用及归还事项。

12）实验验收的标准、答辩的内容及要求。

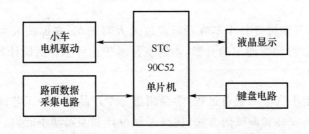

图 4-11-2　单片机控制模块框图

13) 实验赛道(如图 4-11-4 所示)。

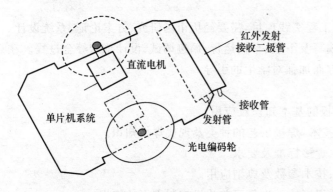

图 4-11-3　小车安装结构图

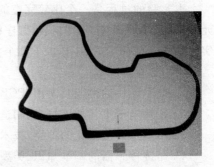

图 4-11-4　实验赛道

(2) 实验中指导

本次课程按以下顺序逐一进行并认真填写实验过程统计表(见表 4-11-1)。

1) 焊接练习:学生每人一块万用板,用废旧的元件或独股硬线来学习焊接的基本技能,焊点达到规定要求,学生经过两天的练习要实现每个焊点不虚焊、不漏焊、不短路、不开路、不空焊,检查合格后进行下一阶段工作。

2) 双闪电路的焊接:给定一个原理图和一些元件,让学生在万用板上焊接电路并加电测试,实现双灯交替显示。

3) 基本小车元件的分发及清点:要求按元件清单认真清点所发元件,并检查质量的好坏。

4) 焊接单片机部分电路并进行调试,要求焊接顺序先焊低元件再焊高元件,使键盘、显示部分工作正常。

5) 其他元件购买及外壳加工:学生自行到电子市场购买传感器及其他元件,要结合小车的外形,考虑好元件的固定方式、连接及数据线等因素,所购元件凭发票报销。

6) 将元件全部焊接在电路板上,并用工具组装各个配件,配件的组装由里及外。

7) 编写控制代码,并加入传感器的控制量,借助室内的物品调试传感器的控制精度。

8) 教师对学生的进度进行检查并一一记录下学生实验过程考核情况。

9) 经常出现的问题及解决方案:

① 单片机不工作,检查此模块相应的电路,并用示波器、万用表测试端口电压和波形等。

② 汽车轮子不转,检查机械部分的安装及供电情况。

③ 程序下载后不工作,检查下载部分的电路焊接情况,检查电源和波形是否正常。

④ 传感器工作不正常,检查传感器好坏、数据线连接情况、单片机控制信号。

⑤ 烙铁不热,检查烙铁好坏,用万用表测试插头两端电阻,如果开路或短路都不正常,应有几千欧的电阻。

6. 实验原理及方案

(1) 硬件部分

从小车循迹原理可以看出,这里的循迹是指小车在白色地板上循黑线行走,由于黑线和白色地板对光线的反射系数不同,可以根据接收到的反射光的强弱来判断"道路"。通常采取的方法是红外探测法。当红外光遇到白色纸质地板时发生漫反射,反射光被装在小车上的接收管接收;如果遇到黑线则红外光被吸收,小车上的接收管接收不到红外光。单片机就以是否收到反射回来的红外光为依据来确定黑线的位置和小车的行走路线。

1) 单片机控制模块的简单介绍(如图 4-11-5 所示)

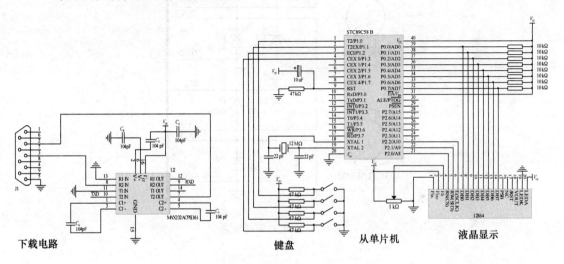

图 4-11-5　单片机模块

2) 电源电路的简单介绍(如图 4-11-6 所示)

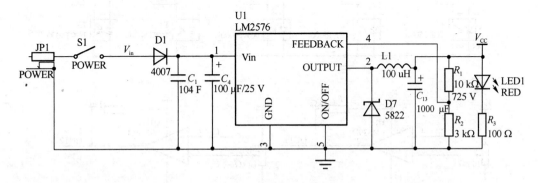

图 4-11-6　电源电路

3) L298 电机控制驱动的简单介绍(如图 4-11-7 所示)

4) 小车光电采样电路的简单介绍(如图 4-11-8 所示)

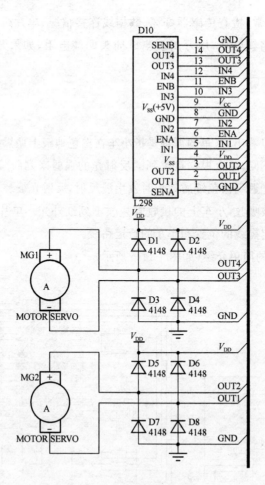

图 4-11-7　电机驱动电路

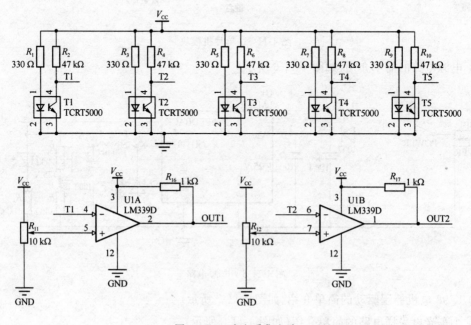

图 4-11-8　光电采集电路

226

(2) 软件部分

1) 总体流程图

小车进入寻迹模式后,即开始不停地扫描与探测器连接的单片机 I/O 口,一旦检测到某个 I/O 口有信号变化,就执行相应的判断程序,把相应的信号发送给电动机从而纠正小车的状态。软件的主程序流程图如图 4-11-9 所示。

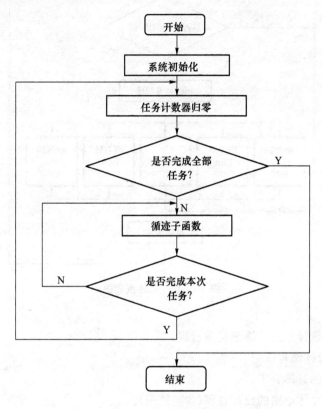

图 4-11-9　主程序流程图

2) 小车循迹流程图

小车进入循迹模式后,即开始不停地扫描与探测器连接的单片机 I/O 口,一旦检测到某个 I/O 口有信号,即进入判断处理程序,先确定 5 个探测器中的哪一个探测到了黑线,如果左面第一级传感器或者左面第二级传感器探测到黑线,即小车左半部压到黑线,车身向右偏出,此时应使小车向左转;如果是右面第一级传感器或右面第二级传感器探测到黑线,即车身右半部压住黑线,小车向左偏出了轨迹,则应使小车向右转。否则小车直走,在经过方向调整后,小车再继续向前行走,并继续探测黑线重复上述动作。循迹流程图如图 4-11-10 所示。

3) 小车外观及整体调试

外观要求漂亮、有创意和寓意。整机能够沿赛道顺利行进,用时最短为优胜者。

7. 实验报告要求

实验报告需要反映以下工作。

1) 课题名称。

2) 实习进度安排。

3) 实习任务要求。

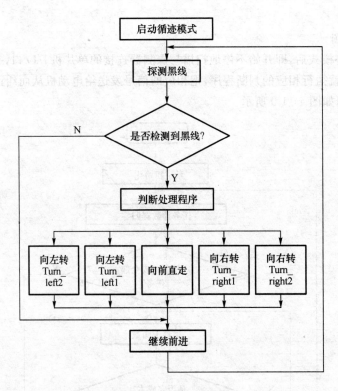

图 4-11-10　循迹流程图

4）方案论证。

5）实习题目的设计思路及详细实现过程。

6）设计思路、总体结构框图。

7）实习项目中的具体分工。

8）分块电路和总体电路的设计过程（含电路图）。

9）实现功能及测试数据结果。

10）部分算法、源程序等。

11）故障及问题分析。

12）心得体会及总结或建议。

13）所用元器件及测试仪表清单。

14）参考文献。

15）《智能车的组装与竞技》过程考核统计表（见表 4-11-1）。

16）实验报告要求格式规范、干净整齐。

8. 考核要求与方法

本次小学期采用连续两周的授课方式，学生需要在两周时间内完成整个系统的安装与调试，并进行实物竞技比赛。

1）实验过程考核，20 分

要求学生在 7 天内完成各个模块的安装，教师根据每个模块的验收结果和进度评价学生成绩。

2）实验结果验收，40 分

228

在第 8 天后将进行系统的整机验收,主要从实现功能的创新性、整机焊接质量、组装工艺、外观评比、答辩 PPT 的准备情况、研制成本、产品推销、智能车的行进速度、回答问题情况和学生间的合作精神等层面进行综合评定。

3) 综合实验报告,40 分

要求学生在实习结束后一周内按实习报告的模板要求,提交电子版和文字版各一份,报告内容翔实,分工明确合理,格式规范完整。

9. 项目特色或创新

1) 工程素质的培养,通过智能车的制作过程,让学生了解一个真实产品的市场调研、设计、论证、制作、装配到成品应用的全过程。

2) 重视过程,通过设立《智能车的组装与竞技》过程考核统计表,使学生清晰地掌握模块化的工作进度。

3) 实现了"两结合、三培养、四变化"。

两结合:理论与实践的有机结合;软件与硬件的高度融合。

三培养:团队合作精神的培养;个性化教学的培养;通过生产一个产品,培养了学生的工程素质。

四变化:由单一的焊接实验课变为趣味十足的竞技赛场;由机械式教学变为学生自发研究、自主创新的学习过程;把一门课程变成寓教于乐的产品钻研过程;把工科学生变成具有成本控制和风险担当的经济管理者。

表 4-11-1 《智能车的设计与竞技》过程考核统计表

实验题目:智能车的设计与竞技　　班级　　姓名　　学号

验收要求	类型	基本要求						提高要求
	模块分类	万用板焊接	双闪电路	控制部分	整机安装	整机调试	传感器调试	外观与竞技
	指标要求	板子焊满并考核 20 个焊点的质量	双灯交替闪烁、电路布局合理、焊点达到要求	每个模块工作正常	安装合理,能在轨道上行走	软件编写与下载调试	小车能够检测并沿轨道行进	外观漂亮速度、耗电及制作成本
学生填写	实测数据或波形							
	时间							
	地点							
教师填写	验收人							
	实际情况							
	存在问题							
	完成时间							
	竞赛成绩							
	备注							

实验案例信息表

案例提供单位		北京邮电大学电子工程学院电路中心		相关专业	电子信息类专业	
设计者姓名		魏学军	电子邮箱	xjwei@bupt.edu.cn		
设计者姓名		袁东明	电子邮箱	yuandm@bupt.edu.cn		
设计者姓名		陈玉波	电子邮箱	Chen900422@163.com		
相关课程名称		电子测量与电子电路实验、数字电路与逻辑设计实验	学生年级	2	学时	60+20
支撑条件	仪器设备	直流稳压电源、万用表、示波器、计算机、52 系列编程器				
	软件工具	Keil uVision 4				

4-12 电子产品开发案例

1. 实验内容与任务

本实验要求学生综合运用所学的专业知识及相关技术,完成具有特定功能的中小型电子产品的设计与制作。学生在教师指导下,在学习"电子产品开发"课程时,通过方案论证、设计仿真、原理图与 PCB 板图绘制、PCB 制板、买件焊接调试等环节,制作实物作品,并撰写报告,完成答辩。

设计题目实行自选与自定相结合,可采用纯硬件或软硬件结合形式实现。自选设计题目见表 4-12-1。

表 4-12-1 自选设计题目表

序号	设计题目	实现方式
1	粮满仓检测仪	
2	光控定时应急灯	
3	防盗窗报警器	
4	粮仓温度检测仪	
5	病房呼叫器	
6	医院候诊显示牌	
7	"急救车优先"信号灯控制器	1. 纯硬件设计(每组 1 人)
8	仰卧起坐计数器	2. 软硬结合设计(每组 2 人,1 人负责硬件,1 人负责软件)
9	数显八音训练琴	
10	汽车尾灯控制器	
11	八路抢答器	
12	篮球 24s 倒计时器	
13	上课打铃定时器	
14	温控箱	
15	光控电动窗帘	

2. 实验过程及要求

实验过程包括选题及方案论证、设计仿真与器件采购、原理图与 PCB 板图绘制、PCB 制板、焊接调试、撰写报告及答辩等环节,如图 4-12-1 所示。

图 4-12-1 实验流程图

231

学生应首先明确所选定产品的功能及技术指标;其次查找资料,形成设计方案并进行分析、优化结构及确定实现方式(使用纯硬件还是软硬件结合);再次明确设计重点、难点,找出解决办法;最后在教师指导下按照课程安排逐次完成实验。

具体要求如下。

1) 选题:确定方案并进行论证(含立题、研究意义、设计目的、研究条件、关键技术分析、研究计划、经费预算),要求设计合理、实用、可行、难易适中、自圆其说。

2) 设计仿真与器件采购:实现设计功能与指标,购件后检测。

3) 原理图与 PCB 板图绘制:原理图应调试无误,用原理图生成 PCB 板图,PCB 为单面线路板;板面、线宽、线距应满足制板要求。

4) PCB 制板:热转印不能错位、断线,掌握腐蚀时间;钻孔注意安全。

5) 焊接调试:器件不能插反,不能虚焊、漏焊;调试通电注意极性,防止烧坏器件;测试电路,记录数据与波形。

6) 撰写报告及答辩:报告必须全面、真实,由答辩小组根据结果给出成绩。

3. 相关知识及背景

1) 知识:模拟电子技术、数字电路与系统、通信电子线路、单片机系统与应用、电子测量与传感技术等。

2) 方法:探究性实验,兴趣引导,自主学习,培养科学探索和实际操作能力。

3) 技能

① C51 程序编调技能。

② 使用 Proteus 软件仿真及 Protel 软件绘制电路原理图、PCB 板图技能。

③ 电子器件插装焊接、贴片焊接,产品调试及参数测量、故障查找技能。

4. 教学目的

通过电子产品设计与制作实验,使学生掌握电子产品的设计、制作流程及安装、调试、测试等基本技能;常用工具、软件的使用方法与技巧;培养学生综合运用所学知识,设计电子系统与电子产品的工程实践能力。

5. 实验教学与指导

电子产品开发课程共 48 学时,包括 24 学时理论教学、24 学时课内实验,比例为 1:1,符合教育部关于"加大实验课时比例"的要求。其中,由理论教学完成课内实验的指导与提高。

在理论教学中,通过案例分析,学生可以了解设计方案的写作要求;掌握设计框图、原理图、流程图的设计规范,能对常用单元电路进行分析与设计;掌握整机产品的信号采集、调理转换、控制、输出驱动等知识要求;了解 232、485、CAN 通信接口的设计要求。

实验前,明确任务,让学生根据选题运用所学知识进行方案设计,形成解决问题的思路。教师在理论课堂带领学生重温所学知识,以设计案例为背景材料,引导学生掌握相关方法。

实验中,教师的指导任务见表 4-12-2。

表 4-12-2　实验教学课程安排表

课次	内容	训练能力	指导	相关训练课程	学时安排
1	设计方案论述	分析综合能力、表达能力	每位同学采用 PPT 进行讲解,教师对方案进行审核与指导,学生相互学习,取长补短	办公自动化软件 Office 中的 Visio 软件,绘制设计框图与软件流程图	2
2	产品设计仿真	程序编写与仿真调试能力	使用 Proteus 软件仿真、使用 Keil 软件完成 C51 程序编调,教师审查仿真结果,指出问题所在	1."单片机原理及应用"实验(第四学期),学习 Keil 软件 2."单片机原理及应用课程设计"(第五学期),学习 Proteus 软件	4
3	绘制电路原理图、PCB 板图	电路设计与 Protel 软件使用能力	使用 Protel 软件;教师审查电路原理图与 PCB 板图,指出问题	"PCB 板图设计及制作实践"(第三学期),学习 Protel 软件,绘制电路原理图与 PCB 板图	6
4	PCB 线路板制作	了解制板工艺,掌握制板设备的使用	教师对制作过程进行指导,学生动手制作;教师审查 PCB 板是否合格	"PCB 板图设计及制作实践"(第三学期),学习 PCB 线路板制作	3
5	焊接、调试	焊接、调试能力	教师指导排除故障,审核作品的设计参数是否达标	1."电子产品制作实践"(第一学期),学习焊接工艺知识 2."数字电路与系统"实验(第三学期),学习调试方法	6
6	提交报告、答辩	写作、表达能力	学生对设计进行总结,教师提问,直至通过	在一～五学期所学专业课程实验报告或实践报告基础上,提出写作要求	3

通过产品设计与分析,巩固已学知识,总结制作经验,形成规律性认识,为将来进入工作岗位打下坚实基础。

6. 实验原理及方案

本实验全面训练学生综合运用所学专业知识及有关技术,形成信号采集、信号调理转换、信号处理、信号综合、信号传输的系统思路(如图 4-12-2 所示);使用 EDA 软件,将采集电路(模拟量、数字量)、调理电路、转换电路、控制电路、驱动电路(LED、LCD、电机、扬声器)、执行部件、通信接口等合理组合(如图 4-12-3 所示),完成具有特定功能的中小型电子产品设计与制作。

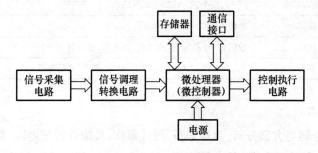

图 4-12-2　电子产品框图

"电子产品开发"课程实验,按照企业的电子产品开发步骤实现,具体环节如图 4-12-4 所示。

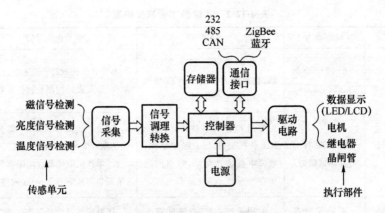

图 4-12-3　电子产品输入输出关系图

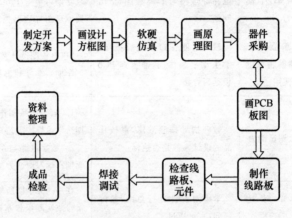

图 4-12-4　电子产品开发步骤

由于学生的选题不同,因而产生不同的设计,使用的器件也不尽相同。器件由学生自己采购,在购买中认识和了解。基本实验器件见表 4-12-3。

表 4-12-3　基本实验器件表

序号	模块电路	实验器件	
1	信号采集	模拟量	温度传感器　AD590
			光敏电阻
		数字量	温度传感器　18B20
2	信号调理与转换	OP07、LM324、ADC0808、NE555	
3	信号控制	89S82、89C2051	
4	信号执行	数码管、液晶屏、直流电机、继电器、晶闸管、蜂鸣器	
5	附属器件	电阻、电容、二极管、三极管、晶振、开关、其他器件	

7. 实验报告要求

实验报告包括选题与方案分析、原理分析、设计制作、故障分析等内容,具体要求如下。

1) 实验需求分析:选题合理,有社会需求。

2) 实现方案论证:进行可行性分析,并形成两套以上方案,经过论证,选取最实用的一套。

3) 理论推导计算:论述原理,列出对应关系,进行分析计算。

4) 电路设计与参数选择:设计框图是否规范。电路原理图中要求元件应注明文字标号,设计流程图应完整,程序标注要准确。

5) 电路测试方法:静态测试、动态测试。

6) 实验数据记录:设计指标参数、关键点数据及波形。

7) 数据分析处理:对数据采集、调理、变换、存储、传输等各环节进行分析。

8) 实验结果总结:归纳、提炼收获与创新点。

8. 考核要求与方法

评分标准:课程总成绩为 100 分。其中,平时成绩为 30 分(理论教学 12 分,实验 18 分),期末闭卷考试为 70 分。课程无故缺席一次,扣除总成绩的 1/3,缺席两次取消其考试资格。其中实验考核要求如下。

1) 实物验收:功能、参数等达到或超过设计要求(分值:3)。

2) 实验质量:设计方案和设计流程合理;PCB 线路板布局合理;线路板焊点光亮,无虚焊、漏焊、错焊(分值:3)。

3) 自主创新:自主思考并独立完成(分值:3)。

4) 实验成本:元器件选择与设计方案成本核算相一致,自购器件恰好满足设计要求;充分利用实验室设备,完成产品调试(分值:3)。

5) 实验数据:测试点数据与波形准确,测量误差在允许范围之内(分值:3)。

6) 实验报告:规范性、完整性、合理性(分值:3)。

9. 项目特色或创新

实验题目及内容符合科学原理和技术事实;能够满足人们生产、生活的某些需要,具有一定的实用价值;同时与学生的知识基础相适应,经过努力便可完成。通过实验,学生将学过的知识系统化、聚焦化,并理论联系实际,变理论知识为实际操作和产品开发能力,从而达到素质教育的目的。

实验案例信息表

案例提供单位		大连理工大学城市学院		相关专业	电子信息工程专业	
设计者姓名		马彧	电子邮箱	sac-dfdz@163.com		
设计者姓名		谢印庆	电子邮箱	64096145@qq.com		
设计者姓名		姜绍君	电子邮箱	Banruo1977@163.com		
相关课程名称		电子产品开发	学生年级	3	学时	24+24
支撑条件	仪器设备	稳压电源、示波器、万用表、计算机、打印机、热转印机、裁板机、腐蚀机、钻孔机、编程器、烙铁、螺丝刀、斜口钳等				
	软件工具	Keil C51、Proteus、Protel、Visio				
	主要器件	89C51 或 89C2051、12MHz 晶振、共阴或共阳数码管、LCD1602 液晶屏、发光二极管、9012 或 9013 三极管、温度传感器、光照传感器、电池盒				

第5部分 单片机及微机系统实验

5-1 简易国旗自动升降装置设计与实现

1. 实验内容与任务

根据所学知识,设计并制作一个自动控制的升降国旗装置,升旗时在旗杆顶端停止,降旗时在底端停止。

（1）基础要求

1）按下上升键后,旗帜匀速上升,同时流畅播放歌曲,上升到顶端时自动停止,歌曲停奏;按下下降键后,旗帜匀速下降,不播放歌曲,下降到底端时自动停止。

2）旗帜在最高端,上升键不起作用;旗帜在最低端,下降键不起作用。

3）升降旗时间均为 43 秒,与国歌演奏时间相等。

4）即时显示旗帜所在高度,高度以厘米为单位,误差不大于 2 cm。

（2）扩展要求

1）中途断电重新合上电源后,旗帜显示高度数据不变。

2）要求升降旗的速度可调整,调整范围 5.37～21.50 s(除 43 s 外,其他时间可与国歌不同步)。

3）在最高升降速度下,能在指定位置自动停止,定位误差不大于 2 cm。

2. 实验过程及要求

1）尽可能查找满足实验要求的单片机、电机及驱动、显示器、存储器以及其他相关元器件,学习并了解不同器件的参数指标,比较分析选择最优。

2）掌握单片机工作原理及实际编程方法。

3）掌握电机及驱动工作原理和实际应用方法。

4）掌握显示器、键盘电路设计及使用方法。

5）设计硬件电路并优化、仿真,记录仿真结果。

6）制作硬件电路,软硬件联调并测试,优化系统参数,设计合理测试表格,记录测试结果。

7）考察理论值与实测值的误差,思考误差产生的原因。

8）撰写设计报告,阐明任务分析、电路设计、结果分析等。

9）展示作品,并通过分组演讲、答辩,学习交流不同解决方案的优缺点。

3. 相关知识及背景

本实验由 CPU 主控模块、电机驱动模块、语音模块、显示模块、数据保存模块及键盘模块组成,需综合运用单片机、模拟电子技术、数字电子技术等相关知识。同时,学生须自主学习实验中涉及的其他知识点;需要熟练掌握单片机原理及编程,相关硬件电路的设计及 PCB 设计制板;掌握几种常用的计算机辅助分析方法和软件编程算法;熟悉一般电子电路的设计、安装、调试方法;掌握电子技术常用的故障检测和排除方法。

4. 教学目的

综合考查学生对单片机、模拟电路、数字电路相关知识的掌握，引导学生在夯实基础的同时拓展知识视野，根据项目需求设计不同解决方案，并比较、选择技术方案；引导学生根据需要设计电路、选择元器件，构建测试环境与条件，并通过测试与分析对项目做出技术评价；鼓励拔尖学生自主学习，拓宽知识面。

5. 实验教学与指导

1）针对设计任务进行具体分析，引导学生仔细研究题目，明确设计要求，充分理解题目的要求。

2）针对提出的任务、要求和条件，要求学生广泛查阅资料，广开思路，提出尽可能多的方案，仔细分析每个方案的可行性和优缺点，加以比较，从中选取最优方案。在实践过程中引导学生将分散的知识点通过解决工程问题系统地串接起来，并比较不同电路、元器件间的优缺点。

3）将系统分解成若干个模块，明确每个模块的功能、各模块之间的连接关系以及信号在各模块之间的流向等。构建总体方案与框图，清晰地表示系统的工作原理、各单元电路的功能、信号的流向及各单元电路间的关系。

4）在电路设计、搭试、调试完成后，必须要用标准仪器设备进行实际测量，并分析数据。

5）尝试提出一些错误的要求，通过错误的结果，使学生加深对相关电路和概念的理解。

6）在实验完成后，组织学生以项目演讲、答辩、评讲的形式进行交流，了解不同解决方案及其特点，引导学生拓宽知识面。

7）讲解一些超出目前知识范围的解决方案，鼓励学生学习并尝试实现。

8）在设计中，注意学生设计的规范性，如系统结构与模块构成、模块间的接口方式与参数要求；在调试中，要注意各个模块对系统指标的影响、系统工作的稳定性与可靠性；在数据的测试分析中，要分析系统的误差来源并加以验证。

6. 实验原理及方案

（1）系统结构

系统主要由主控模块、电机驱动模块、语音模块、显示模块、存储模块和键盘检测模块等组成，其原理框图如图 5-1-1 所示。

（2）主控模块

主控模块是本系统的核心模块，主要完成逻辑计算与任务调度等功能。主控模块应具有如下接口。

1）与电机驱动模块的接口：一般采用脉冲信号进行驱动，因此采用 I/O 方式进行接口，有共阳极和共阴极两种方式。

2）与显示模块的接口：可采用并行 8 路数据或串行通信方式进行接口。

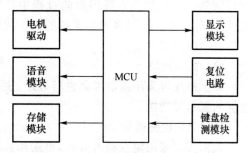

图 5-1-1　系统原理框图

3）与键盘模块的接口：采用 I/O 方式进行接口，可采用高电平有效或低电平有效。

4）与存储模块的接口：一般采用 I²C 接口，主控模块的 I/O 端口可模拟该通信协议。

5）与语音模块的接口：与语音模块的接口只是给一个起、停的信号，因此采用 I/O 方式进行接口。

相关知识及实现方法如图 5-1-2 所示。

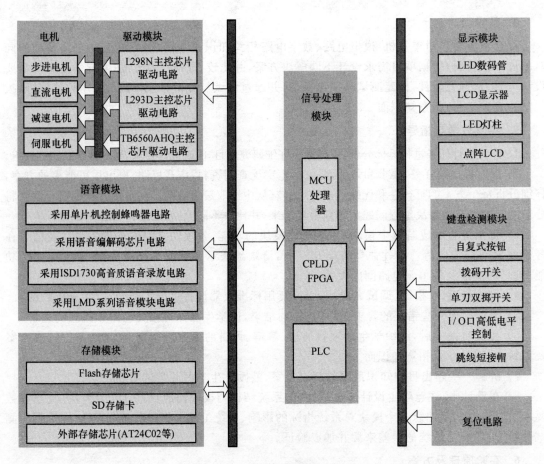

图 5-1-2　相关知识及实现方法

（3）电机驱动模块

电机驱动模块主要完成对国旗升降的控制，为了保证控制的精度和误差，可采用步进电机进行驱动。考虑到在升降国旗的过程中存在的各种情况，要求电机驱动模块应具有脱机、使能、锁定等功能。同时考虑到系统的抗干扰性能，接口需要考虑采用光电隔离等措施，并具有过热自动保护等功能。

（4）显示模块

显示模块可采用液晶屏幕进行显示，主要完成对国旗高度的实时显示、国歌的计时、国旗速度的显示等功能。

（5）键盘检测模块

人机接口采用键盘输入方式，可选用独立按键或者矩阵键盘，以实现国旗的上升和下降、国旗速度的调整、国旗位置的控制等功能。

（6）存储模块

存储模块用于记录国旗的高度数据，当系统重新上电后，可显示国旗的原来的高度数据，因此存储模块需要具有掉电保护功能。

（7）语音模块

语音模块用于在升国旗的同时播放国歌，考虑到国歌播放的连续性，可选用独立的语音芯片或者单独的单片机进行控制。

（8）系统软件工作流程

系统软件工作流程图如图 5-1-3 所示。

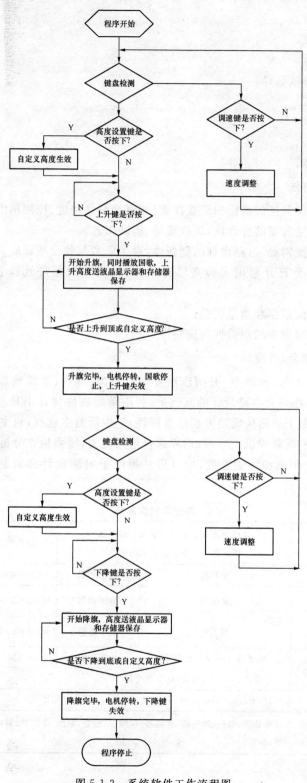

图 5-1-3　系统软件工作流程图

7. 实验报告要求

实验报告需要反映以下工作。

1）实验需求分析。

2）实现方案论证。

3）理论推导计算。

4）电路设计与参数选择。

5）电路测试方法。

6）实验数据记录。

7）数据处理分析。

8）实验结果总结。

8. 考核要求与方法

1）实物验收：功能与性能指标的完成程度（如温度测量精度、控制精度），完成时间。

2）实验质量：电路方案的合理性，焊接质量、组装工艺。

3）自主创新：功能构思、电路设计的创新性，自主思考与独立实践能力。

4）实验成本：是否充分利用实验室已有条件，材料与元器件选择合理性，成本核算与损耗。

5）实验数据：测试数据和测量误差。

6）实验报告：实验报告的规范性与完整性。

9. 项目特色或创新（可空缺）

本实验项目寓教于乐，奏国歌、升国旗激发学生兴趣；综合、系统地应用已学到的模拟电路、数字电路的知识，在单元电路设计的基础上，利用新型软件设计出具有实用价值和一定工程意义的电子电路；每个子模块实现方法的多样性，学生可自主选择、自主学习，为不同的工程应用背景奠定基础；扩展新知识的学习，培养综合运用能力，增强独立分析与解决问题的能力；培养严肃认真的工作作风和科学态度，为以后从事电子电路设计和研制电子产品打下初步基础。

实验案例信息表

案例提供单位		兰州交通大学电子与信息工程学院 国家级电工电子实验示范中心		相关专业	电气及自动化	
设计者姓名		李积英	电子邮箱	ljy7609@mail. lzjtu. cn		
设计者姓名		张华卫	电子邮箱	zhanghuawei@mail. lzjtu. cn		
设计者姓名		伍忠东	电子邮箱	wuzd@mail. lzjtu. cn		
相关课程名称		电子技术综合扩展实验	学生年级	3、4 年级	学时	48
支撑条件	仪器设备	计算机、电源、示波器、信号发生器				
	软件工具	Multisim、Protel 99SE、PSpice				
	主要器件	单片机、电机、蜂鸣器、存储器、按键、三极管、电阻、电位器、显示器、电机驱动板、陶瓷电容、晶振				

5-2 基于单片机的 MIDI 音乐信号发生器

1. 实验内容与任务

MIDI 音乐是用不同频率和不同节拍长度的正弦信号（或方波信号）组成的波形序列，利用单片机的定时器产生不同长度和频率的方波信号，就可以实现 MIDI 音乐的演奏。

1）用单片机引脚产生各种频率方波波形。

2）通过查表方式查出参数控制输出信号的频率和持续时间长度。

3）使输出波形按照音乐的节拍变化达到音乐演奏的目的。

4）通过光线强度的变化检测控制程序的启动。

2. 实验过程及要求

（1）预习要求

1）在实验前下载一首动听的音乐简谱，熟悉音乐简谱的音符和节拍的构成。

2）了解 C 调音符与频率的对应关系。

3）计算各音符输出频率需要的定时器时间和定时器初始值（可以使用 Excel 计算）。

4）预习中断程序的结构。

5）编写音乐演奏数据表。

6）熟悉数据表的构成方法、查表指令和查表过程。

7）设计光线强度变化检测电路，将检测信号微分分别连接到单片机的比较器引脚即可（P1.0 和 P1.1）。

8）画出程序流程图。

（2）思考问题

1）如果改变演奏音调，需要修改程序的哪些地方？

2）如果想每秒演奏 3 个节拍，请修改程序尝试一下。

3）如果演奏的音乐音符大于 256 个，应该如何实现？

4）单片机的低电平驱动能力要远大于高电平驱动能力，如果利用单片机引脚的低电平驱动，驱动电路应如何设计？

5）如何实现多首音乐的循环演奏，画出程序流程图。

3. 相关知识及背景

1）具有基本的音乐知识常识：音调、音符、节拍。

2）熟练掌握单片机程序的编写、编译、下载执行、测试等过程。

3）熟悉定时器工作模式和查表指令的运用方法。

4）熟练掌握仿真软件 Proteus 的实验。

4. 教学目的

1）进一步熟悉单片机程序的编写、编译和调试过程。

2）掌握单片机定时器的工作模式和定时器的使用方法。

3）掌握中断的工作原理和设置方法。

4）掌握波形输出原理,数据表的制作和查表的实现方法。

5. 实验教学与指导

1）驱动电路与驱动程序设计。

2）乐器键盘与频率的关系。

3）音乐数据表的格式定义。

4）两字节数据表的查找方法。

5）数据表长度的定义。

6）光敏电阻的特性,用光敏电阻设计光检测电路,实现光强变化对音乐的启动。

7）仿真调试的环境介绍。

8）音乐信号产生及参数设置要点:

① 波形输出:设置定时器0,从单片机的I/O引脚输出方波信号。

② 输出有节拍信号:设置定时器1,将方波信号调制成间歇信号,每秒2次,信号长度约95%。

③ 多频率输出:编写频率数据表,利用查表技术实现从1(dao)到7(xi)的等长度演奏。

④ 简单音乐信号输出:编写音乐数据表,修改演奏程序,完成等长度音乐音符的演奏。

⑤ 音符定义:0休止符,1～7中音,11～15高音的dao～sao,8～10低音的sao、la、xi。

⑥ 音乐信号输出:编写节拍控制表,修改演奏程序,完成歌曲的演奏。

⑦ 节拍定义:1八分音符,2四分音符,4二分音符,8一拍,15近似为两拍。

⑧ 节拍数据放置在高半字节,音符数据放置在低半字节,构成1字节音乐数据表,用00H表示结束符。

6. 实验原理及方案

MIDI音乐是由不同频率和不同节拍长度的正弦信号(或方波信号)组成的波形序列,利用单片机的定时器产生不同长度和频率的方波信号,在中断服务程序中将引脚取反产生方波,通过驱动电路放大,经扬声器发出声音,就可以实现MIDI音乐的演奏。改变定时初值产生不同频率;通过软件计数器控制每个音符的长度(节拍);通过音符指针查表获得每个音符的频率和长度;通过频率指针获得信号频率参数。

在单片机程序的控制下,产生与MIDI音乐对应的波形序列,通过功率放大和电声转换产生声波信号,通过人们的听觉器官(耳朵)欣赏动听的音乐。音乐信号输出电路及频率信号产生框图分别如图5-2-1、图5-2-2所示。

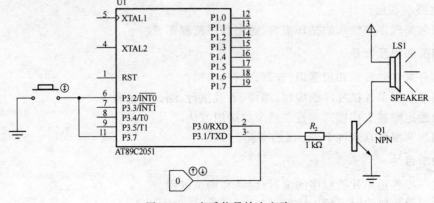

图 5-2-1 音乐信号输出电路

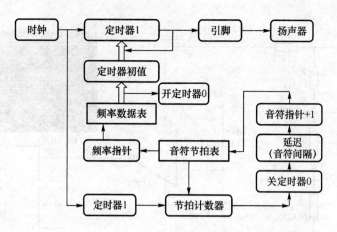

图 5-2-2　频率信号产生框图

音符与频率的关系见表 5-2-1。

表 5-2-1　音符与频率的关系

音符		名称	Frequency（Hz）	半周期	12MHz 时钟
编号				T(μs)	定时器值
5.	35	G3	195.998	5 102	62 985
6.	37	A3	220	4 545	63 263
7.	39	B3	246.942	4 049	63 511
1	40	C4 Middle C	261.626	3 822	63 625
2	42	D4	293.665	3 405	63 833
3	44	E4	329.628	3 033	64 019
4	45	F4	349.228	2 863	64 104
5	47	G4	391.995	2 551	64 260
6	49	A4 A440	440	2 272	64 400
7	51	B4	493.883	2 024	64 524
.1	52	C5 Tenor C	523.251	1 911	64 580
.2	54	D5	587.33	1 702	64 685
.3	56	E5	659.255	1 516	64 778
.4	57	F5	698.456	1 431	64 820

利用光敏电阻检测光线强度的变化,当有人在光敏电阻附近活动时,到达光敏电阻的光强就会发生变化,光敏电阻与两个普通电阻串联,一个节点直接连到比较器的同相端,另一个节点经过一个 RC 延迟电路送到比较器的反相输入端。当无人活动时光线稳定,比较器的输入端电压稳定不变,且保持有一定的电位差,使输出保持稳定;当有人活动时,两个信号变化速度不同,改变了比较器的输入状态,使输出状态发生变化,从而触发音乐程序的执行,达到有人活动就不停地演奏,活动停止演奏完一首歌就停止的目的。光强检测电路如图 5-2-3 所示。

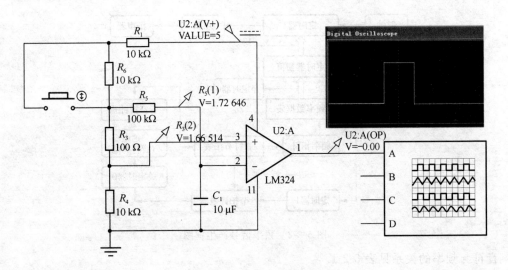

图 5-2-3　光强检测电路

为与单片机电源兼容,光强检测电路由单电源供电工作;运放反相端延迟,获得较稳定的
静态电压;R3 产生比较器门槛,可控制检测灵敏度;电路中按键将电阻 R6 短路可模拟光敏电
阻的变化。

7. 实验报告要求

1) 给出计算的音符、信号频率和定时器值的计算表。

2) 说明产生 MIDI 音乐的基本原理。

3) 画出程序的流程框图。

4) 回答思考题。

8. 考核要求与方法

(1) 预习(10%) 是否有音符的频率和定时器值数据表,是否完成歌曲简谱数据表的
编写。

(2) 调试过程(60%)

1) 是否顺利完成一首歌曲的演奏。

2) 是否能演奏指导书以外的音乐。

3) 是否完成光检测控制演奏。

(3) 实验报告(30%)

1)书写是否认真。

2)程序框图是否详细、正确反映程序各部分的运行关系。

3)回答问题是否正确。

9. 项目特色或创新

实验充分利用了单片机的定时器资源、中断资源、比较器资源,用引脚的逻辑操作输出方
波信号完成 MIDI 音乐演奏具有很好的趣味性,可以激发学生研究单片机程序的兴趣。实验
过程从简单的定时器产生波形入手,由频率控制、节拍控制、音乐演奏、歌曲选择、演奏方式选
择等逐步深入。对光的检测和使用揭开了自动控制的神秘面纱。

实验案例信息表

案例提供单位		长江大学电信学院		相关专业	测控技术与仪器	
设计者姓名		武洪涛	电子邮箱	wuht588@foxmail.com		
设计者姓名		王晓爽	电子邮箱	16408382@qq.com		
设计者姓名		李锐	电子邮箱	943030528@qq.com		
相关课程名称		单片机原理与应用	学生年级	3	学时	4＋4
支撑条件	仪器设备	直流稳压电源				
	软件工具	Proteus				
	主要器件	光敏电阻、扬声器、三极管等分立元件				

5-3　智能小车控制系统设计

1. 实验内容与任务

（1）基础层

1）设计并焊接实现按键控制小车的各种运行状态，包括启动停止、前进倒退、加速减速。

2）设计并焊接实现使用数码管、LCD 等显示器件监测小车的运行状态，请自行定义要显示的内容，例如运行状态、运行速度为第几档位等。

（2）提高层（可二选一）

1）基于具有蓝牙模块的 PC 机或手机，利用蓝牙模块实现无线数据传输，进而遥控小车的各种运行状态。

2）基于具有多种编码格式的红外遥控器，设计解码算法，实现红外遥控小车的各种运行状态。

（3）研究层（选做）：利用多种传感器件设计实现小车的智能控制。

1）基于超声波传感器实现小车自动避障。

2）基于红外线传感器实现小车自动寻迹。

3）可自行补充其他功能。

2. 实验过程及要求

学生依据个人能力及兴趣在完成必做的基础层实验内容后，在提高层中至少选择完成一项实验内容，研究层实验内容为选做题目。学生可 2～3 人自由组成团队，分工完成提高层和研究层实验内容。

1）根据提高层和研究层项目要求确定团队成员以及成员分工。

2）制定系统电源的输出参数指标，设计电源及单片机最小系统电路；思考如何测试该部分电路的指标和可靠性，给出测试方案。

3）查阅资料及芯片手册，学习 PWM 信号控制电机的原理，设计按键控制两组直流电机驱动电路，软件仿真验证；思考如何测试该部分电路以观察电机的各种运行状态，给出测试方案。

4）选择显示方式、学习器件显示原理、设计显示电路、构思显示内容；思考用软件编程或使用导线等硬件来测试电路，给出测试方案。

5）选择控制方式（红外/蓝牙），学习编解码原理、蓝牙信号传输原理，查阅芯片手册并设计信号接收硬件电路及相关程序；思考如何使用示波器、红外解码仪等仪器观察信号。

6）核算项目成本，确定系统最终设计方案。

7）掌握焊接技能，分模块焊接、制作、测试系统电路。

8）编写程序，分模块或整体综合调试系统功能，记录调试过程。

9）查阅资料,学习超声波传感器、红外线传感器应用原理,设计实现研究层实验内容。

10）撰写课程总结报告,有评优意愿的学生需制作 PPT 参加答辩,接受老师和同学的提问。

3. 相关知识及背景

智能小车设计是全国大学生电子设计竞赛题常用背景,电机控制也是日常生活中最常见的应用之一。本实验内容涉及 C51 单片机应用、PWM 控制、直流电机控制、数据显示、红外遥控编解码、蓝牙通信、传感器检测技术、系统调试技术、焊接技术等相关知识和方法。整个实验过程模拟工程项目开发,培养学生的项目设计理念。

4. 教学目的

通过层次化教学,激发和培养各层次学生的实践能力;通过引入成本概念,引导学生模拟真实项目开发流程进行实验,培养学生的产品设计能力、信息检索能力、系统调试能力、团队合作能力以及创新能力;通过选择具有趣味性的实验内容,激发学生自主学习的热情。

5. 实验教学与指导

本实验是综合设计性实验,实验内容为完整的小型工程项目设计,重点介绍实验任务、成本控制及系统调试方法,简单介绍显示器件工作原理、直流电机驱动原理。严格要求学生独立完成该部分实验,严格按测试方案测试电路,严格考核。教师只提供一般性指导和答疑解惑。

针对三个层次的实验内容采用分层次的教学方法。

（1）基础层

1）讲课内容:基础层实验内容难度不大,因此要压缩教师讲课内容。重点介绍实验任务、成本控制和系统调试方法,简单介绍各种显示器件的工作原理、直流电机驱动原理。

2）教学方法:采用错误诱导式教学方法。例如,有意不强调单片机或芯片的电源、地引端,事实证明 70% 的学生会漏掉这两个引脚而不去焊接,待测试该部分电路时出现错误后再引导学生思考改正错误,这样学生的记忆会更加深刻。

3）教学引导:严格要求学生独立完成该部分实验,严格按自行设计的测试方案测试电路,严格考核。教师的作用是提供一般性指导和答疑解惑。

（2）提高层

1）讲课内容:讲解红外编解码原理,一体化红外接收头接收的信号是发射码的反码,提示学生使用示波器观察接收到的真实信号波形,注意真实信号周期与芯片手册上数据的差别;讲解蓝牙串口通信技术,提示学生可以使用以下两种模式完成数据传输——PC＋蓝牙模块＋串口调试助手和带蓝牙功能的智能手机＋手机蓝牙串口调试 APP。

2）教学方法及引导:教师的引导体现在对设计方案、测试方案的审核和指导上。实验中要经常巡视记录,掌握每个团队的实验情况,发掘每个团队的潜能,鼓励团队完成更多的实验内容。重点关注学生在系统调试时解决问题的方法,引导与考核并重。

（3）研究层

教学方法及引导:实验中教师提供个别指导,将相关传感器资料、相似系统实现案例等学习资料放在实验中心网站上,供学生自学。

6. 实验原理及方案

实验系统采用 AT89S52 单片机作为整个控制系统电路的核心部件,需要设计 5 个功能模块:电源模块、控制模块、显示模块和直流电机驱动模块、选做的远程控制模块。系统结构如图 5-3-1 所示,系统实现方案如图 5-3-2 所示。

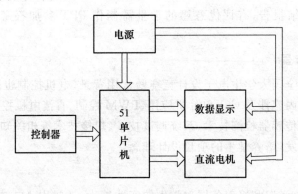

图 5-3-1 系统结构

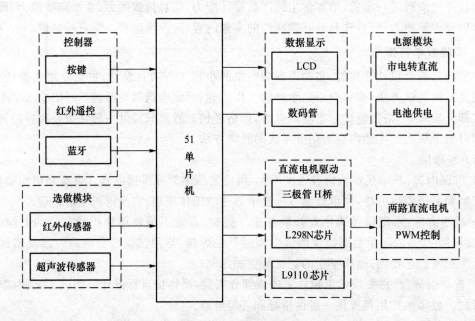

图 5-3-2 系统实现方案

基础层实现方案:电源模块可选择将市电转换成直流+5V 电源给整个系统供电,或选择安装电池盒供电;显示模块监测直流电机的运行模式,显示器件可以选用 LCD1602、四位一体数码管或点阵。控制器要求使用按键控制,直流电机驱动模块可选择三极管构成的 H 桥驱动电路,或选择电机驱动专用芯片 L298N、L9110 等。利用按键控制单片机发送 PWM 波,控制电机的运行模式。

提高层实现方案:在基础层实现基础上,控制器可以选用红外遥控解码或者蓝牙串口控制,其中红外遥控可选择 NEC、RC5 等多种编码格式,蓝牙可选择 PC 机或带蓝牙功能的手机。利用控制器控制单片机发出不同的 PWM 波,控制电机的多种运行模式。

研究层实现方案:在提高层实现基础上,加入红外传感器自动寻迹功能、超声波传感器自动避障功能或自行设计其他功能。

7. 实验报告要求

实验报告需要包含以下内容。

1）项目需求。

2）需求分析及系统方案设计。

3）各功能模块硬件电路设计及测试方案。

4）系统软件设计。

5）系统调试运行结果说明及分析。

6）项目成本核算。

7）对实验的总结及体会。

8）参考文献。

8. 考核要求与方法

针对不同层次的实验内容,采用分层次的考核方法和评价标准。

学生的整个系统方案确定后、实验操作开始前,考核项目方案设计的合理性,电路设计的正确性。

基础层实验内容完成后、提高层实验内容开始前:

1）考核焊接质量,器件布局的合理性。

2）考核系统功能模块的完成程度,是否达到需求指标。

3）考核实验过程中分析问题、解决问题的能力。

提高层及研究层实验完成后:

1）考核验收系统功能模块的完成程度,以及指标参数。

2）考核实验报告的完成质量。

3）有评优意愿的学生进行答辩考核。

9. 项目特色或创新

1）项目选题贴近实际生活,实验内容分层次,实验器件及电路设计多选择性,实现的功能直观有趣。

2）针对分层次的实验内容采用层次化教学方法,并结合网络资源、多媒体音视频的直观形式向学生提供指导帮助。

3）教学中采用错误诱导式教学方法,使学生在解决问题的过程中学习,获得更好的教学效果。

实验案例信息表

案例提供单位		大连理工大学电信与电气工程学院电工电子实验中心		相关专业	自动化
设计者姓名		高庆华	电子邮箱	qhgao@dlut. edu. cn	
设计者姓名		周晓丹	电子邮箱	xdzhou@dlut. edu. cn	
设计者姓名		商云晶	电子邮箱	yjshang@dlut. edu. cn	
相关课程名称		电子系统综合设计	学生年级	4	学时 48＋24
支撑条件	仪器设备	直流稳压电源、示波器、数字万用表、红外遥控器、红外解码仪、下载器			
	软件工具	Keil C51、MedWin、串口调试助手、手机蓝牙串口调试助手			
	主要器件	单片机、直流电机、数码管、LCD1602/12864、点阵、蜂鸣器、一体化红外接收头、蓝牙模块、芯片 L298N、芯片 L9110、超声波传感器、红外传感器			

5-4 闭环温度控制系统设计实验

1. 实验内容与任务

该项目是以任务驱动的综合设计实验,按课程设计管理,共计 6 个学分。题目的选取、实验内容与运行方式的设计,以"能力培养"和"贴近工程"为主要诉求。

实验任务分为 3 个阶段完成,设计为 1.5 学分、2.5 学分、2 学分的三门必修课程(简称课程 1、2、3)。

课程 1 的重点是工程实现基本能力的训练,进行约 3 学时的电路系统设计方法教学和设计任务分析教学,15 学时的印刷电路板设计教学(使用印刷电路板 CAD 软件 Altium Designer 6),另外 27 学时完成直流稳压电源(+5 V、±12 V)、传感器信号处理电路、控制信号驱动电路(功率放大器)三个电路模块的设计与实现,同时训练印刷电路板组装焊接技能。

课程 2 的重点是综合运用知识分析问题、解决问题能力的训练,用约 45 学时完成主控制、模数转换、数模转换、人机交互 4 个电路模块的设计与实现,用约 30 学时完成系统的联调及温度测量与控制软件的设计调试。

课程 3 的重点是探究性学习能力的训练,提供系统扩充和优化设计两大类 12 个题目供学生选择并完成。

2. 实验过程及要求

学习了解不同量程、精度要求下,测量温度的方法。

3. 相关知识及背景

该项目以解决实际工程问题为知识应用的前提。作为实验教学环节,同时在内容设计上遵循知识、技能、方法并重的原则。完成设计任务需要电路分析、模拟电子技术、数字电子技术、自动控制原理、计算机原理与接口技术、单片机应用、C 语言程序设计等知识基础,以及传感器、温度控制执行部件、非电测量等课外知识。需要具备印刷电路板设计、电路焊接与调试、程序调试等技能,以及掌握电子系统研发、电路设计、系统测试、故障诊断等方法。

4. 教学目的

以小型电子系统设计为载体,使学生了解产品研发的一般过程和基本方法,培养工程实现的基本技能和综合运用知识分析、解决一般工程问题的能力,积累初步的实际工作经验,为从工科大学生向工程师的角色转换做好准备。

5. 实验教学与指导

实验场所具有教室、实验室、研究室的三重属性。格局按课堂授课的要求布置,便于集中辅导。桌面摆放常用实验仪器,用于实验。每个实验小组有教学计划保证的充足实验时间,专属的工作场所、成套工具、常用仪表、单片机开发系统、计算机硬盘空间、物品存放空间,可专注于项目的研发工作。

实验课分为课内和课外两部分。学生在课外进行方案设计、电路参数计算、编写程序等工作,需要使用工具、仪器、开发环境的工作在课内完成。教师辅导则分为课堂讲授和答疑两种方式。课堂讲授的内容主要包括:实验所需的理论和知识、细化的设计任务及要求、设计思路及设计方案分析、电路及系统的测试方法、电路及系统故障的诊断方法、控制算法应用方法、编程语言及其开发环境的使用方法、随时发现且普遍存在的问题分析等内容。答疑主要是审核学生设计的方案和电路,帮助学生分析和解决在软硬件调试过程中遇到的难以解决的问题,纠正学生不正确的工作或操作方法。

6. 实验原理及方案

本实验通过温度传感器采集温度信号,通过传感器信号处理电路将非标准电信号转换为标准的0~5 V电压信号,通过模数转换电路将0~5 V的电压信号转换为数字量,单片机对得到的温度数据进行处理转换为温度显示数据和温度控制数据,数模转换电路将单片机输出的温度控制数据转换为电压控制信号,经控制信号放大电路进行电流放大后驱动半导体制冷片,使其温度发生变化。人机交互电路负责温度的显示和温度控制数据的输入。系统的规模不大,电路组成也较为简单,学生的精力可以更多地用于对系统设计过程、设计方法、实现方法的了解和掌握上,以及基本工程实现技能的提高上。系统结构如图5-4-1所示。

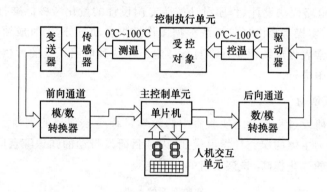

图 5-4-1 系统结构

上述电路分为7个电路模块分别进行实现,功能相对独立且不需要程序控制的直流稳压电源电路、传感器信号处理电路、控制信号放大电路在课程1中实现,其余4个电路模块在课程2中实现。在专门设计的调试平台上可以提供电路测试用的源信号,以实现各电路模块之间的互连。各电路模块可以单独调试,也可以组成系统联合调试。实验具有从简单到复杂、从易到难的渐进过程,也保持了内容的前后一致性、系统性和完整性。

实验中采用了能够保证达到系统设计基本功能、指标要求的功能较为简单的元器件,例如ADC0804、DAC0832、8051系列单片机等,以使学生将更多的时间和精力投入于对电路原理的分析理解、对电路测试方法和故障诊断方法的掌握以及程序设计能力和系统联调能力的提高上。

7. 实验报告要求

1) 系统及电路的设计方案论证,确定最终设计方案的理由说明及设计任务与设计要求说明。要求用词准确、简单扼要。

2) 电路设计方案论证,确定最终电路设计方案的理由说明,电路工作原理及主要元件的功能或作用分析。要求概念清楚,正确使用专业术语,文字叙述条理清晰、逻辑性强。

　　3)电路主要参数计算。要求正确引用定理、公式、近似条件、经验值等,计算准确无误。

　　4)程序设计语言选择理由说明,管理、控制程序的功能分析。功能分析部分要求流程图说明为主、文字叙述为辅,流程图中使用的各元素须标准规范。

　　5)电路的调试原理分析及调试方法的说明。

　　6)遇到的问题、对问题的分析、解决问题的方法。

8. 考核要求与方法

　　1)课程 1 的考核包括:原理图、手动布线印刷电路图、自动布线印刷电路图 3 个作业,共计 15 分。3 个经测试满足设计要求的电路模块 30 分,笔答试题 35 分,平时成绩 20 分。其中书面考试包括系统组成架构、绘图操作方法、电路模块的设计与参数计算等。

　　2)课程 2 的考核包括:4 个经测试满足设计要求的电路模块 30 分,闭环温度控制程序 20 分,实操考核 30 分,设计报告 10 分,平时成绩 10 分。其中对电路模块的考核可以在各电路模块上人为预设故障,考查学生故障诊断与排除的能力。

　　3)课程 3 考核的作品部分 60 分,报告 30 分,答辩 10 分。每个题目的作品根据内容特点有基本和发挥两个部分的细化评分标准。其中在答辩中考察对设计方案、主要解决的问题、项目实现过程中遇到的问题分析、最终任务完成情况等方面问题的表述。

　　4)绘图作业、电路模块设计、程序设计按照专门设计的量化考核标准打分,笔答试题按照题库标准答案打分,实操考核由考核系统根据操作结果自动打分,平时成绩按照实验室制定的实验管理规定中日常表现成绩评定标准打分。电路模块和电路系统的考核测试在专门设计的真实温度控制环境中进行。

9. 项目特色或创新

　　将真实的产品研发过程转变为实验室中的教学过程是该项目的创新点,也是该项目最突出的特色。以学生为主体的探究性学习模式,以项目研发带动的知识综合应用,以工程实现驱动的基本工程技能的强化提高,是该项目的三大亮点。

实验案例信息表

案例提供单位		北京工业大学电子信息与控制工程学院电工电子教学实验中心		相关专业	电子科学、自动化、电子信息、通信
设计者姓名		张印春	电子邮箱	zhangyinchun@bjut.edu.cn	
设计者姓名		赵影	电子邮箱	zhaoying@bjut.edu.cn	
设计者姓名		高新	电子邮箱	gaoxin@bjut.edu.cn	
相关课程名称		电子工程设计	学生年级	3	学时 180
支撑条件	仪器设备	示波器、单片机仿真器			
	软件工具	Keil C51、Altium　Designer 6			
	主要器件	半导体制冷片、C8051F023、AD592、PT100、T 型热电偶、DS18B20、ADC0804、DAC0832、OP07、NE5532、74 系列数字逻辑电路等			

5-5 脉搏血氧测量装置设计

1. 实验内容与任务

（1）基本任务

1）以单片机为核心，自选供电方式，设计一个能够测量脉搏和血氧饱和度的装置。

2）脉搏测量误差不大于±2次/分钟，血氧饱和度在75%～100%时测量误差不大于±5%。

3）可以设定脉搏、血氧饱和度正常范围值，并以数字方式显示当前测量值，当测量值超出设定的正常值范围时，系统具有声光报警功能。

（2）提高要求

1）完善系统设计，改进算法，提高系统的测量精度，使脉搏测量误差不大于±1次/分钟。

2）使用电池供电，使测量精度达到1）的要求。

2. 实验过程及要求

1）学习并理解脉搏、血氧饱和度不同的测量方法，以及各个测量方法的优缺点。

2）选择适当的单片机及光电器件，注意光电器件的光谱范围和响应速度。

3）根据光敏器件的类型、发射频率等选择放大器类型，设计放大电路，注意放大电路的输入与输出的阻抗匹配和放大器的增益带宽积等，利用仿真软件优化设计，实现信号的有效预处理。

4）选择发光器件发光控制方法，使发光稳定、无波动。

5）选择将光电信号转换为数字信号的方法，并把测试结果显示出来。

6）对测量的脉搏血氧值进行标定。

7）设计提高测量精度的方法，使设计的系统更接近实际应用。

8）设计电池供电电路。

9）设计表格，填写自制装置与实验室提供设备同时测量的结果，对比分析误差产生的原因。

10）撰写设计总结报告，并通过分组演讲，分析不同解决方案的优缺点，交流设计心得。

3. 相关知识及背景

脉搏血氧测量示意图如图 5-5-1 所示。

脉搏血氧、血压、心电是人体重要的生理参数；可穿戴产品发展迅猛，人体生理参数的无创监测前景广阔。

本实验设计的系统是一个集单片机技术、光电技术、数字和模拟电路技术解决生活中的实际问题的案例，需要运用传感器及检测技术、信号放大、模数信号转换、数据显示、参数设定等相关知识与技术，并涉及测量仪器精度、线性度、硬件及软件反馈，传感器标定及抗干扰等工程概念与方法。

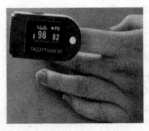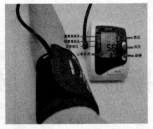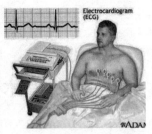

图 5-5-1　脉搏血氧测量示意图

4. 教学目的

在较为完整的工程项目实现过程中引导学生了解现代测量方法、传感器技术,实现方法的多样性及根据工程需求比较选择技术方案;引导学生根据需要设计电路、选择元器件,构建测试环境与条件,并通过测试与分析对项目作出技术评价。

5. 实验教学与指导

本实验是一个比较完整的工程实践案例,需要经历查阅资料、学习研究、方案论证、系统设计、硬件与软件调试、传感器标定、设计总结等过程。在实验教学中,应在以下几个方面加强对学生的引导:

(1) 应用背景

人体生理参数与人体的健康情况密切相关。无创伤、实时、连续、远程生理参数的检查,可以避免"白衣效应",使被检测人在无痛苦、熟悉的环境中测得可靠的数据。随着技术的发展,随着人们对医疗健康要求的提高,穿戴式医疗设备的发展如雨后春笋。

(2) 实验指导

1)硬件设计的指导

在硬件上要遵循设计合理、结构紧凑的原则来设计。无损伤地检查脉搏和血氧饱和度,信号采集从结构上有透射式和反射式,无论哪种方式,都要保证发射光稳定、无波动,接收光的处理和模数转换要精准。

2) 软件设计的指导

在软件上要遵循结构清晰、可读性强的原则来设计。编写程序过程中,要结构化程序设计,例如发送、接收、数据处理、显示、按键输入等要模块化编写。在程序设计中,有以下几点建议:

① 滤波器滤除工频干扰,主要是 50 Hz 的干扰及其谐波干扰。由于人体的天线效应,干扰很容易混入有用信号。可以采用数字滤波器来节省 PCB 空间,或采用对称 FIR 滤波器来节省单片机资源。

② 交流信号提取,由于动静脉都造成光的衰减,而计算的公式所要求的是交流量,所以要获取交流信号。

③ 驱动时序,在实际电路中上升沿是有一定斜率的,所以采样点时刻应该在驱动时刻后几个时钟。

④ 采样频率应该满足奈奎斯特准则,即采样频率大于等于信号频率的二倍,为后续多次采样求平均;时钟信号应该为 2 的 X 次方(Hz)最佳,可以使用移位法加快程序运行速度。

⑤ 在求解脉搏、血氧饱和度时,可以考虑用查表方法获得实际值。

对于实验结果,要分析系统的误差来源并极力解决。

（3）注意事项

1）光电传感器的选择，可能因为对光电传感器的光谱特性把握不好，而选择到不能同时对红光和红外光敏感的光敏器件；

2）红光二极管和红外光二极管发光不稳定，即发射光强有波动；

3）光敏元件接收时，要设计好电路，保证 ADC 的有效位数；

4）传感器标定过程中，要注意标定方法的可靠、有效；

5）在调试中，要注意工作电源、参考电源品质对系统指标的影响；

6）考虑电路工作的稳定性与可靠性。

6．实验原理及方案

（1）实验原理

无创脉搏血氧饱和度测量是以朗伯-比尔定律和血液中还原血红蛋白（Hb）和氧合血红蛋白（HbO_2）对光的吸收特性不同为基础的。通过两种不同波长的红光 $600\sim700$ nm 和红外光 $800\sim1\,000$ nm 分别照射组织经反射（或者透射）后再由光敏接收器转换成电信号。人体组织中的其他成分吸收光信号是恒定的，经过光电接收器后得到直流分量 DC，而动脉血中的 HbO_2 和 Hb 对光信号的吸收是随着心跳作周期性变化，经过光电接收器后得到交流分量 AC，由于 HbO_2 和 Hb 对同一种光线的吸收率各不相同，通过测量红光和红外光的光吸收比率便可以计算出两种血红蛋白含量的百分比。血氧饱和度的计算公式如下：

$$SpO_2 = A - BR + CR_2$$

式中，A、B、C 为定标常数，可以由定标实验得到，两个波长的光吸收比率 R 为：

$$R = \frac{\text{Vredac}/\text{Vreddc}}{\text{Viredac}/\text{Vireddc}}$$

其中，Vredac 为红光的交流分量，Vreddc 为红光的直流分量；Viredac 为红外光的交流分量，Vireddc 为红外光的直流分量。

脉搏血氧测量装置包括光发射路径、光接收路径、显示、按键以及音频报警。光发射路径包括红光 LED、红外光 LED 和用于驱动 LED 的 DAC。光接收路径包括光敏传感器（光敏二极管或者光敏三极管）、信号调理、模数转换器和处理器。

（2）系统结构与方案

系统结构如图 5-5-2 所示，每个框图为一种颜色，表示一类功能。推荐器件见表 5-5-1，表格为颜色填充，与系统结构框图对应。可以选用推荐器件，也可以根据自己设计选择其他器件。

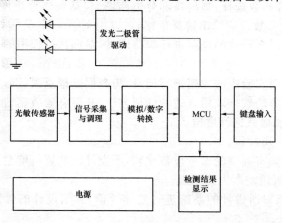

图 5-5-2　系统结构框图

表 5-5-1　推荐器件列表

发光二极管	生产厂家	电源	生产厂家
发光波长		ADP121	ADI
600~700 nm	不限	ADP2140	ADI
800~1 000 nm	不限	检测结果显示	
光敏元件		LED 数码管	不限
光谱范围		LCD 液晶	不限
500~1 100 nm	不限	OLED 显示	不限
信号采集与调理		MCU 处理单元	
AD8663	ADI	MPS430	TI
AD8605	ADI	STM32	ST
AD8606	ADI	STM32L	ST
OPA725	TI	ADuC7xxx	ADI
OPA380	TI	AT89S51	ATMEL
IVC102	TI	ATmega16	ATMEL
ADC 转换		发光二极管驱动	
AD7685	ADI	DAC	
AD7942	ADI	AD5541	ADI
AD7980	ADI	AD5398	ADI
ADS8318	TI	模拟开关	
ADS8326	TI	ADG820	ADI
		ULN2003	TI

7. 实验报告要求

实验报告需要反映以下工作。

1）实验需求分析：要体现出所设计装置的应用背景、技术指标等。

2）实现方案论证：详细论证所设计的方案，包括器件选择依据、整体框图、软件算法等。

3）理论推导计算：根据系统的测量原理，在理论上进行公式推导等。

4）电路设计与器件参数选择：画出每部分电路图，包括整体原理图、PCB 图，对主要器件外围电路器件的选择及参数设定给出选择依据，可以用文字说明、公式计算等。

5）电路测试方法：对所设计的电路进行焊接调试，对调试过程中的参数变化、性能变化等进行记录。

6）实验数据记录：对实验中的数据进行记录，为数据处理及误差分析提供依据。

7）数据处理：对采集的数据应用合适的处理方法，获得有效数据，带入脉搏和血氧饱和度的计算公式，获得脉搏和血氧饱和度值。

8）传感器标定方法及过程。

9）误差分析：与实验室提供的参考设备比较，所设计的装置可能会存在一定误差，要从理论、测试方法等方面分析误差产生的原因。

10）实验结果总结：对所设计的系统进行整体评价，总结设计的优缺点，概括本实验实施过程中的心得。

8. 教学安排

时间安排	任务	任务细化	说明
第一周	论证与设计	原理说明	
		单片机选择	16 位或者 32 位
第二周	原理图与 PCB 绘制	绘制原理图	
		绘制 PCB 图	
第三周	程序编写	发光程序	发光与光接收要注意时序
		数据处理程序	
第四周	硬件调试	焊接与调试	焊接温度,用简单程序调试硬件
第五周	系统调试	软硬件调试	脉搏、血氧值的标定
		传感器标定	
第六周	实验报告	实验报告撰写	包括数据分析
		测试与答辩	测量精度、PPT

9. 考核要求与方法

1) 实物验收:基本要求为完成"实验内容"规定的 1)、2)和 3),提高要求为完成"实验内容"规定的 4)和 5),按时完成。

2) 实验质量:硬件方面——电路设计的合理性,PCB 布局的合理性,焊接质量、组装工艺等;软件方面——程序编写的完整性、技巧性、灵活性。

3) 自主创新:功能构思、电路设计的创新性,自主思考与独立实践能力。

4) 实验成本:是否充分利用实验室已有条件,材料与元器件选择合理性,成本核算与损耗。

5) 实验数据:测试数据和测量误差,对于数据的处理和误差分析是否合理,获得数据是否真实有效。

6) 实验报告:实验报告的规范性与完整性。

10. 项目特色或创新

实验的特色在于:实验具有实际工程背景,运用的知识具有综合性,实现方法具有多样性。既可以在现有的指导建议上实现系统设计,也可以充分发挥学生自主能动性,用自己的设计方案来实现系统。实验题目具有灵活的要求,学生可以在完成基本任务的基础上,开拓思路,创新发挥,得到更好的实验结果。

实验案例信息表

案例提供单位		长春理工大学		相关专业	电子信息工程
设计者姓名		王英志	电子邮箱	22473698@qq.com	
设计者姓名		杨光	电子邮箱	365257166@qq.com	
设计者姓名		秦永左	电子邮箱	qinyongzuo@cust.edu.cn	
相关课程名称		单片机原理及应用	学生年级	3	学时	16
支撑条件	仪器设备	示波器,信号源,生命体征病人模拟器或者医用脉搏血氧仪			
	软件工具	Multisim,Keil C,Altium Designer			
	主要器件	光敏器件,放大器,单片机,显示模块等			

5-6　导盲机器人小车设计

1. 实验内容与任务

基于 51 单片机设计制作一巡线导盲机器人小车,使其能自动沿预定黑线轨迹行走(在白色地面上以 1.5 cm 宽的黑色胶带勾画轮廓),如图 5-6-1 所示,具体层次要求如下:

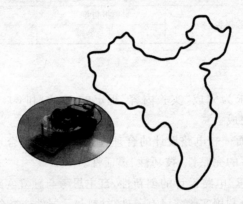

图 5-6-1　导盲机器人小车循迹图

(1) 基本要求(约占总成绩 60%)

1) 因导盲线路复杂,导盲机器人应保证实时沿黑线运行而不冲出黑线,以防迷失方向。

2) 电路设计模块化,包括控制模块、电机驱动模块、循迹模块等。

3) 列出各模块电路所有可能的设计方案,并进行比较论证与方案选型。

(2) 提高部分(设计显示模块,约占总成绩 20%)

1) 导盲机器人能实时显示自身行驶时间,且每导盲 30 min 则休息 10 min。

2) 导盲机器人能实时显示自身行驶速度、里程,且每导盲 3 km 则休息 10 min。

(3) 发挥部分(设计语音模块,约占总成绩 20%)

1) 机器人小车应实时汇报导盲信息:请左转弯、请右转弯、请直行等。

2) 其他创新学生自拟。

说明:实验可用 10 s 代替 30 min,30 cm 代替 3 km,3 s 代替 10 min 休息时间计算。导盲机器人可由小车代替,尺寸约 20 cm×15 cm×10 cm(长宽高),由实验室统一提供。

2. 实验过程及要求

1) 预习要求:熟悉单片机内部结构及其编程,复习电子技术相关知识。

2) 思考讨论:如何将复杂的项目分解为多个简单的子项目,与理论章节联系起来。

3) 电路设计:需明确元件参数、节约成本、电路功耗尽可能低。

4) 软件仿真:电路采用 Proteus 仿真、Keil 编程调试。

5) 构建平台:实验室提供示波器、万用表、电源等。

6) 选择器件:实验室提供常用电子元件及小车套件等。

7) 设计过程:学生基于 CDIO 理念设计项目,设计分课内 6 学时以及课外 6 学时,如图 5-6-2 所示。

8) 总结报告:总结电路设计、程序算法经验,经验总结有助改善后续实验。

9) 验收答辩:验收内容包括演示效果、教师提问、作品美观性等。

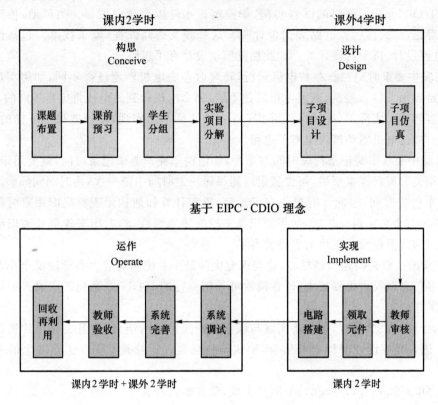

图 5-6-2 基于 CDIO 理念设计过程流程图

3. 相关知识及背景

教师采用国际先进的 CDIO 设计理念,结合当今教育形成新的 EIPC-CDIO(Ethics、Integrity、Professionalism、Cooperation-Conceive、Design、Implement、Operate)工程教育理念,引导学生自主地实践工程。其子项目已映射到单片机各章节知识点,也涉及传感器、集成运放、三极管、PWM 调速、语音模块使用、参数设定方法、反馈控制、数据显示等知识。电路设计也包含了注重节约成本、降低功耗、元件回收再利用的思想。

4. 教学目的

1) 学会综合运用单片机及电子技术等相关课程设计项目。

2) 掌握单片机系统电路、软件程序设计方法。

3) 学会将复杂的实验项目分解为若干个简单子项目的方法。

4) 学会将 CDIO 理念融入工程实践中,实现做中学、学中做。

5. 实验教学与指导

本实验教学模式按 CDIO 国际先进理念进行,以构思、设计、实现到运作乃至终结废弃再利用的全生命过程为载体,让学生以主动的、实践的、有机联系的方式学习工程。

(1) CDIO-Ⅰ.构思(Conceive):剖析项目,使问题由繁变简

项目整体看似复杂,若将实验项目抽象为几个子项目模块,问题将变得简单。讲解时应结合实践,引导学生在工程实践项目中逐步领会课堂(以张毅刚主编的《单片机原理及应用(第2版)》教材为例)精髓。教师应从以下几个方面引导学生:

1) 实验中要求小车实时循迹,时刻采集信息,如何实现呢?这就要用到传感器模块以及单片机的I/O口知识。平时的课堂实例,如控制流水灯以及读取按键。类似地,传感器采集信息有了思路,那么传感器电路如何设计呢?这就涉及选修课程《电子技术》,包括传感器选型、整形电路设计、抗干扰设计等。如此循迹模块设计有了思路。

2) 实验中要求时刻控制左右电机运行,转弯时左右电机转速还需不同,如何实现呢?控制电机肯定要用I/O口控制,若要电机转速不同,那么电机得到的电压肯定是不同的,这与D/A转换内容相关。实际D/A转换可用PWM占空比调节来实现,不仅效果是一样的,还节省硬件资源。如此电机驱动模块也有了思路。

3) 实验中要求实时记录行驶时间与里程,如何构思呢?要求记录时间,就要用定时器,这与定时器相关。根据课堂所讲,可设置定时器每隔一定时间中断一次,用时间间隔乘以中断次数就是小车行驶时间,因此计时模块有了思路;里程计算如何构思呢?仍旧跟定时器章节有关,定时器还有个名字叫计数器,如果能记录车轮旋转的圈数,然后用车轮周长乘以圈数就是行驶里程。因此里程测量模块的思路就有了。

4) 实验的关键是构建控制核心,这与课堂中的最小系统相对应。实验还要求小车能实时汇报转弯等信息以发声提醒盲人,语音模块可采用流行的ISD1700系列。在编程中还要用到C语言程序算法。

这样,经过"构思"环节,不仅将实践与课堂理论知识紧密结合,而且也将单片机课程与电子技术,C语言程序设计课程紧密结合,形成学科融合。这就是CDIO工程理念的重要第一步:构思。

(2) CDIO-Ⅱ.设计(Design):子项目生成,章节知识映射

根据以上构思,可将每个子项目与理论课对应知识联系起来,如电机驱动、声光报警、语音、循迹模块、计时、测速、按键、显示、存储器扩展、I/O扩展等。学生根据对应章节结合课堂所讲实例进行子项目模块设计。这样,一个复杂的工程项目将拆解为几个普通的子项目,如图5-6-3所示。

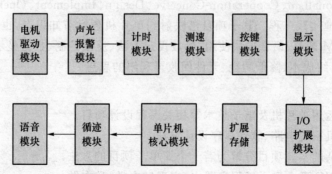

图5-6-3 子项目设计流程

对各子项目的指导:

1）循迹模块设计指导：本实验项目需在白色地面上检测黑线，在了解各种传感器的同时，应重点了解光电传感器的使用，其中包括光敏电阻、光敏二极管与光敏三极管等。不同传感器输出信号在形式、幅度、驱动能力、有效范围、线性度方面都存在很大差异。根据信号的特征进行后续的信号处理。除了考虑传感器类型参数外，还应考虑传感器个数，同时注意节约成本。

2）里程检测模块设计指导：采用合适的传感器检测车轮圈数，常用的有霍尔传感器、光电传感器，注意传感器选型及电路抗干扰设计，尽量降低电路功耗。软件计算里程、时间，注意单片机内部资源的合理分配与使用。

3）语音模块设计指导：了解常用的 ISD1700 系列语音模块的工作原理及使用方法，学会用单片机控制语音模块进行录音、放音。程序算法上应注意连续相同的语音播放可只播放一次等，应结合实际情况考虑。转向信息的来源可考虑小车循迹转向信息，也可另加 GPS 模块或指南针模块等进行信息采集。

4）显示模块设计指导：本题中显示信息包含行驶时间及里程信息等，也可增加经纬度信息。应根据显示信息量的要求对常用显示器件进行选型，一般包括数码管、液晶等，应对此作一定评估。

5）程序算法设计指导：为保证导盲机器人实时循迹，程序中应融入数字滤波等抗干扰算法。系统应实时保存小车行驶控制信息，以便小车迷失方向后能及时调用历史控制信息。

6）电机驱动模块设计指导：单片机 I/O 口驱动能力弱，不能直接驱动直流电机，因此需设计驱动电路。为保证控制灵活性，驱动电路应包含正反转控制，注意查阅元件电流电压参数、电机参数，使其满足功率要求。由于电机为感性元件，设计中还需加装保护电路以防烧坏驱动电路。

7）系统抗干扰设计指导：要充分考虑系统中可能出现的干扰信号。光电传感器在检测地面黑线的同时，由于地面的反射的不同会引起传感器检测到干扰信号，直流电机的运转在系统中也会带来一定的电磁干扰，在电路设计中应将其滤去，保证系统的稳定性。

（3）CDIO-Ⅲ. 实现（Implement）：子项目成型、仿真调试、程序编写

要实现实验项目，首先要调试好各个子项目，然后与控制核心对接。实现内容包括资源分配和程序编写，引导学生将各个子任务对应到单片机资源中去，特别是中断资源的使用，更应合理安排。这就要求学生要绘制好流程图，为下一步编程做好准备。

单片机资源分配：循迹子程序属紧急事件，若处理不及时小车将冲出黑线。应定时采集循迹信号。定时就要用定时器中断，每隔一定时间中断到来，调用一次循迹程序。同时，该定时器还可实现计时功能。在循迹子程序中直接加入电机控制子程序，直接对循迹结果做出反应；测量里程要用到另一个定时器，设置为计数模式，对车轮送来的脉冲信号计数，计算出里程；显示程序属非紧急事件，可放在主程序直接调用。根据教师提示，学生绘制出流程图，编写出程序。

（4）CDIO-Ⅳ. 运作（Operate）：电路搭建、系统联调

子项目调试成功、程序设计好后，开始联调系统，这就是运作部分。调试过程中如果遇到不能解决的问题，教师要引导学生进行小组间的交流，组内成员应集中思考讨论。培养学生独立分析问题、解决问题的能力，培养学生的团队合作能力，进行素质教育。让学生在做中学，在学中做。教师在实验环节中起到的作用是开导、引路。

运作还包括结果验收，以小车实际运行效果作为重点验收。验收时需对每组学生逐一进行提问，原则上每组电路设计思路及程序算法应有所不同，教师应结合提问给分。此外，作品

的美观性也应占有一定的分值比例。结果验收后,特别优秀的作品应当保留展览,给下一届学生设计做好榜样。其余作品应将材料还原回收下次再利用。

6．实验原理及方案

（1）系统结构

实验的基本原理,完成实验任务的思路方法,可能采用的技术、电路、器件。

（2）实验原理

本实验为采用单片机控制的自动导盲机器人小车,包括循迹模块、控制核心模块、驱动电路模块、显示模块、报警模块等。其系统框图如图 5-6-4 所示。

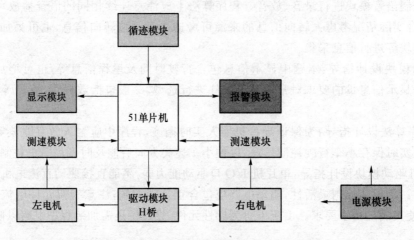

图 5-6-4　系统框图

（3）实验设计方案

1）传感器模块设计方案

传感器有两种选型方案,一种是光电对管,常采用 RPR220 型号,如图 5-6-5 所示,检测灵敏,功耗较低,稳定性强。另一种是光敏电阻。一方面,光敏电阻在灵敏度上不如 RPR220 型光电对管,其电阻变化幅度小,不适合本案例选用;另一方面,由于传感器灵敏度高易检测到干扰信号,实际电路设计中应消除干扰信号。此电路可在整形电路中体现。常用的整形电路有非门、比较器等,带有抗干扰功能的整形电路应选用滞回比较器,且电路增加可调电阻以调节门限电压有效滤去干扰信号,如图 5-6-5 所示。要求不高的场合也可采用并联小电容的方式滤去干扰信号。

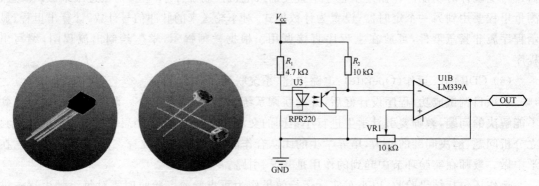

图 5-6-5　RPR220 型光电对管(左)、光敏电阻(中)以及滞回比较器抗干扰电路

需严格探讨传感器的个数以及位置排列。若选两个传感器且非紧密排列,那么传感器与黑线之间有 5 种状态,如图 5-6-6 所示。图中状态 A 时小车应左转,状态 B 时应右转,状态 C 时应直行,然而不巧的是,在状态 D、E 下传感器检测到的信息与状态 C 是相同的,均是"白白"。若小车也直行,将会脱离黑线远去,与题目的实时循迹要求不符。这样两个传感器的非紧密排列方案被否决。

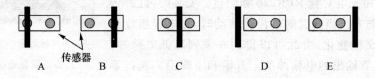

图 5-6-6   两传感器非紧密排列 5 种状态图

但若两个传感器紧密排列,如图 5-6-7 所示,状态 C 中两传感器检测到"黑黑",与状态 D、E 的"白白"区分开来。下面的研究重点是:如何区分状态 D、E。

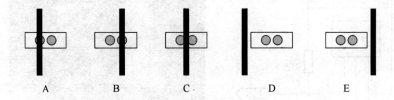

图 5-6-7   两传感器紧密排列 5 种状态图

在保证初始时刻小车处于图中 A、B、C 三种状态中任意之一(即小车压线)的条件下,小车进入状态 D 之前,必在状态 A 中行驶,状态 A 中小车应左转,显然状态 A 与状态 D 小车转向是相同的,一旦脱离黑线,小车调用前一位置状态行驶即可。同理,可得状态 B 与状态 E 中小车转向相同。这就保证了小车始终沿黑线实时行驶永不脱离黑线的核心要求。根据以上分析,绘出小车状态循环图,如图 5-6-8 所示。小车所有可能的状态共有 5 种,在行驶过程中小车始终在这 5 种状态下循环过渡,双向箭头表示两状态可相互过渡,属可逆循环。

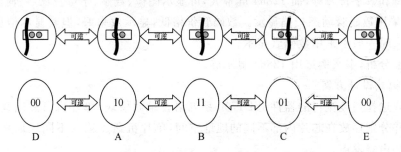

图 5-6-8   两个传感器状态可逆循环图(作者科研成果)

在两个传感器选型下,若传感器布置紧密,可以满足小车实时沿黑线巡逻的要求。若采用三个及以上传感器,那么其检测到的状态更多,其信息量更丰富,单片机输出控制量将更精确,小车运行更加稳定。但是传感器越多,硬件电路体积越大且成本越高,若传感器布置太紧密,也可能导致信号干扰。权衡考虑下,认为 3~5 个传感器最佳。其论证方法类似于两个传感器的论证方法,此处不再详述(学生若作出详细分析,将加分)。本教师设计的样机传感器实物如图 5-6-9 所示。

2）里程检测模块设计方案（图5-6-10）

方案1：采用霍尔元件和磁钢。在小车轮子周边上放置一个磁钢，固定在附近的霍尔传感器可在磁钢通过时产生一个脉冲，检测出单位时间的脉冲数，即知速度。本方案精度高。

方案2：采用光电对管RPR220和码盘。安装时，红外传感器正对码盘前方。当圆盘随着齿轮转动时，光电管接收到的反射光强弱交替变化，由此可以得到一系列高低电脉冲，同时，捕捉光电管输出的电脉冲的上升沿和下降沿。通过累计一定时间内的脉冲数，或者记录相邻脉冲的间隔时间，可以得到和速度等价的参数值。本方案优点是成本低廉且制作容易。

图5-6-9 教师自制的教学样机——五传感器循迹模块实物图

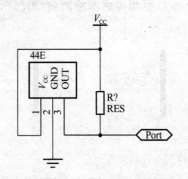

图5-6-10 测速模块电路原理图（左）及教师自制教学样机实物图（右）

由于光电对管RPR220和码盘测速精确度不高，所以本实验可选择方案1。

3）显示模块设计方案

方案1：采用LCD液晶显示。LCD屏具有轻薄短小、低耗电量、平面直角显示、可视面积大、分辨率高、影像稳定不闪烁以及抗干扰能力强等优点。一般有LCD1602、12864两种，1602只能显示字母和数字符号等，而12864屏幕大，可显示图像、数字、字母及汉字，使用方便灵活。

方案2：采用数码管动态扫描显示。数码管价格低，显示效果好，但其显示信息量少，在显示信息量较大时一般不采用数码管显示。

根据以上分析，本案例选用12864显示屏。

4）语音模块设计方案

语音模块选择当今流行的器件ISD1700系列语音录放模块，单片机可控制其录音、放音，可分段录音并分别存放在芯片内部不同的地址空间，单片机通过输入不同地址来调用不同的声音代码经扬声器发声。

5）程序算法流程图设计方案

程序设计思路：算法制定前应分清系统任务并分配单片机资源。系统包含的任务有循迹任务、显示任务、计算里程速度时间任务、语音任务等。由于循迹任务具有紧急性，为保证定时采样循迹模块数据，循迹任务可由定时器 T_0 中断完成，保证定时查询传感器信息并及时修正小车转向，定时器 T_0 同时累计时间为计算速度里程和时间作准备。计算速度可采用定时器 T_1 计数，结合 T_0 累计时间来计算完成。显示子程序不具有紧急性，可放在主程序里实时调用。

各子程序实现方案：

程序算法流程图包含主程序流程图、循迹算法子程序流程图、显示子程序流程图等几个部分。

图 5-6-11(左)为循迹算法子程序流程图,为保证小车及时修正转向,应定时查询传感器信息,因此循迹模块子程序应由定时器 T_0 每隔一定时间中断调用检测一次,如图 5-6-11(右)所示。定时器中断周期设置为 $1\sim5$ ms,也可根据情况适当调整。同时定时器 T_0 还应实时计时,辅助计算小车里程、速度及时间。在循迹算法里,为保证小车能实时沿黑线运行,必须实时保存本次转向信息,以便小车脱离黑线后能按上次转向信息运行,保证小车永不迷失方向。

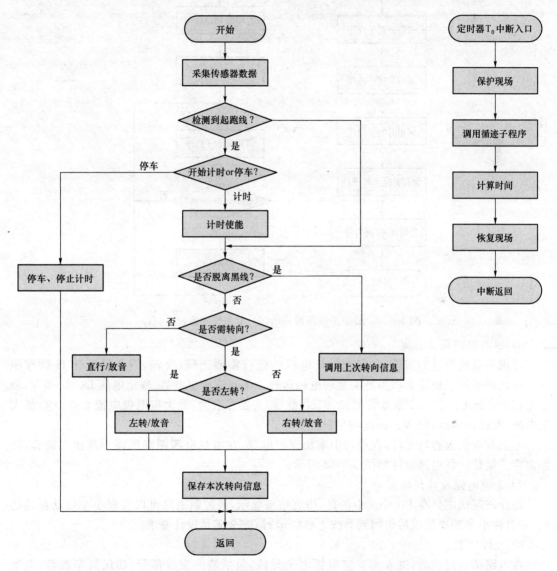

图 5-6-11　循迹算法子程序流程图(左)及定时器 T_0 中断子程序流程图(右)

图 5-6-12(左)为显示子程序流程图。利用定时器 T_1 的计数功能对小车车轮圈数进行计数,结合定时器 T_0 时间信息计算里程及时间。图 5-6-12(右)为主程序流程图。主程序主要完成一些初始化任务,然后实时调用显示子程序,并判断运行时间及里程是否超过预定时间以便休息,然后程序构成无限循环。定时器 T_0 中断到来后,将会转入中断服务子程序完成循迹转向任务,然后返回至主程序继续执行显示任务。

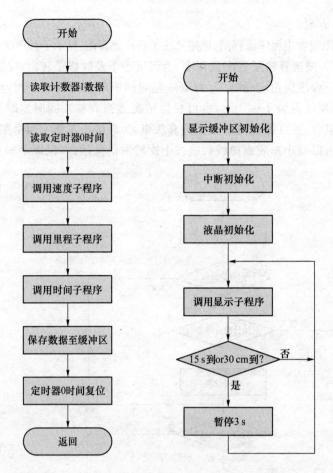

图 5-6-12　显示子程序流程图(左)及主程序流程图(右)

6) 驱动电路设计方案

考虑到电路设计的需要,本案例设计电机的运行需要正转、反转,因此需设计 H 桥作驱动。因此可采用三极管来作为开关驱动电机运转。①直流电机参数:额定电压 DC 3～6 V;额定电流 200 mA。②三极管选用 8050、8550 型号,主要参数为:最大集电极电流 500 mA;最大集电极、发射极电压:25 V。因此满足设计要求。

考虑到电机为感性元件,在设计中需加保护电路,在电机电源两端反接一高速二极管,防止击穿三极管。其电路设计如图 5-6-13 所示。

7) 系统电路设计与仿真

设计该逻辑图并在 Proteus 中仿真,仿真结果显示,该控制电路可以实现小车自动循迹功能,并且在小车脱离黑线后仍回到黑线上继续运行,完全满足设计要求。

8) 元件申领

在电路仿真成功后,进入实验室申领电子元件,包括统一发放部分(如玩具车底盘、电池组、充电器、面包板、杜邦线等)及学生申请部分(由学生设计决定),并填写表格。整个过程教师把关,防止元件浪费,领取元件要签字,实验结束后要回收元件。

9) 实验电路搭建

循迹模块电路可用面包板搭建,本案例的循迹模块电路用 Protel 设计 PCB 制板后加工焊接。PCB 制板制作步骤:原理图设计→PCB 设计→电路打印→转印机转印→腐蚀→清洗→钻孔→焊接→安装等过程。学生在业余时间进制作间准备制作。

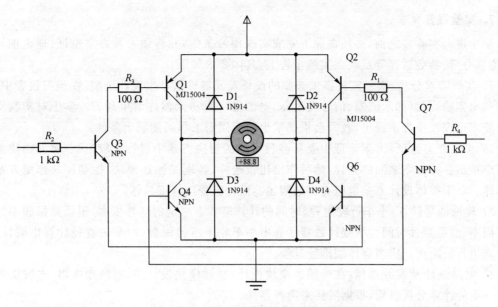

图 5-6-13　电机驱动电路 H 桥及实物图

10）电路组装调试

单元电路都设计好后,开始组装调试,首先将循迹模块安装在小车前部,注意传感器与地面之间的距离。为保证红外传感器发射回来的红外光能充分被接收管接收,又不至于因为传感器与地面太近产生摩擦,一般保证传感器离地面距离 1cm 最合适。整个组装过程如图 5-6-14所示。

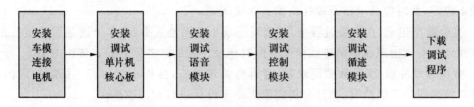

图 5-6-14　组装过程流程图

组装成型后的小车如图 5-6-15 所示。组装完毕后,进入试验环节,因学生设计思路的不同,运行效果也不尽相同。针对学生出现的实际问题,给学生以提示,引导学生自己查找问题、解决问题,不可直接告诉答案。

图 5-6-15　教师设计制作的教学样机实物图——正在演示效果

7. 实验报告要求

学生进入实验室之前,必须在课下完成实验预习工作,并将预习及方案论证、理论推导计算、仿真分析、参数选择等反映在实验报告上,具体要求如下:

1) 实验需求分析:实验室将提供必要的设备及元器件供学生设计选型,在预习报告中,需详细列出实验器材(如示波器、信号发生器、电源等)、所需元器件清单列表。学生对实验室的场地要求也应在报告中提出,教师会根据学生的不同需求尽可能满足条件。

2) 实现方案论证:方案论证中要从多种可能的解决方案中进行比较论证,单元模块电路方案应指出各种方案之间的差异,然后作出比较选择,特别是循迹模块、控制模块选型方案更应具体。对于整体设计方案也应有详细阐述。设计流程应详细具体。

3) 理论推导计算:小车行驶里程、时间的计算需要有一定的计算依据,根据晶振频率计算机器周期,然后累计时间。根据计数器计算出小车轮子所转圈数,由车轮直径计算出周长,然后计算出行驶距离。应当有详细推导过程。

4) 电路设计及参数选择:在传感器模块设计、驱动模块设计中,对所用电阻、电容参数应当有一定的计算分析过程,根据需要来选择器件。

5) 在实验室中继续完成实验报告,将电路测试方法、实验数据记录、数据处理分析等详细记录在实验报告上,具体要求如下。

① 电路测试方法:电路搭建后,应先检查电路,无误后方可通电以保证安全。首先用万用表欧姆挡测量系统电路电源正负极之间的电阻,由于系统功耗低,因此一般该电阻很大,如果出现小阻值(小于 1 kΩ),则应检查电路是否短路,正负极是否接反。检查电路应由每个小组成员分别检查多次,杜绝电路连接错误。除了电路搭建可能引起错误之外,小车在实际运行中也可能不稳定,此时应从电路原理性出发去解决问题。

② 实验数据记录:在实验过程中,要客观记录小车循迹效果,小车循迹是否稳定?是否出现左右摆动?有无出现脱离轨迹线情况?同时记录出现的一些问题及其解决方案。

③ 数据处理分析:实验数据记录后,需进行处理分析,分析小车运行不稳定的原因,以及小车脱离轨迹线的可能情况,通过分析需要对小车设计进行相应改进。

6) 实验完成后,需对整个系统做总结,完成实验报告。具体要求如在实验中,学习了如何运用单片机进行编程,学会了一些传感器的使用,电路搭建,电路抗干扰设计方案,也展示了团队成员相互合作的重要性。

8. 考核要求与方法

整个实验考核分为四个部分:考勤考核(10%)、预习考核(10%)、实验过程考核(30%)、结果验收考核(50%)。另外,若有特别的创新之处,有不多于 20 分的加分环节。对因故不能进行实验的学生,应安排其进入下一轮实验,尽量避免其重修。根据学生的预习报告、实验积极性、操作规范、演示效果、教师提问及作品美观性进行考核。

最终按成绩列出优秀(大于 90 分)、良好(80~90 分)、中等(70~80 分)、及格(60~70 分)和不及格(小于 60 分)五个等级。作品雷同应降低或取消其成绩。

9. 项目特色或创新

1) 选择机器人小车作为案例,思路新颖,有效激发学生兴趣。

2) 项目融入 CDIO 国际先进理念,实现做中学、学中做,学生主动性强。

3) 融合教师科研成果:状态可逆循环图,提升了项目研究深度。

4）完全脱离实验箱，有效提高动手能力，可促进实验教学改革。

5）案例知识点全面、综合性强，层次分明，适合绝大多数理工科类学生训练。

实验案例信息表

案例提供单位	南京工程学院 工业中心		相关专业	机械、电子、数控	
设计者姓名	曾宪阳	电子邮箱	zxy@njit.edu.cn		
相关课程名称	单片机原理及应用实验	学生年级	2 下	学时	6＋6

5-7 语音识别 & LCD 显示实验

1. 实验内容与任务

1) 利用凌阳 61 单片机开发平台编写程序下载到凌阳 16 位单片机实验箱,实现语音识别功能,同时使得液晶显示器上显示不同图片,以示响应不同的语音指令。

2) 可利用的实验箱硬件模块为:SPCE061A 核心及周边电路模块(包含 32 个 I/O 口),两路音频输出电路,MIC 输入电路模块,LCD 显示模组模块。

3) 任务现象:开机后(运行后)LCD 显示器显示图片,然后操作者按照语音提示训练。本实验中要求利用 SPLC501 液晶显示器显示整个识别过程,由单片机判断要进行哪些操作,从而控制液晶显示器显示哪一幅图片。由于和前面显示的图片留下的视觉效应,就可以看到一个很听话的图片显示在屏幕上。

2. 实验过程及要求

1) 学习了解基于凌阳开发平台下的 C 语言编译、调试程序的方法。

2) 掌握利用单片机实现特定人语音识别功能的方法。

3) 掌握基于凌阳 61 单片机下的 LCD 图形显示技术。

4) 设计出语音训练识别与图形显示相结合的程序,让单片机识别特定人语音,并且随着语音信号的不同产生相对应的图形。

5) 设法提高语音识别精度、速度,优化 LCD 图形显示效果。

6) 撰写实验总结报告,并写出实验体会,比较不同解决方案的特点。

3. 相关知识及背景

随着单片机功能集成化的发展,其应用领域也逐渐地由传统的控制扩展为控制处理、数据处理以及数字信号处理(Digital Signal Processing,DSP)等领域。凌阳的 16 位单片机就是为适应这种发展而设计的。它采用的是模块化架构,集成不同规格的 ROM、RAM 和各种功能丰富的外设与接口。它内嵌 32 KB 的闪存(Flash-ROM)和 2 KB 的 SRAM,具有较高的处理速度,适合音频编解码、语音辨识、数字信号处理等高运算量的应用。

4. 教学目的

1) 熟悉凌阳单片机开发平台的使用,了解其编程特点。

2) 了解语音识别的原理。

3) 熟悉语音识别的 API 函数。

4) 熟悉 LCD 显示模块显示字符及图像的方法。

5) 掌握语音识别的使用方法。

5. 实验教学与指导

1) 讲解凌阳集成开发环境使用,熟悉开发平台集程序的编辑、编译、链接、调试以及仿真等功能为一体的特点,使学生掌握其使用方法。

2)讲授语音识别的原理,讲解不同音频编码方式的特点及应用,使学生了解语音识别 API 函数的应用方法。

3)讲授 LCD 显示模块的编程方法。

4)讲解凌阳单片机实验箱语音及显示部分的使用方法。

6. 实验原理及方案

（1）基本原理

凌阳开发环境中集成了语音识别库 bsrv222SDL. lib,语音识别库支持语音的识别过程。在 bsrv222SDL. lib 库中提供了语音识别整个过程（包括训练和识别两个过程）的 API 函数。这些函数包括初始化函数、训练函数、识别函数、中断调用函数等。这些函数为实现语音识别提供了编程上的便利。

（2）实现方法

特定人语音识别即语音样板由单个人训练,也只能识别训练人的语音命令,对他人的命令识别率较低或几乎不能识别。特定人语音识别由"训练"和"识别"两个步骤组成,只有进行语音训练后才会生成特征模型,根据这些特征模型才能够识别。训练过程中,每条语音命令的长度不要超过 1.3 s。训练后得到的语音特征模型保存在 RAM 中,每条命令占用 96 B,由于 RAM 空间的限制,同时可识别的语音命令数量最大为 7 条。如果需要识别更多语音命令,可以采用命令分组的方法。语音识别流程如图 5-7-1 所示。

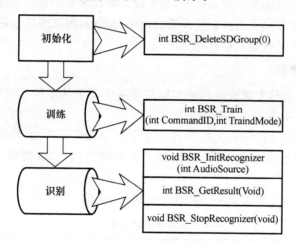

图 5-7-1　语音识别流程

（3）实现方案

本实验中要求利用 SPLC501 液晶显示器显示整个识别过程,由 API 函数读回的值判断要进行哪些操作,从而控制液晶显示器显示哪一幅图片。由于和前面显示的图片留下的视觉效应,就可以看到一个很听话的图片显示在屏幕上。

7. 教学进程

1)掌握利用单片机实现特定人语音识别功能的方法。

2)掌握基于凌阳 61 单片机下的 LCD 图形显示技术。

3)熟悉语音训练识别与图形显示相结合的程序,使单片机识别特定人语音,并且随着语音信号的不同产生相对应的图形。

  4）提高语音识别精度、速度，优化 LCD 图形显示效果。

  5）撰写实验总结报告，并写出实验体会，比较不同解决方案的特点。

8. 实验报告要求

实验报告需要反映以下工作。

1）实验需求分析。

2）实验方案论证。

3）理论推导。

4）程序编写与测试方法。

5）系统联调及优化方法。

6）实验结果及总结。

9. 考核要求与方法

本实验考核分为软件评测和实现效果两个部分。

1）实验验收：实现最终的语音控制图形显示效果，语音识别正确，图片及动画能及时响应。

2）实验质量：要求最终效果良好，程序结构清晰，代码精简，尽量使用标准库函数和公共函数。

3）自主创新：在实现基本功能基础上，想方设法增加基于语音和图像的扩展功能。

4）实验数据：测试并记录语音识别并播放的时间间隔，测试图形变化的时间间隔。

5）实验报告：要求具有规范性与完整性。

10. 项目特色或创新

1）该实验项目结合整个课程的其他实验使学生实现了从工程实践学习单片机应用的目的，探索出了一套新型高效的单片机教学方法。

2）该实验项目所包含的知识面很广，包括语音压缩与解压算法、特定人语音识别技术、数字信号处理技术、库函数应用技术等，既拓展了学生的知识面，也提高了学生的单片机应用能力。

3）该实验项目要求实现方式的多样性与扩展性，提高了学生灵活运用知识的能力。

实验案例信息表

案例提供单位		天津大学电气电子实验中心		相关专业	全校电类工科专业	
设计者姓名		李昌禄	电子邮箱	changlu@tju.edu.cn		
设计者姓名		苏寒松	电子邮箱	shs@tju.edu.cn		
相关课程名称		单片机装调与实验	学生年级	1～3	学时	8
支撑条件	仪器设备	凌阳 16 位单片机实验箱				
	软件工具	凌阳 Sunplus 软件开发平台				
	主要器件	SPCE061A 核心及周边电路模块，音频输出电路，MIC 输入电路模块，LCD 显示模组模块				

5-8 多功能电子琴设计

1. 实验内容与任务

利用 51 单片机及外围电路,设计一款多功能电子琴,实现以下四项功能。

1) 模拟电子琴发声原理,对音乐音符(Do、Re、Mi、Fa、Sol、La、Si 七个音符)和节拍(如 1/4、2/4 节拍等)进行编码,使用 4×4 键盘模拟电子琴的琴键,控制蜂鸣器的发声频率和时间,模拟不同的音符和节拍,实现实时演奏乐曲的功能。

2) 模拟随身听播放原理,控制读取存储器中的乐曲,将乐曲分解为相应的音符和节拍,并实时解码进而控制蜂鸣器的工作状态,实现播放已有乐曲的功能。

3) 实时读取电子琴按键的状态,并记录按键按下的种类和时间,编码后保存,实现实时录制弹奏乐曲的功能。

4) 设计 LED 显示功能,实时读取电子琴的工作状态,并在 LED 显示屏上显示,实现实时显示电子琴播放的当前乐曲的音符和仿频图形。

5) 增加电子琴可演奏的音域,包括低音、中音、高音等,属于附加功能。

该实验用到的 80C51 单片机实验平台结构框图如图 5-8-1 所示。

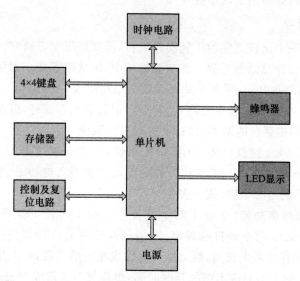

图 5-8-1 多功能电子琴结构框图

2. 实验过程及要求

1) 了解单片机 I/O 接口控制的高级应用。

2) 了解音频的实现和控制原理。

3）设计单片机通过 I/O 接口控制蜂鸣器工作的硬件电路,包括控制电路和蜂鸣器驱动电路。

4）构思利用单片机 I/O 接口输出不同频率的脉冲信号来实现不同音乐音符发声的原理方案。

5）构思利用单片机实现音乐节拍的原理方案。

6）设计音乐按键的硬件电路,并给出音乐按键的定义与工作原理。

7）设计通过音乐按键实时演奏乐曲的流程图。

8）设计读取已有乐曲并播放的实现方案。

9）设计实时录制弹奏乐曲的实现方案。

10）构思显示方式,设计相应的显示电路和显示内容。

11）搭建电路,实现上述功能,并分组演示实验结果。

12）撰写设计总结报告,学习交流不同解决方案的特点。

3. 相关知识及背景

这是一个运用微机原理与接口技术控制外围电路的典型案例,原理简单,功能丰富,不乏趣味性,运用了单片机 I/O 接口控制、键盘扫描接口控制、蜂鸣器接口控制、LED 显示接口控制、单片机编程等相关知识与技术方法,并涉及硬件电路设计、软件代码调试、自定义音乐音符与节拍编码等相关工程概念,是理论联系实际的典型应用。

4. 教学目的

该实验可以让学生深刻地理解单片机接口电路和外围电路的设计,以及相关接口技术的典型应用。同时,引导学生根据需求设计实现方案,增强学生的动手实践能力,增加学生的实验兴趣,培养工程意识,提高学生的综合素质。

5. 实验教学与指导

本实验的过程是一个比较完整的工程实践项目,需要经历学习研究、方案论证、系统设计、实现调试、测试标定、设计总结等过程。在实验教学中,应从以下几个方面顺序开展。

1）学习单片机的基本知识,了解单片机系统的结构组成。

2）学习单片机 I/O 接口的基本电路,了解 I/O 引脚的工作原理,以及基本的编程技术。

3）学习蜂鸣器、扫描键盘的基本电路,了解其工作原理。

4）音乐按键使用 4×4 键盘代替,使用 10 个按键,1～7 分别代表 Do、Re、Mi、Fa、Sol、La、Si 七个音符,另外三个键作为功能键,0 作为弹奏键,8 作为录音键,9 作为放音键;使用键盘扫描技术,实时记录按下的是哪个键,按下多长时间。

5）实现电子琴的弹奏功能,学习了解 I/O 控制实现不同音乐音符与节拍的方法,计算 Do、Re、Mi、Fa、Sol、La、Si 七个音符的频率,利用单片机的 I/O 接口模拟相应频率的音频脉冲,在单片机内部形成查找表供调用,驱动蜂鸣器发成相应的音符;每个乐曲都有一个节拍,如 1/4、2/4 等节拍,不同的节拍对应不同的延时时间,单片机内部形成查找表供调用。

6）实现电子琴的录音功能,录音功能是在弹奏功能的基础上进行改进得到的,录音的实现需要记录每个音符的种类和时长信息。按键种类的按下是通过扫描键盘获得的,按下的时间是通过对按下开始到按键松开这两个事件的时间计数获得的,比如 1ms 记一次数,按下的时间计数是 1000,则按下的时间就是 1s。

7）实现电子琴播放乐曲的功能,从存储器中依次读出乐曲的音符和节拍时间,通过查表得到音符的音频频率和节拍的延时时间,并转换为相应的脉冲输出控制蜂鸣器,实现乐曲的播放。

8) 实现 LED 显示功能,实时从单片机中读取当前播放的音符,在 LED 显示屏中显示。

9) 要求学生就上述各个部分给出详细的设计方案和实现步骤。

10) 在电路设计、搭试、调试完成后,分别检查学生各功能的实现情况,并给出综合评价。

11) 在实验完成后,可以组织学生以项目演讲、答辩、评讲的形式进行交流,了解各个组的解决方案及其特点,拓宽知识面。

12) 在设计中,要注意学生设计的规范性,如系统结构与模块构成、模块间的接口方式与参数要求;在调试中,要注意工作电源、参考电源品质对系统指标的影响,电路工作的稳定性与可靠性;在测试分析中,要分析各个功能的实现情况,如有问题,需要对问题定位;在总结中,要总结实验原理及方案优缺点。

6. 实验原理及方案

本实验模拟电子琴,实现演奏、录音、播放、显示等四个功能,实验任务的实现可以分解成音乐音符、音乐节拍的产生,以及演奏音乐、录制音乐、播放音乐、LED 显示等各部分工作。其系统的结构框如图 5-8-2 所示。

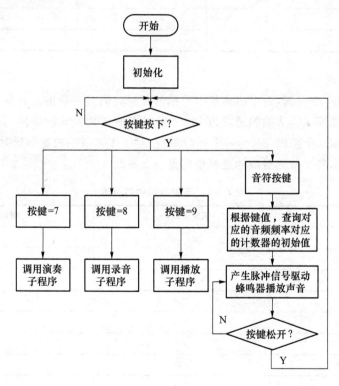

图 5-8-2 电子琴主系统流程图

(1) 音符的实现

要产生音频脉冲,首先要计算出某一音频的周期,然后将利用单片机产生该周期的脉冲信号。利用定时器的定时功能实现不同周期的脉冲信号,该脉冲信号通过单片机的 I/O 引脚输出给蜂鸣器,蜂鸣器发出不同音频的声音。例如,音符"Do"的频率为 523 Hz,其周期 T=1/523=1 912 μs,因此可令定时器的定时时间为 956 μs,在每次 956 μs 的定时中断出现时,对输出 I/O 接口的电平反向,通过蜂鸣器就可得到"Do"的发声。

假设单片机的时钟频率为 1 MHz,计数器需要计数的次数为:

$$N=(Fi/Fr)/2=(1\,000\,000/523)/2=1\,912/2=956$$

其中,N 为定时器的计数脉冲值,Fi 为单片机的时钟频率,Fr 为要产生的音频的频率。

定时器的中断响应是计数器计数到 65 536 时触发中断,这就要计算计数器的初始值,计算公式如下:

$$T=65\,536-N=64\,580$$

依此类推,Do、Re、Mi、Fa、Sol、La、Si 七个音乐音符的对应的计数器的初始值见表 5-8-1。

表 5-8-1　音符与计数器初值映射表

音　符	发　音	编　码	T　值
1	Do	1	64 580
2	Re	2	64 684
3	Mi	3	64 777
4	Fa	4	64 820
5	Sol	5	64 898
6	La	6	64 968
7	Si	7	65 030

(2) 节拍的实现

每个乐曲都有一个曲调,每个曲调基本节拍的延时时间是一定的。比如,对于曲调为 4/4 的乐曲,其基本节拍即 1/4 节拍的延时为 125 ms;对于曲调为 4/8 的乐曲,其基本节拍即 1/8 节拍的延时为 62 ms,设置 62 ms 为一个延时单位,对于 1/8 节拍的音符延时时间调用一个延时单位。依此类推,各个节拍对应的延时单位见表 5-8-2。

表 5-8-2　节拍与延时对照表

节拍	延时时间/ms	延时编码
1/8 节拍	62	1
2/8 节拍	125	2
3/8 节拍	188	3
4/8 节拍	250	4
5/8 节拍	313	5
6/8 节拍	375	6
7/8 节拍	438	7
1 个节拍	500	8

(3) 电子琴弹奏功能的实现

音符的实现已经介绍过了,音乐按键使用 4×4 键盘代替,使用 10 个按键,1~7 分别代表 Do、Re、Mi、Fa、Sol、La、Si 七个音符,另外三个键作为功能键,0 作为弹奏键,8 作为录音键,9 作为放音键。使用键盘扫描技术,实时记录按下的是哪个键,按下多长时间。

电子琴弹奏流程图如图 5-8-3 所示。

（4）电子琴录音功能的实现

录音功能是在弹奏功能的基础上进行改进得到的，录音的实现需要记录每个音符的种类和时长信息。按键种类的按下是通过扫描键盘获得的，按下的时间是通过对按下开始到按键松开这两个事件的时间计数获得的，比如 1 ms 记一次数，按下的时间计数是 1 000，则按下的时间就是 1s。电子琴录音流程图如图 5-8-4 所示。

（5）电子琴播放功能的实现

单片机从存储器中依次读出乐曲的音符和节拍时间，通过查表得到对应音符的计数器的初始值和节拍延时时间，并转换为相应的脉冲输出控制蜂鸣器，实现乐曲的播放。流程图如图 5-8-5 所示。

（6）电子琴 LED 显示功能的实现

实时从单片机中读取当前播放的音符，在 LED 显示屏中显示。

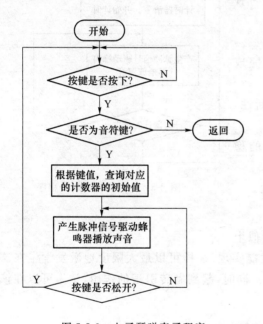

图 5-8-3　电子琴弹奏子程序

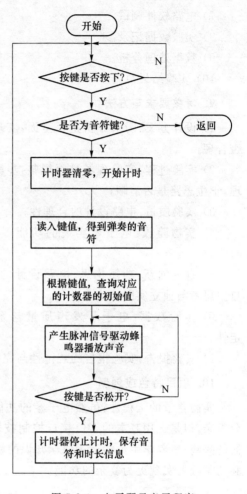

图 5-8-4　电子琴录音子程序

7. 教学实施

1）课前预习：要求学生了解单片机的硬件结构、工作原理、外围接口电路以及开发环境。

2）实验前：首先是指导教师针对实验内容进行理论讲解，强调注意事项；然后学生给出软、硬件实验方案。

3）实验中：按照科学的操作方法进行实验，提倡"多思少问"的学风，在规定的时间内完成实验内容。

4）实验后：撰写实验报告。

8. 实验报告要求

实验报告需要反映以下工作。

1）实验目的和要求。

2）实验需求分析。

3）理论推导计算。

4）实现方案论证。

5）实验步骤记录。

6）电路硬件调试。

7）电路软件调试。

8）实验数据记录。

9）数据处理分析。

10）实验结果总结。

9. 考核要求与方法

1）设计方案：需求分析是否全面，实现方案是否合理；

2）实验过程：实验现场是否规整，步骤是否合理，学生思路是否清晰；

3）实验质量：电路设计的合理性；

4）实物验收：电子琴实现的功能多少，完成时间；

5）自主创新：功能构思、电路设计的创新性，自主思考与独立实践能力；

6）实验数据：电子琴发声质量与系统的稳定性；

7）实验报告：实验报告的规范性与完整性。

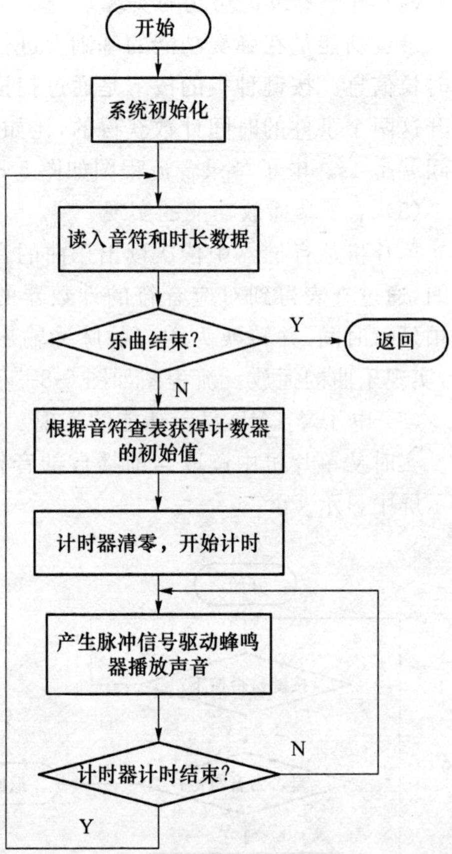

图 5-8-5　电子琴播放子程序

10. 项目特色或创新

实验背景的工程性：虽然电子琴的功能看似十分复杂，但是运用基本的 I/O 接口控制技术就能实现，这样可以最大限度地激发学生在这方面的兴趣，培养学生灵活运用所学知识的能力。同时，起到抛砖引玉的作用，学生可以在该实验的基础上实现更为复杂的功能。

实验案例信息表

案例提供单位	北京航空航天大学电子信息工程学院		相关专业	电子信息工程	
设计者姓名	张杰斌	电子邮箱	zjb@buaa.edu.cn		
设计者姓名	宜娜	电子邮箱	yina08@buaa.edu.cn		
设计者姓名	刁为民	电子邮箱	weimin0925@163.com		
相关课程名称	微机原理与接口技术	学生年级	3	学时	8+8
支撑条件	仪器设备	万用表、示波器、电压源			
	软件工具	Keil uVision 2			
	主要器件	51 单片机、蜂鸣器、扫描键盘、LED			

5-9 RC5／NEC 红外编解码实验

1. 实验内容与任务

1）以 38 kHz 为载波,设计一个能符合 RC5/NEC 标准协议、以数字方式显示的红外编码器或解码器。

2）能用"数字示波器"的单次捕获功能,获取一个完整的 RC5 或 NEC 码型。

3）解码器设计要求能够正确显示"系统码"和"用户码";编码器设计要求可以用按键设置修改"系统码"和"用户码";编码或解码的错误概率均不能超过 10%（显示错误或无法解码均记为一次错误）。

2. 实验过程及要求

1）了解串行通信基本原理。

2）编码器设计采用红外发射管,解码器设计选用一体化接收头。

3）红外发射或接收电路自行设计。

4）学习 38 kHz 红外信号的调制或解调方法。

5）数字显示可以选用四位一体数码管或 LCD1602 显示。

6）设计显示驱动电路,编写单片机驱动程序。

7）将"示波器"捕获的完整码型以"比特"单位（引导码、系统码、用户码、结束码）标识出来。

8）撰写设计总结报告,并通过分组演讲,学习交流不同解决方案的特点。

3. 相关知识及背景

这是一个运用数字和模拟电子技术解决现实生活和工程实际问题的典型案例,以最常见的"遥控器"为研究对象,需要运用传感器及检测技术、信号放大、调制或解调、数据显示、参数设定等相关知识与技术方法。需要学生在万能板上自行设计并焊接硬件电路、编写单片机程序,掌握仪器设备使用等工程概念与方法。

4. 教学目的

在较为完整的工程项目实现过程中引导学生掌握示波器等基本仪器使用、RC5/NEC 协议标准、红外发射和接收电路及实现方法,并能根据工程需求比较选择技术方案;引导学生根据需要设计电路、选择元器件,构建测试环境与条件,并通过测试与分析对项目作出技术评价。

5. 实验教学与指导

本实验的过程是一个比较完整的工程实践项目,需要经历学习研究、方案论证、系统设计、实现调试、测试标定、设计总结等过程。在实验教学中,应从以下几个方面加强对学生的引导:

1）了解串行通信时,可以让学生用示波器测试台式机的 RS-232 接口,通过串口调试助手工具软件向串口发送一个字符,用示波器捕获并分析波形。

2）RS-232 比较简单,而且不含载波,易于学生对串行通信的理解。

3）红外发射电路需要用到晶体管作为驱动,一般选用 NPN 类型的通用晶体管;红外接收电路普遍采用一体化接收头,极大地简化了电路设计,但红外一体化接收头输出的电平和发送的信号电平是相反的,这是由红外一体化接收头器件引起的,需要特别注意。

4）数字显示如采用四位一体数码管,需要确定选择的四位一体数码管是共阴的还是共阳的,两者的驱动电路不同。

5）在电路设计、搭试、调试完成后,必须要用标准仪器设备进行实际测量,需要根据实验室所能够提供的条件,设计测试方法,搭建温度可控且较为稳定的测试环境。

6）在实验完成后,可以组织学生以项目演讲、答辩、评讲的形式进行交流,了解不同解决方案及其特点,拓宽知识面。

在设计中,要注意学生设计的规范性,如系统结构与模块构成、模块间的接口方式与参数要求;在调试中,要注意工作电源、参考电源品质对系统指标的影响,电路工作的稳定性与可靠性;在测试分析中,要分析系统的误差来源并加以验证。

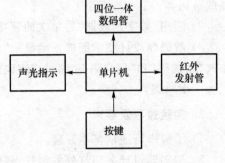

图 5-9-1　红外"编码器"系统框图

6. 实验原理及方案

（1）系统框图

系统结构如图 5-9-1 所示。

（2）基本原理

1）完整的 RC5 编码如图 5-9-2 所示。

格式:起始位（1 位）＋验证位（1 位）＋控制位（1 位）＋系统码（5 位）＋命令位（6 位）。

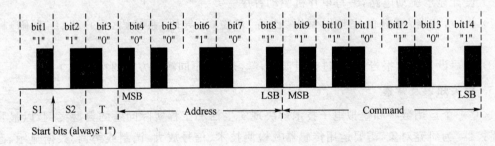

图 5-9-2　RC5 编码示意

2）利用红外一体化接收头,可以将 38 kHz 载波滤除,再利用"数字示波器"的单次捕获功能,即可得到如图 5-9-3 所示的图形,图中的 RC5 编码为 1_1_0_00000_000001。

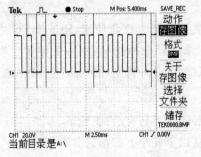

图 5-9-3　RC5 波形示意

3）设计要求

基本部分:

① 单片机:选用 AT 89S52（DIP40）,并兼容 AT 89C2051 设计。

② 四位一体数码管。

③ 十六进制显示"系统码（地址码）"和"用户码（数据

码)",共阳设计。

④ 按键:4×4 键盘。

⑤ 红外发射管:NEC 编码,38 kHz 载波,10 mA、50 mA 发射电流可选。

⑥ 声光指示:每按下一个键,给出声、光提示。

发挥部分:

① 数码管显示可关闭功能。

② 按键声音可关闭功能。

③ 低功耗模式设计。

实验室提供常用的工具和电子元器件,主要包括万用表、钳子、螺丝刀、电烙铁及电阻、电容、二极管、三极管、按键、小灯、部分集成电路和单片机最小系统等所需元器件,能满足大部分同学的需要。对于学生设计方案中用到的实验室没有的元器件,在经费允许的情况下可以适当补充。

学生在根据自己的设计方案进行硬件焊接时,存在的一些问题主要表现如下:

(1) 部分学生焊接方法不正确,常有虚焊现象,为后续的调试造成困难。

(2) 部分元件使用不正确,如不注意 LED、电解电容、二极管的极性等。

(3) 集成电路的 V_{CC}、GND 引脚忘记焊接,分析其原因主要是教材和许多参考书中并不画出这两个引脚,使学生误以为不需要焊接。

实践教学环节弥补了理论教学环节的疏忽与不足,在本科教学培养中起到了重要作用。

7. 实验报告要求

实验报告需要反映以下工作。

1) 设计要求

这里主要叙述设计题目要求、设计指标等。

2) 设计分析及系统方案设计

这里应该有对设计要求进行分析的文字说明,在此基础上给出系统总体结构框图,并作实现原理及设计思路介绍。

3) 各功能模块硬件电路设计

根据上述给出的系统总体结构框图,针对每一个功能模块给出硬件电路设计,并作必要的说明和理论计算。

4) 系统软件设计

需要进行软件编程的题目这里应该给出软件流程图,并附加源代码。

5) 系统调试运行结果说明及分析

这里首先要给出系统运行的软硬件环境,如计算机平台、软件调试环境、系统中参数选取情况等,然后给出系统运行结果,以及必要的中间结果,对运行结果是否满足设计要求进行说明,对没有达到设计指标的,要进行分析。

6) 结论

这里主要说明在本工作中进行了什么设计,设计结果如何。

7) 参考文献

8. 考核要求与方法

考核的节点、时间、标准及考核方法如下。

1）查阅 IR 基础知识、发射接收电路、RC5 和 NEC 编码标准等资料。

2）识别基本的电子元件，了解焊接方法。

3）首先完成 51 单片机的最小系统硬件电路。

4）编写简单的 LED 闪烁程序来测试硬件电路，学会使用仿真器、编程器。

5）完成四位一体数码管电路焊接，编写程序能够显示自己学号的后四位。

6）完成键盘电路，编写按键识别、显示程序。

7）完成红外发射或接收电路，编写编码或解码程序。

8）利用实验室提供的仪器、设备来测试电路。

9）整理实验台，撰写实验报告、答辩 PPT 等文档。

9. 项目特色或创新

项目的特色在于：学生需要在"万能板"上自行设计、焊接硬件电路，这是对学生动手实践能力的挑战。实验的设计选题十分接近现实生活，使得学生的兴趣浓厚；设计题目每班一题、设计功能层次化，学生既可以完成基本设计部分，也可以完成更多的设计功能和更高的技术指标（低功耗设计就是考核的重点指标）；同时考虑学生对知识应用的综合性，实现方法的多样性。

实验案例信息表

案例提供单位		大连理工大学电工电子实验中心		相关专业	电子信息类
设计者姓名		孙鹏	电子邮箱	sunpeng@dlut.edu.cn	
设计者姓名		周晓丹	电子邮箱	xdzhou@dlut.edu.cn	
设计者姓名		崔承毅	电子邮箱	mail_of_ccy@sina.edu.cn	
相关课程名称		电子系统综合设计	学生年级	3、4	学时 48
支撑条件	仪器设备	直流稳压电源、万用表、示波器、信号源			
	软件工具	Keil C51、MedWin、SuperPro			
	主要器件	单片机、红外发射管、一体化红外接收头			

5-10 嵌入式系统串口通信实验

1. 实验内容与任务

本课程实验采用积分制,总分 100 分,学生可选做对应实验内容,完成即获得实验分,课程结束,所获实验分累积即为最终成绩,本实验内容积分 8 分,其中报告 2 分。

(1) 基本内容(8 分)

连接好 PC 机与实验平台的任意之一串口,设置好串口参数,连接好 JTAG 仿真器,选用对应的集成开发环境和测试软件,编写程序(可参照基础程序模板),并将程序调试、编译生成 bin 文件,通过 JTAG 接口将程序写到实验平台,实现以下功能:

1) 实验平台上电后,首先将自己的专业、姓名及学号显示在 PC 端"串口助手"接收端。

2) 通过"串口助手"发送端等时间间隔发送任意长度的字符,在接收端显示。

3) 通过"串口助手"发送长度大于 5 字节的十六进制数据,实验平台收到,去掉其中头 2 字节和尾 2 字节的数据,将剩下的数据回传给 PC 端,并在"串口助手"接收端显示。

(2) 进阶内容(6 分)

1) GPS 模块,提取星数、时间、经度和纬度值,并显示出来。(可选,参考文档自学)

2) GPRS 模块,利用 AT 指令发送短信。(可选,参考文档自学)

3) 串口相机,获取图片。(可选,参考文档自学)

2. 实验过程及要求

实验前,结合实验指导书,预习并准备以下内容。

1) 理解 PXA255 嵌入式系统上串口硬件电路组成及连接方法。

2) 理解 GPIO 口寄存器的配置。

3) 串口寄存器配置及中断响应处理。

4) 掌握集成开发环境、串口工具的使用。

5) 根据"基本内容"预先编写程序。

实验中:

1) 使用交叉串口线连接好 PC 与实验平台,连接好平台电源线和 JTAG 程序下载器。

2) 程序设计及调试,记录好实验现象、出现问题及解决的办法。

3) 任务完成向指导教师提出验收,验收完成该项实验内容且实验报告完成较好记满分 8 分,完成该实验内容可选进阶模块,自学提供进阶模块的技术资料,完成进阶实验内容,获得 6 分的加分。

实验结束后,认真完成实验报告。

3. 相关知识及背景

本实验的内容涉及 ARM 嵌入式系统的基本组成;底层 ARM 系统软硬件开发的基本流程;基于 PXA255 嵌入式系统中 GPIO 口的控制方法;UART 的使用、寄存器配置及中断响应的处理;嵌入式系统集成开发环境的使用;串口调试的工具及 PC 上位机的程序设计;工程实际应用技能。

4. 教学目的

通过该实验,学生可以巩固 ARM 嵌入式系统基本开发流程,各种开发工具的使用,深入掌握 I/O 接口、寄存器的配置,特别是掌握串口通信的基本方法,软硬件设计技巧,为后续操作系统实验奠定基础。

5. 实验教学与指导

选做该实验内容之前,学生应该通过理论课程对串口通信的技术和方法有了比较全面的理解,实验简化设计要求描述,让学生能快速理解实现目标。"基本内容"看上去简单,但在"基本内容"中已经隐含融入了嵌入式系统串口设计中的难点和重点,包括:

1)嵌入式系统 GPIO 口工作模式、配置方法。

2)串口通信基本参数设置。

3)异常向量表的配置。

4)ARM 汇编、C 语言混合编程方法。

5)ISR 服务程序的编写。

6)串口数据的处理技术。

学生在实现目标的过程中必然会遇到这些技术难点,同时,在指导手册和教材中提供了出现这些问题的原因和解决办法,学生边实践边发现,边发现边学习,边学习边解决,培养学生会用嵌入式系统中的串口通信实现特定功能。

PXA255 嵌入式系统的串口传输的两种实现方式:程序查询状态寄存器和中断处理。根据 PXA255 开发板的串口硬件连接,不加入 Modem 传输协议,仅利用 UART 引脚 TXD 和 RXD 进行数据接收和发送。

(1)基本串行接口(UART)

PXA255 处理器有 4 个 UART,每个 UART 能将从 RXD 端接收的串行数据转变为并行的数据,并且能够将来自处理器的并行数据转变为串行数据,然后通过 TXD 端发送出去。根据 UART 是否在 FIFO 模式下执行,发送和接收的数据会有选择地锁存在发送/接收 FIFO。无论是接收还是发送,当运行在 non-FIFO 方式时,数据不会被锁存在 FIFO,而只会被锁存在寄存器 RBR 或 THR,可以简单认为在 non-FIFO 时,RBR 和 THR 分别与接收移位寄存器和发送移位寄存器直接相连。

当需要对数据接收或发送时,应该首先根据 UART 的状态标志来决定是否写入 RBR 或从 THR 读出,每个 UART 都有一个 Line Status Register(LSR),它提供了传输状态信息,通过读取响应的位便可以得知当前情况是否适合发送。这里有两种方式实现控制 UART 的发送和接收:

1)通过程序不断地轮询 UART 的状态寄存器 LSR 来决定是否发送和接收数据。

2)以中断方式来实现发送和接收数据,此时可以通过 UART 的当前状态来触发中断。即利用接收或发送事件请求中断发生,然后在中断服务例程里实现发送和接收。

(2)串口硬件电路

实验平台上有两个串口,这里将它们命名为串口 1 和串口 2。

图 5-10-1 中的芯片 SP3223ECA 是一个电平转换芯片,串口 1 是使用 FFUART 作为非同

步接收和发送器,而串口 2 则使用 BTUART 作为非同步接收发送器。

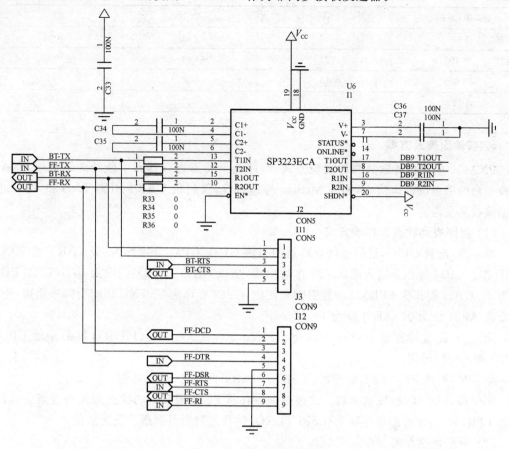

图 5-10-1　串口原理图 1

　　如图 5-10-2 所示,串口 1 对应着 X3,而串口 2 对应着 X2。图 5-10-2 中的 DB9_T1OUT、DB9_R1IN、DB9_T2OUT、DB9_R2IN 与图 5-10-1 的右端输入和输出对应。在串口 1 和串口 2 中,只引入 UART 的 RXD 和 TXD,其余的信号线引入 J2 和 J3,所以对串口 1 和串口 2 的编程只能够做到接收和发送数据。

　　(3) 波特率产生器

　　每个 UART 包含一个可编程的波特率发生器,它采用 14.745 6 MHz 作为固定的输入时钟,并且可以对它以 1 至(2^{16}－1)分频,波特率可以通过以下公式计算:

$$\text{BaudRate} = \frac{14.7456 \text{ MHz}}{(16x\text{Divisor})}$$

　　Divisor 的取值可以是 1 至(2^{16}－1),该值是通过在寄存器 Divisor Latch Register(DLL and DLH)中设置,DLL 和 DLH 都是 32 位的寄存器,但只有低 8 位可以使用,所以 DLH[0:7] 和 DLL[0:7] 就组成了一个 16 位的分频器,DLH[0:7]为分频器的高 8 位,DLL[0:7]为分频器的低 8 位。表 5-10-1 所示为部分波特率与分频器对应表。

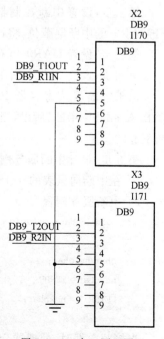

图 5-10-2　串口原理图 2

285

表 5-10-1　波特率与分频系数对照

BaudRate(bps)	Divisor	DLH	DLL
9 600	96	0x0	0x60
38 400	24	0x0	0x18
57 600	16	0x0	0x10
115 200	8	0x0	0x8

6. 实验原理及方案

PXA255 的串口传输的两种实现方式：程序查询状态寄存器和中断处理。根据 PXA255 实验平台的串口硬件连接，不加入 Modem 传输协议，仅利用 UART 引脚 TXD 和 RXD 进行数据接收和发送。

（1）程序查询状态寄存器方式

第一步，配置 GPIO，目的是使处理器的引脚 GP34、GP39 分别作为 FFUART 的 RXD 和 TXD 端。GP34 要作为输入端，GP39 作输出端，所以，GPDR1[PD34]设为 0，GPDR1[PD39]设为 1。GP34 要作为 FFRXD 功能引脚来使用，GP39 要作为 FFTXD 功能引脚来使用，所以，需要将 AF34 设为 01，AF39 设为 10。

第二步，配置寄存器 Power Manager Sleep Status Register(PSSR)，目的是使 CPU 的 GPIO 输入引脚可用。

第三步，配置 FFUART 寄存器，实现 FFUART 的发送、接收功能。

第四步，设计接收/发送函数。通过查询寄存器 FFLSR[DR]的状态判断是否需要访问寄存器 FFRBR，通过查询寄存器 FFLSR[TDRQ]的状态判断是否适合发送数据。

（2）中断处理方式

第一步，打开 IRQ 中断控制。

第二步，设置中断控制器的中断屏蔽寄存器 ICMR(0x40D0_0004)。ICMR[IM22]为 FFUART 的中断屏蔽位，将该位设为 1，中断控制器可以接收 FFUART 发出的中断请求。

第三步，设置 UART 寄存器。

第四步，设置 IRQ 中断服务例程。

由于中断屏蔽寄存器 ICMP 只开启 FFUART 中断，另外，FFUART 只开启 Received Data Available 中断，所以，当中断发生时，必然是由 FFUART 的 Received Data Available 中断引起的。

第五步，设计中断服务例程。

1）在中断向量表的 0x18 的位置写上跳转到 IRQ 中断服务例程的指令：B IRQHandler。

2）中断服务例程

```
_irq void IRQHandler(void)
{
    char newchar;
    newchar = FFRBR;
    FFTHR  = newchar;
}
```

当接收数据时，处理器会跳转到中断服务例程执行，所以程序无须查询 FFUART 的状态来判断是否需要接收数据。

7. 教学进程

（1）理论课讲解

1）多种不同的嵌入式系统开发的流程异同。

2）串口通信的基本原理和软硬件实现特点。

3）ARM 嵌入式系统汇编程序设计。

4）PXA255 嵌入式系统上串口硬件电路组成及连接方法。

5）GPIO 口寄存器的配置。

6）串口寄存器配置及中断响应处理。

（2）实验前预习

实验前，结合实验指导书及实验动画演示，预习并准备以下内容：

1）理解 PXA255 嵌入式系统上串口硬件电路组成及连接方法。

2）理解 GPIO 口寄存器的配置。

3）串口寄存器配置及中断响应处理。

4）掌握集成开发环境、串口工具的使用。

5）根据"基本内容"预先编写程序。

（3）实验难点

1）串口通信收发端硬件的匹配与诊断（演示）。

2）通信协议的理解。

3）嵌入式系统微处理器 I/O 接口的配置方法与步骤，这也是嵌入式系统开发的难点和重点。

4）数据帧格式、处理、分析与提取。

5）交叉开发环境下的调试。

8. 实验报告要求

实验报告最高积 2 分，需在设计报告中体现：实验目的、软硬件原理、开发设计流程、固件程序设计流程、程序测试方法及步骤、小结。实验报告不迟于下次实验前提交，纸质打印（提交电子档程序代码），并手写签名。

9. 考核要求与方法

本课程实验采用积分制，总分 100 分，学生可选做对应实验内容，完成即获得实验分，课程结束，所获实验分累积即为最终成绩。

单人完成，本实验基本内容部分要求当堂（2 个学时内）完成并通过验收，提前需要学生做好预习和准备工作，完成基本内容即获得本项实验内容积分 8 分（其中，实验报告占 2 分），进阶拓展部分可在课外或开放实验时间完成和验收，完成进阶拓展部分实验内容的，可多获得积分 6 分；未在课堂时间内完成实验内容的，只能通过开放实验完成和验收，且最多只能获得该项实验内容积分的 50%，即 4 分。

10. 项目特色或创新

1）将硬件、软件、开发工具、驱动程序设计、上位机程序设计融合在一起，让学生较全面地认识嵌入式系统开发与设计的方法，为后续操作系统实验奠定基础；

2）将有工程实用价值的内容引入到实验中，引导学生自主拓展学习。

实验案例信息表

案例提供单位	武汉大学电子信息学院		相关专业	电子信息
设计者姓名	谢银波	电子邮箱	xyb@whu.edu.cn	
设计者姓名	郑宏	电子邮箱	hong-zheng@126.com	
设计者姓名	杨剑锋	电子邮箱	yjf.whu@gmail.com	
相关课程名称	嵌入式系统与设计实验	学生年级	4	学时	2+2
支撑条件	仪器设备	PXA255嵌入式实验平台、GPS模块、GPRS模块、串口相机模块		
	软件工具	ARM SDT2.5、ARM ADS、串口调试助手、Visual Studio 2008		

5-11 直流电机调速系统

1. 实验内容与任务

1）以单片机开发板为控制平台，综合应用运用单片机的知识，设计一个直流电机闭环速度控制系统。

2）根据小电机的参数（转速和驱动电流）选择驱动器件，设计驱动电路。

3）利用片内的定时器或单片机的 PWM 模块调节控制电机的转速。

4）可以采用键盘输入速度值控制电机转速。

5）可以扩展设计温度（距离）采集数据实现随采集数据变化控制电机转速。

6）可以扩展采用 PID 算法。

2. 实验过程及要求

1）了解单片机的 GPIO、外部中断、定时器等的原理和应用，了解直流电机调速原理和控制方法。

2）查找满足实验要求的直流电机驱动模块 L298N、电源模块、直流电机、编码器等相关资料。

3）根据实验器材提供的直流电机、电机驱动电路模块 L298N，设计单片机控制的直流电机驱动电路。

4）设计电机控制系统电路，可以是按键或者是采集距离或温度传感器数据调整电机转速。

5）设计程序，绘制程序流程图，编程实现单片机直流电机转速控制。

6）撰写实验总结报告，并通过分组演讲，学习交流不同软硬件设计方案的特点。

3. 相关知识及背景

直流电动机的调速性能较好和起动转矩较大，因此，对调速要求较高的生产机械或者需要较大起动转矩的生产机械往往采用直流电动机驱动，因此直流电机调速系统具有广阔的应用价值。

这是一个运用单片机解决现实生活和工程实际问题的典型案例，需要单片机技术、模数信号转换、数据显示、参数设定、反馈控制、直流电机控制等相关知识与技术方法。综合运用单片机知识，设计一个完整的软硬件控制系统，强化硬软件协同设计理念。

4. 教学目的

培养学生在单元电路设计、系统电路分析、整机联调、计算机辅助设计和信息处理等综合方面的能力；培养和提高学生的科研素质、工程意识和创新精神；学习一种单片机系统设计的方法；熟悉利用 Protel 99SE 软件、Proteus 设计硬件电路；学习实物电路的电装技术；熟悉利用 Keil 软件编写编译 C51 源程序；学习利用万用表、示波器、信号源、电源等设备调试硬件、软件的方法。

通过实验掌握以下知识点。

1）电机驱动电路设计方法。

2）中断记数测量转速的方法。

3）PWM 控制电机转速的方法。

4）按键处理方法与技巧。

5）动态刷新数码管显示的方法与技巧。

6）中断与定时器的灵活应用。

5．实验教学与指导

本实验的过程是一个比较完整的工程实践项目,需要经历学习研究、方案论证、系统设计、实现调试、测试标定、设计总结等过程。在实验教学中,应从以下几个方面加强对学生的引导。

1）了解直流电机的驱动电路的原理,查找目前常用的几种驱动电路和模块,如分立元件、LG9110、L298N、IR2110 等的工作原理和性能参数。

2）学习直流电机的控制方法,了解 PWM 信号的概念和产生方法,对比各 PWM 信号产生方法在实际项目中的选择方法。

3）学习 PID 控制算法、参数设置以及 C 语言程序实现方法。

4）实验要求的直流电机调速精度并不高,但要求做到线性调速;若采用温度传感器,若单片机自身不带有 AD 转换功能,需要采用 AD 转换芯片等。

5）在实验完成后,可以组织学生以项目演讲、答辩、评讲的形式进行交流,了解不同解决方案及其特点,拓宽知识面。

在设计中,要注意学生设计的规范性,如系统结构与模块构成、模块间的接口方式与参数要求等;在调试中,要注意工作电源、参考电源品质对系统指标的影响,电路工作的稳定性与可靠性;在测试分析中,要分析系统的误差来源并加以验证。

6．实验原理及方案

（1）系统结构

系统结构如图 5-11-1 所示,可以采用键盘输入,也可扩展外接各种传感器(如温度、压力、干湿等)采集信号给单片机,实时通过 LCD 显示;单片机控制 PWM 信号(软件或硬件实现)经驱动后实现控制直流电机转速;直流电机转速通过测速电路反馈转速数据给单片机,进行 PI 运算,从而实现对电机速度和转向的控制,达到直流电机调速的目的。

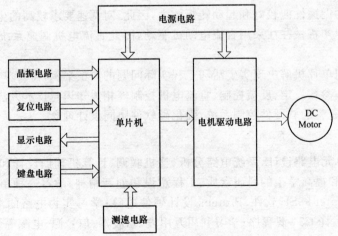

图 5-11-1　系统整体结构图

（2）实现方案（以按键控制为例讲解）

系统电路连接及硬件资源分配如图 5-11-2 所示。图中采用 AT89S51 单片机作为核心器件，转速检测模块作为电机转速测量装置，通过 AT89S51 的 P3.3 口将电脉冲信号送入单片机处理，L298N 作为直流电机的驱动模块，利用 128×64LCD 显示器和 4×4 键盘作为人机接口。

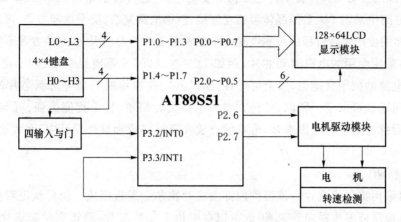

图 5-11-2　系统电路连接及硬件资源分配

1）控制方式选择

① 程序查询方式：便于程序控制，编程简单，易于调试，占用 CPU 时间长，效率低，实时性不高。

② 中断控制方式：效率高，实时性强 。编程复杂，不易于调试。

③ DMA 方式：速度快，不经过 CPU。需要 DMA 控制器及控制线。

2）PWM 的基本原理

PWM（脉冲宽度调制）是通过控制固定电压的直流电源开关频率，改变负载两端的电压，从而达到控制要求的一种电压调整方法。PWM 可以应用在许多方面，如电机调速、温度控制、压力控制等。

在 PWM 驱动控制的调整系统中，按一个固定的频率来接通和断开电源，并且根据需要改变一个周期内"接通"和"断开"时间的长短。通过改变直流电机电枢上电压的"占空比"来达到改变平均电压大小的目的，从而来控制电动机的转速。也正因为如此，PWM 又被称为"开关驱动装置"。如图 5-11-3 所示。

设电机始终接通电源时，电机转速最大为 V_{max}，设占空比为 $D=t_1/T$，则电机的平均速度为 $V_a=V_{max}\times D$，其中 V_a 指的是电机的平均速度；V_{max} 是指电机在全通电时的最大速度；$D=t_1/T$ 是指占空比。

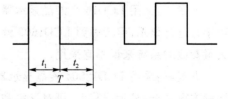

图 5-11-3　PWM 方波

由上面的公式可见，当我们改变占空比 D 时，就可以得到不同的电机平均速度 V_d，从而达到调速的目的。严格来说，平均速度 V_d 与占空比 D 并非严格的线性关系，但是在一般的应用中，我们可以将其近似地看成是线性关系。

PWM 信号的产生通常有两种方法：一种是软件的方法；另一种是硬件的方法。PWM 波可以由具有 PWM 输出的单片机通过编程来得以产生,也可以采用 PWM 专用芯片来实现。当 PWM 波的频率太高时,它对直流电机驱动的功率管要求太高;而当它的频率太低时,其产生的电磁噪声就比较大。在实际应用中,当 PWM 波的频率在 18 kHz 左右时,效果最好。

3）驱动电路

方案一:采用大功率晶体管组合电路构成驱动电路,这种方法结构简单、成本低、易实现,但由于在驱动电路中采用了大量的晶体管相互连接,使得电路复杂、抗干扰能力差、可靠性下降,我们知道在实际的生产实践过程中可靠性是一个非常重要的方面。因此,此种方案不宜采用。

方案二:采用专用的电机驱动芯片,例如 L298N、L297N 等电机驱动芯片,由于它内部已经考虑到了电路的抗干扰能力、安全可靠性,所以我们在应用时只需考虑到芯片的硬件连接、驱动能力等问题就可以了。所以,此种方案的电路设计简单、抗干扰能力强、可靠性好。设计者不需要对硬件电路设计考虑很多,可将重点放在算法实现和软件设计中,大大地提高了工作效率。

4）速度检测

方案一:采用霍尔集成片。该器件内部由三片霍尔金属板组成。当磁铁正对金属板时,由于霍尔效应,金属板发生横向导通,因此可以在电机上安装磁片,而将霍尔集成片安装在固定轴上,通过对脉冲的计数进行电机速度的检测。

方案二:采用对射式光电传感器。其检测方式为:发射器和接收器相互对射安装,发射器的光直接对准接收器,当被测物挡住光束时,传感器输出产生变化以指示被测物被检测到。通过脉冲计数,对速度进行测量。

方案三:采用测速发电机对直流电机转速进行测量。该方案的实现原理是将测速发电机固定在直流电机的轴上,当直流电机转动时,带动测速电机的轴一起转动,因此测速发电机会产生大小随直流电机转速变化的感应电动势,精度比较高,但由于该方案的安装比较复杂,成本也比较高。

5）显示模块

方案一:使用七段数码管（LED）显示。数码管具有亮度高、工作电压低、功耗小、易于集成、驱动简单、耐冲击且性能稳定等特点,并且它可采用 BCD 编码显示数字,编程容易,硬件电路调试简单。

方案二:采用 LCD1602 液晶显示器。该显示器控制方法简单,功率低、硬件电路简单、可对字符进行显示,但考虑到 LCD1602 液晶显示器的屏幕小,不能显示汉字,因此对于需要显示大量参数的系统来说不宜采用。

方案三:采用 LCD12864 液晶显示器。该显示器功率低,驱动方法和硬件连接电路较上面两种方案复杂,显示屏幕大,可对汉字和字符进行显示。

6）电源模块设计方案

方案一:通过电阻分压的形式将整流后的电压分别降为控制芯片和电机运行所需的电压,此种方案原理和硬件电路连接都比较简单,但对能量的损耗大,在实际应用系统中一般不宜采用。

方案二:通过固定芯片对整流后的电压进行降压、稳压处理（如 7812、7805 等）,此种方案可靠性、安全性高,对能源的利用率高,并且电路简单容易实现。

7）程序设计

软件程序主要完成 PWM 脉冲信号的产生、调速的实现、转速检测、转速显示等任务。系统中定时器 T₀ 中断子程序是用来控制电机运行时间和进行速度计算及 PID 运算，其程序流程如图 5-11-4 所示。

闭环控制框图及算法（在定时器中断里实现）原理如图 5-11-5 所示。

系统设计的核心算法为 PID 算法，它根据本次采样的数据与设定值进行比较得出偏差 $e(n)$，对偏差进行 P、I、D 运算，最终利用运算结果控制 PWM 脉冲的占空比来实现对加在电机两端电压的调节，进而控制电机转速。其运算公式为：

$$u(n) = K_P[e(n) - e(n-1)] + K_I e(n) + K_D[e(n) - 2e(n-1) + e(n-2)] + u_0$$

因此要想实现 PID 控制单片机就必须存在上述算法，其程序流程如图 5-11-6 所示。

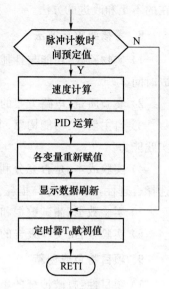

图 5-11-4　定时程序流程

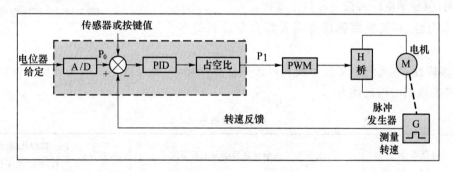

图 5-11-5　闭环控制框图

7. 实验报告要求

实验报告需要反映以下工作。

1）实验需求分析：根据实验内容要求，选择采用传感器采集信息实时控制或按键（键盘）控制。

2）实现方案论证：理论对比分析各方案优劣。

3）理论推导计算：采用 Proteus 设计的电路仿真模块和用 Keil 设计的程序模块进行联合仿真，计算 PWM 占空比的设置参数与电机具体转速值、PID 参数值的设定及仿真验证电路和程序的有效性。

4）电路设计与参数选择：设计电源电路、测速反馈电路等电路及各元器件的具体参数。

5）电路测试方法：利用万用表、示波器等测试仪器，测量各接口电压电流、PWM 信号。

6）实验数据记录：理论仿真 PID 参数的设定对系统稳定性的影响；记录 PWM 信号与电机转速值；控制信号对电机转速的控制性能曲线图。

7）数据处理分析：通过实验数据分析控制精度及系统稳定性。

8）实验结果总结：总结分析实验中发现的现象、遇到的问题和解决的方法；分析系统中存在的不足和改进的方法。

8. 考核要求与方法

1) 实物验收:功能与性能指标的完成程度(如控制精度),完成时间。

2) 实验质量:电路方案的合理性,调速系统性能。

3) 自主创新:功能构思、电路设计的创新性,自主思考与独立实践能力。

4) 实验成本:是否充分利用实验室已有条件,材料与元器件选择合理性,成本核算与损耗。

5) 实验数据:测试数据和测量误差。

6) 实验报告:实验报告的规范性与完整性。

9. 项目特色或创新

1) 项目性:打破传统的单片机实验箱教学手段,以应用广泛的直流电机调速系统的设计为项目导向,给学生留有足够的项目拓展空间,引导学生深入探究和自主发挥。

2) 综合性:本实验案例任务需要综合单片机的多个知识点完成。

3) 多样性:本案例的实现手段和可扩展性多样化,对各层次学生能充分反映他们的学习能力和开发他们的创造能力。

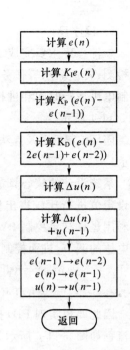

图 5-11-6　PID 程序流程

实验案例信息表

案例提供单位	沈阳理工大学信息科学与工程学院		相关专业	自动化、电气工程自动化、电子信息工程
设计者姓名	王东明	电子邮箱	4861593@qq.com	
设计者姓名	张文波	电子邮箱	1115491221@qq.com	
设计者姓名	余国卫	电子邮箱	469733693@qq.com	
相关课程名称	单片机原理与应用	学生年级	3	学时 8+8
支撑条件	仪器设备	示波器、万用表、计算机		
	软件工具	Keil C、ADS 1.2 或 IAR、Protel		
	主要器件	单片机最小系统、直流电机、液晶屏、电机驱动模块、按键、电源模块等		

5-12 干手器自动控制系统设计

1. 实验内容与任务

以干手器为对象,利用单片机设计一个干手器自动控制系统,要求如下。

1)干手器参数:额定电压 220V/50 Hz,电热丝额定功率 1 000 W,吹风机(电动机)额定功率 100 W。

2)设计人手检测电路,探测距离大于 5 cm,提高抗干扰能力。

3)设计吹风及加热控制电路,具备漏电及短路保护功能。

4)能根据室外温度控制电热丝温度,自动实现冷、热风切换,达到舒适、节能控制目标;冬天温度低,先加热后吹风,吹出温暖、舒适的热风;夏天温度高,吹凉风。

2. 实验过程及要求

1)了解人手检测传感器的探测原理。

2)根据选择的传感器,设计信号处理电路,实现人手的可靠检测,探测距离大于 5 cm,提高抗干扰能力。

3)选择温度传感器以获取温度信号,根据传感器类型选择信号调理电路及 A/D 转换电路。

4)设计吹风及加热控制电路,并能够根据温度实现吹风的冷热切换控制。

5)编写控制软件,主要包括:人手探测、吹风控制、温度检测、加热控制、外部中断、定时中断等子程序;实现干手器自动控制功能,并能根据室外温度控制吹出气流的温度。

6)调试系统,完善功能。

7)撰写设计总结报告,并通过分组演讲,学习交流不同解决方案的特点。

3. 相关知识及背景

这是一个运用单片机技术解决现实生活和工程实际问题的典型案例,需要运用传感器及检测技术、信号调理、模/数信号转换、继电器控制、单片机程序设计等相关知识与技术方法,并涉及反馈控制及抗干扰等工程概念与方法。

4. 教学目的

在较为完整的工程项目实现过程中引导学生了解单片机技术、现代测量方法、传感器技术、闭环控制、程序设计方法,并能根据工程需求比较选择技术方案;引导学生根据需要设计电路、选择元器件,根据控制任务设计系统,并进行测试分析;同时通过创新设计提升产品性能,培养学生工程设计的能力、分析问题和解决问题的能力。

5. 实验教学与指导

本实验的过程是一个比较完整的工程实践项目,需要经历学习研究、方案论证、系统设计、实现调试、测试标定、设计总结等过程。在实验教学中,应从以下几个方面加强对学生的引导。

1）学习人手探测的基本方法，了解红外反射、热释电红外传感器的探测原理。

2）不同传感器输出信号的形式、幅度、驱动能力、线性度都存在很大的差异，后续的信号调理与放大电路要根据信号的特征来设计（一般来说，传感器的使用说明中都有参考电路）。

3）温度检测的精度不高，又是一个缓变信号，因此模/数转换可供选择的方式较多，如常规的逐次逼近型 8 位 A/D 转换器 ADC0809、V/F 转换方式、单总线温度传感器 18B20 等。

4）加热器和吹风机由于采用 220V/50Hz 电源，利用单片机控制时，需要设计驱动及保护电路，可采用继电器、固态继电器等作为执行元件，设计时应注意单片机的驱动能力；为提高抗干扰能力，可采用光电耦合器隔离。

5）人手信号检测及加热器控制可能需要外部中断、定时器中断，需注意初始化及参数设置。

6）简略地介绍反馈控制的基本原理，要求学生自学实现反馈控制的方法。

7）在电路设计、搭试、调试完成后，必须对每个模块进行实际测试，以保证其可靠工作。

8）在实验完成后，可以组织学生以项目演讲、答辩的形式交流，了解不同解决方案及其特点，拓宽知识面。

在设计中，要注意学生设计的规范性，如系统结构与模块构成、模块间的接口方式与参数要求；在调试中，要注意工作电源电压与极性、电路工作的稳定性与可靠性、软件调试的方法等。

6. 实验原理及方案

（1）系统结构

系统结构如图 5-12-1 所示。

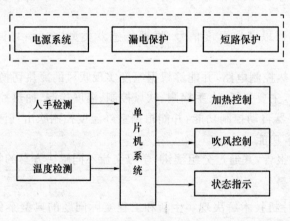

图 5-12-1　系统结构图

（2）实现方案

系统实现方案如图 5-12-2 所示。

信号的检测及驱动控制有多种方案可供选择。

1）可供选择的温度传感器有热敏电阻，基于绝对温度电流源型 AD590，数字式集成传感器（DS18B20）等。

2）不同温度传感器输出信号形式（数字、模拟）、信号幅度各异，与之相应的信号调理与控制电路也各不相同。

3）在将模拟信号转化成数字量时，也可以采用常规的 A/D 转换器、电压/频率（V/F）转换方式。

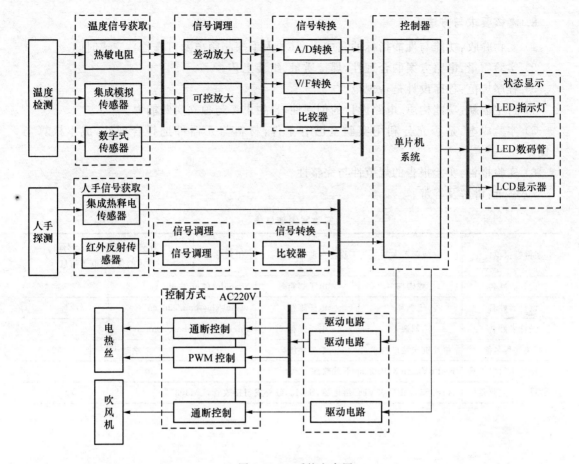

图 5-12-2　系统方案图

4）在运行状态显示形式上，也有 LED 指示灯、数码管、字符型 LCD 等形式。

5）在人手检测方法上，可以选择热释电红外传感器、红外反射式传感器，不同传感器信号处理方式不同。

6）在电热丝及吹风机控制驱动电路中可采用继电器、固态继电器、大功率管等元件。

7）温度的控制可以采用继电器通断控制或以 PWM 方式通过大功率管控制温控装置的供电。

7. 实验报告要求

实验报告需要反映以下工作。

1）实验需求分析。

2）实现方案论证。

3）理论推导计算。

4）电路设计与参数选择。

5）电路测试方法。

6）软件流程设计。

7）程序设计。

8）系统调试及测试。

9）实验数据处理。

10）实验报告总结。

8. 考核要求与方法

1) 实物验收:功能与性能指标的完成程度(如人手探测距离及可靠性),完成时间。

2) 实验质量:电路方案的合理性,焊接质量、组装工艺。

3) 程序规范:程序设计是否规范。

4) 自主创新:功能构思、电路设计的创新性,自主思考与独立实践能力。

5) 实验成本:是否充分利用实验室已有条件,材料与元器件选择合理性,成本核算与损耗。

6) 实验报告:实验报告的规范性与完整性。

7) 答辩:讲解及答辩。

实验案例信息表

案例提供单位	河南理工大学电气工程与自动化学院		相关专业	自动化、电气工程、测控技术与仪器、电子信息	
设计者姓名	张宏伟	电子邮箱	zhanghw@hpu.edu.cn		
设计者姓名	王新环	电子邮箱	wang_xh@hpu.edu.cn		
设计者姓名	刘巍	电子邮箱	intervalm@yahoo.com.cn		
相关课程名称	单片机与接口技术	学生年级	3	学时	32
支撑条件	软件工具	Keil uVision 3,Progisp 下载软件			
	主要器件	AT89S52,SRD-05VDC 继电器,S9013,红外发射接收管,LM393			

5-13　智能家居数据传输系统设计

1．实验内容与任务

1）基本要求：采集环境温度参数，并以数字方式显示。

2）扩展要求：将环境温度数据传输至 PC；可以设定温度上下限，超过上下限实现报警。

3）提高要求：系统中配置蓝牙或其他无线方式通信的手持终端设备，可以显示环境参数。

系统设计中需要掌握以下知识方法：

1）了解 DS18B20、热敏电阻等温度传感器的工作特性与工作原理，独立完成温度传感器的选型工作。

2）掌握 51 单片机最小系统的设计。

3）掌握 ADC0809 与微机的接口设计，并独立完成 A/D 转换程序设计。

4）掌握微机串口通信技术，并能够独立完成串口通信程序设计。

5）了解蓝牙通信器件与微机的接口设计，并能够从上位机蓝牙串口调试助手中观察到温度数据。

6）了解单总线通信协议与通信时序，并能够独立完成通过 DS18B20 进行数据采集工作。

7）掌握独立按键与微机的接口技术，并能够独立完成按键程序设计。

8）掌握蜂鸣器驱动电路的设计，与微机接口的设计。

9）掌握 1602 液晶显示屏的使用与接口设计。

2．实验过程及要求

1）了解不同量程、精度要求下，温度测量的方法。

2）查找满足实验要求的温度传感器，注意传感器的类型、温度测量范围和测量精度、输出信号形式和线性范围等关键的特征参数。

3）选择温度传感器以获取温度信号，并根据传感器类型了解将温度信号转换为数字信号的方法，设计电路结构。

4）构思在液晶显示器上显示内容。

5）设计按键电路，能够完成温度上限值的预设，并根据预设值实现报警功能。

6）设计完成整体系统电路，并使用 Altium Designer 09 设计软件设计绘制 PCB 电路图，将 PCB 送生产厂家生产构建系统调试平台。

7）设计蓝牙通信协议，如何达到通过手持设备完成温度上限设定的目标。

8）撰写设计总结报告，并通过演讲讲解自己的设计方案，以及本设计的实用性特点。

3．相关知识及背景

这是一个运用微机接口技术解决现实生活和工程实际问题的典型案例，需要应用传感器及检测技术、信号处理技术、模/数信号转换技术、数据显示、参数设定、功能报警、无线数据传输等相关知识与技术方法,并涉及测量精度、线性度、硬件电路设计、软件程序设计以及无线数据传输等工程概念与方法。

4. 教学目的

在较为完整的工程项目实现过程中引导学生了解现代测量方法、传感器技术,实现方法的多样性及根据工程需求比较选择技术方案;引导学生根据需要设计电路、选择元器件,调试程序,并通过测试与分析对项目作出技术评价。

(1) 初级目标

1) 巩固和掌握已学的理论知识。

2) 学会搜集、查阅、分析技术资料。

3) 培养学生协作学习、自主获取知识的能力。

(2) 中级目标

1) 掌握电子工程软、硬件系统的开发与调试。

2) 掌握应用 EDA 技术仿真验证系统可行性。

3) 能独立书写技术报告。

(3) 高级目标

1) 培养学生工程实践能力、创新能力。

2) 培养学生严谨的科学态度。

3) 完成启蒙训练,为学生以后的电子系统开发奠定基础。

5. 实验教学与指导

本实验的过程是一个比较完整的工程实践项目,需要经历学习研究、方案论证、系统设计、程序调试、系统测试、设计总结等过程。在实验教学中,应从以下方面加强对学生的引导:

1) 学习温度测量的基本方法,了解随着温度测量范围与测量精度要求的不同,在传感器选择、测量方法等方面不同的处理方法。

2) 不同传感器输出信号的形式、幅度、驱动能力、有效范围、线性度都存在很大的差异。引导学生学习使用传感器的使用说明,根据传感器的说明材料设计信号调理以及放大电路,分析线性区域的变化规律。

3) 实验要求的精度并不高,主要取决于传感器;温度又是一个缓变信号,因此将模拟信号转换为数字信号时可供选择的方式较多,对多种方式做简单介绍,如可以采用常规的逐次逼近型 8 位 ADC 转换芯片 ADC0809,也可以采用 V/F 转换的方式,或采用由控制器输出 PWM 波,经整流滤波后与温度信号比较的方式等。引导学生使用通用型 ADC 转换芯片。

4) 介绍串口通信协议,要求学生自学单片机串口通信的程序设计,以及实现将单片机与计算机进行有线式的串口数据交换。

5) 简略地帮助学生复习模块电路设计,如蜂鸣器驱动电路、A/D 转换接口电路、按键电路等。

6) 在电路设计、搭试、调试完成后,实验室搭建测试环境,学生用手机可以无线监控温度信号,以及使用指令无线控制,实现设计要求功能。

7) 在实验完成后,可以组织学生以项目演讲、答辩、评讲的形式进行交流,了解不同解决方案及其特点,拓宽知识面。

在设计中,要注意学生设计的规范性,如系统结构与模块构成、模块间的接口方式与参数要求;在调试中,要注意工作电源、参考电源品质对系统指标的影响,电路工作的稳定性与可靠性。

6. 实验原理及方案

系统实现功能结构框图如图 5-13-1 所示。

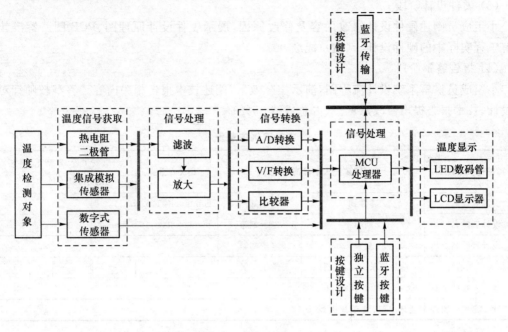

图 5-13-1　系统实现功能结构

首先,可供选择的传感器有热敏电阻、PT 系列热电阻,普通二极管,以热敏二极管为核心的集成传感器(如 LM35、LM45),基于绝对温度电流源型 AD590,数字式集成传感器(LM75、DS18B20)等。

在将模拟信号转化成数字量时,也可以采用常规的 A/D 转换器、电压/频率(V/F)或比较器等方式。

在温度的数字显示形式上,也有数码管、字符型 LCD 等形式;也可以借助于数字式电压表显示。

7. 实验报告要求

实验报告需要反映以下工作。

1) 实验需求分析。

2) 实现方案论证。

3) 理论性分析。

4) 电路设计与参数选择。

5) 电路检测与调试方法。

6) 实验结果总结。

8. 考核要求与方法

(1) 方案设计阶段

每班分若干小组,每组 3~4 人,其中 1 人负责答辩,阐述查阅资料数目、内容,由答辩教师

就内容相关知识提问。（占总成绩 15%）

（2）EDA 仿真阶段

小组成员阐述设计方案，演示仿真效果，答辩教师就设计合理性、工程实际中如何设计提出修改建议。（占总成绩 20%）

（3）硬件设计阶段

小组成员阐述硬件设计修改内容及修改原因，展示硬件设计原理图、PCB 图。答辩教师讲解工程实际中的硬件设计。（占总成绩 30%）

（4）报告答辩阶段

小组成员讲解系统设计流程图，演示实际效果，阐述技术报告相关内容。答辩教师针对软件设计、技术报告提出修改意见。（占总成绩 35%）

实验案例信息表

案例提供单位		中国矿业大学徐海学院		相关专业	电气工程、自动化、信息与通信、电子科学与技术
设计者姓名		郭健鹏	电子邮箱	cumtguoj@126.com	
设计者姓名		胡明	电子邮箱	huming-888@163.com	
设计者姓名		夏帅	电子邮箱		
相关课程名称		单片机系统综合设计	学生年级	3	学时	16
支撑条件	软件工具	Keil 4，Altium Designer 09			
	主要器件	蓝牙串口、51 单片机等			